● 高等院校应用型专业心理学系列教材

青年心理学

YOUTH PSYCHOLOGY

主　编　冯　维　　副主编　赵海钧　张美峰

西南大学出版社
SWUP 国家一级出版社 全国百佳图书出版单位

图书在版编目(CIP)数据

青年心理学 / 冯维主编. —重庆 ：西南师范大学出版社，2016.10

ISBN 978-7-5621-8267-2

Ⅰ. ①青… Ⅱ. ①冯… Ⅲ. ①青年心理学—高等学校—教材 Ⅳ. ①B844.2

中国版本图书馆 CIP 数据核字(2016)第 259084 号

青年心理学

QINGNIAN XINLIXUE

冯 维 主编

责任编辑：张燕妮

封面设计：尚品视觉 周 娟 钟 琛

排 版：瞿 勤

出版发行：西南大学出版社（原西南师范大学出版社）

地址：重庆市北碚区天生路 1 号

邮编：400715 市场营销部电话：023-68868624

http：//www.xdcbs.com

经 销：新华书店

印 刷：重庆新生代彩印技术有限公司

开 本：787mm×1092mm 1/16

印 张：23.5

字 数：432 千字

版 次：2016 年 12 月 第 1 版

印 次：2024 年 1 月 第 2 次印刷

书 号：ISBN 978-7-5621-8267-2

定 价：45.00 元

前　言

青年，人们常常用朝气蓬勃、富有活力、创造进取、热情浪漫等一系列字眼来形容。青年，是一个国家与民族发展的希望，是推动社会进步的重要新生力量。随着社会的发展与科学的进步，青年的地位越来越重要，对青年心理的研究也日益活跃和高涨。我国自20世纪80年代初开展青年心理学的研究以来，30多年间，青年心理学的研究获得了比较丰硕的成果，发表了大量青年心理学研究方面的论文、编著、译著和专著，取得了长足的进步。这些青年心理学的研究成果，为促进我国青年心理学的发展做出了各自的贡献。

新的时代呼吁研究者要加强对青年心理学的研究，并根据青年的发展动态与实际情况，出版更多的青年心理学的研究成果。为此，西南师范大学出版社邀请本人主编了这本《青年心理学》教材。

本教材有以下几个特点：一是学术性与新颖性。保留了沉淀下来的公认的、经典的青年心理学的内容，剔除了陈旧的内容，注重从多元的研究视角（如发展心理学、社会心理学、教育心理学、青年学、社会学、教育学、家庭学等学科）来阐述青年心理学的基本知识、基本原理，补充了新的青年心理学的研究成果；二是注意理论联系实际。用青年心理学的理论来阐述青年的心理现象，分析青年中存在的心理问题，提出具有针对性和操作性的解决问题的对策、途径与方法；三是实用性与活泼性。青年心理学涉及的内容非常广泛，本书着重根据我国青年的现状及存在的问题，来取舍青年心理学的内容，避免面面俱到和泛泛而谈。本书的形式比较活泼，除了正文之外，还设计了拓展性阅读、案例、各章要点小结、思考题、复习题、答案等版块，彰显了教材的可读性与通俗性，力求避免晦涩难懂。

全书把青年心理学内容体系分为十三章，由本人与重庆医科大学的赵海钧负责全书的结构讨论，本人负责对全书各章提出修改意见，并进行统稿。在统稿过程中，本人对各章内容进行了较多删添，鲁东大学的张美峰对全书参考文献、思考题与复习题答案进行了统稿。参与本书撰写的同仁有来自高校的教授、副教授、讲师、博士研究生、硕士研究生，他们分别来自西南大学、鲁东大学、重庆医科大学、山东理工大学、云南红河学院、成都中医学院、福建中医药大学、淮北师范大学、贵州工程应用职业技术学院、广西幼儿师范高等专科学校、滇西科技师范学院和日本首都大学东京等高校。各章撰写人是：第一章，冯维、王梦晗；第二章，张美峰；第三章，王玉、冯维；第四章，罗文萍、冯维；第五章，于志涛、张淑婷；第六章，王云峰；第七章，王梦晗、冯维；第八章，陈丽香；第九章，张淑婷、冯维；第十章，赵海钧；第十一章，潘月英、冯维；第十二章，张少君；第十三章，作灵芝、冯维。

本教材是在借鉴、参考和引用大量文献资料的基础上完成的。限于篇幅，我们只列出了主要参考文献，谨此向有关作者表示衷心感谢。由于我国青年心理学与其他心理学分支比较起来研究能力相对比较薄弱，还处于不断发展的过程中，加之作者的水平有限，书中难免有疏漏偏颇之处，敬请各位同仁、专家及广大读者批评指正。

西南大学教授　冯维

2016 年 1 月

目　录

第一章　绪　论

本章你要学习什么？

青年心理学是发展心理学的重要分支，是心理学科的重要组成部分。青年心理学的研究对象是什么？青年有哪些主要的心理特征？青年的心理发展受哪些因素的影响？如何对青年心理学进行研究？通过本章的学习，你将对上述基本问题有所了解。

第一节　青年心理学的研究对象

青年心理学作为一门独立学科，有自己特定的研究对象与研究内容。了解青年心理学的研究对象和研究内容，是对青年心理学进行深入研究的基础。

一、青年与青年期的含义

青年(youth)与青年期(adolescence)是人们在日常生活中经常提到的术语，但长期以来，人们对它们的理解却有不同的学术观点和争论。不同的研究者往往从不同的学科与研究视角对此进行探讨，概括起来主要有以下几种：

一是从生物学的角度，认为青年是身体和智力继续发育，达到完全成熟的人。青年期是一个从性成熟和开始接受中等教育到生理发育完全成熟的时期。

二是从社会学的角度，认为青年是从生物的人逐渐转变为社会的人。青年期是从依附的、受监护的、按照成人制订的特殊规则而生活的童年、少年向独立的、负有一定责任的成人活动的过渡时期；也是社会活动范围扩大，开始选择职业，迈向成人生活的个性社会化时期。

三是从心理学的角度，认为青年是个体的思维、记忆、情感、意志、兴趣、能力、性格等迅速发展，处在心理成熟过程中的人。青年期是处于知识与技能积累，世界观、人生观逐渐形成的时期。

四是从多学科综合角度，认为青年是身心逐渐走向成熟，走向独立生活，获得有效参与社会所必须的态度和信念，开始承担家庭、社会责任的人。青年期以生理成熟为基础，同时受社会、文化因素的强烈制约。在青年期，个体生理的、年龄的特点和出身的环境，以及社会文化条件、社会和文明的类型所决定的特点都在其身上打下了深深的烙印。

青年期的年龄界限是多少？由于研究者考虑到文化、习俗、生理、心理等多种因素的影响，所以划分的标准也不一致。例如，我国《现代汉语词典》认为，青年是指人十五六岁到30岁左右的阶段；《中国共产主义青年团》规定，青年是14～28岁的年轻人；联合国通常把15～25岁的人口归为青年；美国一般认为青年的年龄是12～25岁；俄罗斯是14～30岁，德国是15～25岁；日本是12～25岁；罗马尼亚是15～29岁等。随着人类寿命和社会成熟度的延长，世界卫生组织把青年的年龄上限提高到44岁。例如，我国多家单位举办的中国杰出青年的评选活动均规定评选的杰出青年年龄为18～39岁。在本书中，我们提到的青年是身心发育成熟，开始独立决定自己的生活道路的大学生到35岁左右的年轻人。

对于青年期,我们认为需要从以下三方面进行理解:

(一)青年期是特定的年龄阶段,代表了一种年龄的转折和趋势。这一时期既是个体身体发育的高峰阶段,又是社会对个体提出种种特定约束和规定的年龄阶段。

(二)青年期是心理迅速发展并趋于成熟的时期。青年的抽象思维占主导地位。智力发展是青年心理发展的重要标志。青年期是自我意识发展的重要时期,他们的自我意识有了新的变化,心理活动更多地指向内心世界,自我形象更加丰富,自我意识逐渐成熟。

(三)青年期是社会化的重要时期,社会化的内容更加深刻和丰富。与儿童少年期相比,青年在社会化过程中,同辈群体、大众媒体及自我意识调节的作用更加突出,家长和教师更难对青年进行控制。青年有强烈的独立意识,希望创造自己的生活。青年期也是选择职业、恋爱、组织家庭的重要时期。

二、青年心理学的研究内容

任何一门学科都有自己特定的研究对象。青年心理学(adolescence psychology)是研究青年期各种心理现象与心理活动规律的学科。由于青年心理学与生物学、社会学、教育学、犯罪学、伦理学以及其他的心理学分支(如发展心理学、教育心理学、社会心理学等)有密切的关系,所以青年心理学的研究内容与其他学科有一定的重叠和交叉,但青年心理学又有自己独特的研究内容。在本书中,我们着重探讨下面的问题。

(一)青年的心理特征及规律

如果从与儿童的幼稚性、中年的稳重性相比较来认识青年,青年有自己独特的心理特征,而且与儿童、中年相比有本质的区别。人到青年期,心理的面貌与心理特征出现了前所未有的崭新变化,表现出较大的主动性、矛盾性、可塑造性、开放性等特点。在认知方面,青年的注意能力、记忆能力、思维能力等认知能力得到了进一步的深化和提高,在学习领域比儿童更善于学习与独立思考,有自己的独立见解,有更高的学习自主性和主动性;青年的创业意愿强烈,愿意投身于创业的实践活动中。在社会性方面,青年的自我意识进一步觉醒,出现了自我同一性问题,青年的自我认识有了较大的提高,自我体验更加丰富与矛盾,自我调控能力增强,开始认真思考自己的人生价值和意义,逐渐形成了自己的道德价值观,开始尝试选择或从事自己的职业,渴望能够在学业和职场上获得成功,有所成就,得到社会和他人的认可与尊重。同时,青年扩大了自己的生活社交圈,进一步意识到自己与他人的重要关系,与父母、教师、同伴的关系发生了变化,在人际关系中体会到彼此的协调、冲突、烦恼,增强了人际交往的能力。因此,青年心理学首先要研究青年的这些心理特征,明晰影响青年心理特征的主要因素的变化与联系。

(二)青年的心理问题与解决对策

现代社会是竞争激烈的社会,青年在发展的过程中会遇到许多心理问题。例如,青年的情绪问题、婚恋问题、职业选择问题、压力问题,以及网络成瘾、酗酒、吸毒、犯罪等社会心理问题。这些问题常使许多青年感到迷茫和困惑。那么,这些问题是如何发生的?有哪些特点?受哪些因素的影响与制约?如何解决?

科学研究的基本任务是必须解释和说明客观存在的并可以检验的现象。青年的心理问题是一种多变的精神现象,解释并说明它并非易事。解释与说明这些心理问题的最基本的方法,是找出所观察到的这些心理问题产生的原因,找出它们与可能事件之间的因果关系或相关关系,以及其发生、发展和变化的规律。所以,青年心理学应该关注与研究青年的这些心理问题,发现这些问题的成因,并提出解决这些问题的途径与方法,为青年正确认识和处理这些心理问题提供理论与方法。总之,青年心理学不仅要系统探讨青年的心理特征与规律,还必须系统探讨青年的心理问题及解决对策。所有这些,共同构成了本书青年心理学研究的主要内容。

三、青年心理学的意义

学习与研究青年心理学具有重要的意义。从理论意义上看,青年心理学的形成和发展对心理学科起着重要的促进作用。青年心理学的发展,积累了大量的研究材料,出现了很多研究成果,也形成了众多的理论。青年心理学揭示的青年心理特征及发展规律、发现的青年心理问题及解决对策,都丰富和促进了心理学科的发展。同时,青年心理学的发展也影响着其他相关学科的发展。随着社会的发展,青年在社会生活中起着越来越重要的作用。一些专门研究青年的学科应运而生并在不断发展,如青年社会学、青年教育学、青年美学等。青年心理学具有近百年的发展历史,研究也较为成熟,开阔了这些学科的研究视野,为这些学科的研究提供了一定的理论与实证依据。

从实践意义上看,青年心理学为学校更好地教育青年学生提供了依据。青年的心理发生、发展有一定的特点和规律,学校教育按照这些特点和规律对青年学生进行教育,有助于帮助青年学生更好地掌握知识与技能,形成高尚的思想情操和正确的价值观,提高他们的学业成就,更好地开发他们的智力,激发他们的创造力。青年心理学为青年工作者提供了必要的心理学知识,能够帮助他们更好地解决青年的心理问题。青年心理学对青年心理问题的研究,以及为解决这些问题提出的思路及对策,能够帮助青年工作者更好地了解青年心理问题的现象及成因,有针对性地做好青年的各项工作,组织开展富有教育意义的活动,从而满足青年的合理需要,减少青年的消极情绪和心理压力，提高青年学习和工作的积极性，提高青年的人际交往能力，促进青年的全面发展。不仅如此，通过学习青年心理学，青年可以更好地认识自我，加强自我修养，自觉进行自我教育，并能够根据自身的长处及优势更好地努力奋斗、发展并提高自我，对社会做出创新和贡献。

复习巩固

1.不同学科对青年与青年期的解释有哪些不同的观点？

2.青年心理学的研究内容有哪些？

3.学习青年心理学有何意义？

第二节　青年心理的发展及影响因素

个体的心理发展并不随着生理的成熟而告终，它是一个从出生经成年到老年的持续过程。青年的心理发展具有自身的特点，是一个复杂的问题，受很多因素的影响和制约。

一、青年心理发展的含义

关于个体的心理发展(psychological development)，不同的心理学家有不同的认识和理解。传统的心理学观点认为，个体的成熟是发展的终点，它通常在成年期达到。如霍尔(G.S.Hall)认为，个体心理发展是人类种族进化的复演过程，个体的心理发展达到青春期。现代心理学提倡毕生发展观，认为个体的发展是一个在时间和顺序等方面不相同的各种变化范型的体系，毕生都在进行。个体的心理发展具有多维性和多向性，其发展的方向因行为种类的不同而有所不同。有的心理并不在出生时开始发展，而有些心理现象也并非在中途达到终点。例如，荣格(C.G.Jung)、霍林沃斯(H.Z.Hollingwerth)等心理学家认为，个体的心理发展是终身的事情，涉及个体心理发展的全貌；我国心理学家朱智贤认为，心理的个体发展，是指人的个体从出生到成熟再到衰老的过程中心理发生发展的历史；林崇德教授认为，个体心理发展的过程是社会化(socialization)的过程，即个体掌握和积极再现社会经验、社会联系和社会关系的过程。通过社会化，个体获得在社会中进行正常活动所必需的品质、价值、信念以及社会所赞许的行为方式。综合上述心理学家对个体心理发展的认识和研究，我们认为，青年的心理发展是指青年从青年初期到青年末期的心理变化过程。

二、青年心理发展的特点

(一)过渡性

青年处于从个体走向成熟、独立的时期，其心理发展由获得和丧失的结合组成。一方面，青年放弃了少年儿童时期的一些幼稚想法或思维方式、不假思索的冲动等心理体验；另一方面，随着他们年龄的增长和心智的逐渐成熟，在心理发展方面获得了新的体验。在认知方面，青年的思维由经验型向理论型转化，并开始掌握了辩证思维；情感体验从外显性、冲动性向内在文饰和理性的方向发展，情感的表达更加具有社会道德感和责任感；在意志方面，由自觉性和坚持性不够，发展到有了较强的自觉性，能够坚持自己的行动方向；在自我意识的发展方面，自我评价比过去客观，自我体验更加深刻和细腻，自我控制能力进一步增强；在道德发展方面，朝着社会规范和社会责任要求的方向发展。

（二）不平衡性

一般而言，青年的心理发展总是按照一定的规律和顺序进行。由于每个青年的遗传素质、生活经验、教育环境不尽相同，因此其心理过程和个性心理特点的发展进度和达到成熟水平的时期也并不完全相同。例如，有些青年在心理方面发展比较成熟，有比较高的成就动机。他们渴望在学业与工作上获得成功，对学习和工作认真负责、兢兢业业、踏踏实实，有较强的学习与工作能力，遇事有主见，对自己的前途和未来的发展考虑得比较周全，能较好地处理自己遇到的各种问题，不怕困难和挫折，善于人际交往。而有些青年则显得比较幼稚，缺乏成就动机，学习和工作的主动性和自觉性比较差，需要父母、领导、教师的督促和操心，遇事缺乏主见，独立学习与工作的能力不强，处理个人问题和事务显得比较吃力。

（三）矛盾性

青年是处于独立性和依赖性错综复杂、充满矛盾的时期，加之进入大学或工作以后，他们的学习方式、工作方式和生活环境发生了较大变化，必然会给他们带来许多心理矛盾和冲突，主要表现在以下几方面：

1.心理的闭锁性和渴望交往的矛盾。一方面，青年的内心世界逐步变得复杂，不大轻易将自己的内心活动表露出来；另一方面，他们又十分渴望与人交往，渴望拥有友谊，渴望别人的理解。

2.理想自我和现实自我的矛盾。青年的想象比较丰富，对未来有比较强烈的向往和设计，这就形成了一个“理想自我”。“理想自我”为青年指明了奋斗的目标，但当他们感到自己达不到理想中的“自我”时，就与现实发生了矛盾。

3.强烈的求知欲和鉴别力不够之间的矛盾。青年有旺盛的求知欲，对自然和社会领域的许多现象都有较强的探究欲望。由于青年缺乏社会经验，鉴别力不够，有时难以辨别社会现象的真假，分不清社会事件的利弊，这就产生了强烈的求知欲和鉴别力不够的矛盾。

4.情绪性和理智的矛盾。青年的情绪比较容易激动，可能会因为一点小事而发怒、怄气，甚至意志消沉，不能冷静地控制自己的情绪。但是当激动的情绪平静下来后，他们在理智上又能比较明白地分析问题，这就表现为不能很好地处理情绪和理智的矛盾。

5.广泛的兴趣爱好和职业定向的矛盾。青年往往都有很多的兴趣和爱好，并且很想在这方面有所作为，成为自己将来的职业，但是现实的就业环境往往不尽人意，需要他们做出与自己的兴趣爱好不一致甚至相反的决定。这就产生了兴趣爱好和职业定向的矛盾。

(四)可塑性

青年期是个体的各种心理品质全面发展、急剧变化的时期，这一时期的心理发展存在着不稳定、可塑性大的特点。虽然青年有时在认知方面容易偏激，有时在情绪方面会走极端，有时在意志方面比较薄弱或固执，在个性方面有很多基本的品质已经形成，但青年喜欢接受新事物和新观念的特性，使他们容易受到外界环境因素和教师、父母或同龄人的影响，具有很强的可塑性。

(五)探索性

青年期是个体人生观、价值观和世界观初步形成的时期。随着青年知识经验的丰富，学业的不断提高，社会交往的扩大，视野的开阔，他们对个人与国家的发展前途及自己的工作、事业与家庭生活充满了憧憬与向往，并为之努力奋斗、不断进取。青年开始认真考虑人生的一系列重大问题，如继续深造学业、婚恋对象的选择、家庭的建立、工作可持续的发展等问题并进行多方面的尝试与探索，并在不断地探索中发现自我、否定自我、激励自我、充实自我、完善自我。

(六)创造性

青年期是个体智力发展到高峰，抽象逻辑思维高度发展，辩证思维能力日益提高，思维与想象力都非常活跃的时期。青年是时代发展的先锋，是新思潮的代言人，善于接受新事物、新观念，兴趣爱好广泛，不因循守旧，敢于打破传统观念与陈规陋习，敢于向前人挑战，敢于创新和创业，有大无畏的精神。但青年在创造中会出现不切实际的幻想，没有经过充分假设、论证、推演就盲干，失败后容易产生心灰意冷的情况。

三、影响青年心理发展的因素

影响青年心理发展的因素非常多，既有来自遗传的因素，也有来自家庭、学校等方面的因素。

(一)遗传因素

遗传是指亲代的某种特性通过基因在子代再表现的现象。关于遗传的作用，学界长期以来争论不休。有的学者特别强调遗传的作用，甚至把它夸大到比任何因素都重要的地位。他们通过对一些遗传因素引起的精神性疾病的研究，如双生子的研究、家谱分析法等的研究，鼓吹遗传决定论，其中对双生子的对比研究尤为突出。研究者基于这样的假设：如果双生子之间的差异性很大，说明后天的教育和环境起主要作用；如果他们之间的差异很小，说明遗传起主要作用。他们一是把在相同环境下成长的同卵孪生（monozygtic twins[MZ]）与异卵孪生（dizygotic twins[DZ]）进行比较研究；二是把在不同环境下成长的同卵孪生与异卵孪生之间进行比较研究，看他们之间的相关程度，以此推测环境或遗传的作用。例如，明尼苏达的研究者不仅测查了在一起抚养的217对同卵孪生子和114对异卵孪生子，还测查了分开抚养的44对同卵孪生子和27对异卵孪生子。结果发现，几乎在比较的每个项目上，不论是分养还是合养的同卵孪生子都较异卵孪生子的相关系数大，并且同卵孪生子之间在许多方面差异都较小。这在某种程度上证明，遗传对人的发展确实起着作用（Lellegen et al.，1988，见表1-1）。

表1-1　合养或分养的孪生子的差异比较

特　质	分　养		合　养	
	同卵	异卵	同卵	异卵
健康	.48	.18	.58	.23
社会能力	.56	.27	.65	.08
成就	.36	.07	.51	.13
应急	.61	.27	.52	.24
自我障碍	.48	.18	.55	.38
侵犯性	.46	.06	.43	.14
控制性	.50	.03	.41	.06
保守性	.53	.39	.50	.47
亲和力	.29	.30	.57	.24

（注：表中数据为相关系数。）

英国科学家高尔顿（F.Galton）曾采用家谱分析法，比较研究了英国在政治、经济、文学、艺术等领域的977位名人的后代与977名普通人的后代，发现名人后代中有322人成为名人，而普通人后代中只有1人成为名人。于是他认为："一个人的能力是由遗传得来的，它受遗传决定的程度，正如一切有机体的形态及躯体组织受遗传决定一样。"英国心理学家H.J.艾森克认为60％～70％的天才是由遗传决定的，只有30％的天才是由环境决定的。美国心理学家格赛尔（A.Gesll）则提出成熟论，认为所谓成熟就是由基因引发并指导，遵循一个不变的规则、有序的规律，使个体获得发展的过程。

美国心理学家霍尔认为，生理因素通过遗传作用引导和控制人的整个心理发展过程。他在撰写的著作《青年期》中描述道："青年期是一个疾风怒涛的、内部和外部冲突对立的时期。这个时期的青年人，情绪是矛盾、两极分化的，表现为时而热情，时而冷漠，时而极度高兴、愉快，转而就会变得烦躁抑郁或悲伤不安。如果说婴幼儿期重演着人类的原始时代，那么青年期则重演着人类的浪漫主义时代。”

遗传决定论强调遗传的决定作用，认为个体心理发展及其个性品质早在基因中就决定了，发展只是内在因素的自然展开，环境和教育只起到引发的作用。遗传决定论者因过分强调作为先天因素的遗传的决定作用，忽略了后天的环境和教育对个体心理发展的影响，因而容易抹杀后天环境和教育转变遗传可能性的客观事实。但不可否认的是，遗传造成的个体差异提供了人身心发展差异的物质基础。尽管后天的教育、社会文化、家庭环境等因素对个体的心理发展起着至关重要的作用，但作为一个身心兼备的人，遗传因素也是不可忽略的。遗传作用导致的个体心理发展差异是存在的，其作用主要表现在：

1.影响个体的智力发展及情绪

智力水平差异是指个体之间智力水平在高低程度上的差异。研究表明，人类的智力发展水平呈常态分布，智力超常或低常的人各占 2.2%～2.3%，近一半的人属于中等智力。黄希庭等人(1999)对 120 名大学生进行的智力测试发现，大学生的智力发展呈偏态分布，即大学生的智力都在中等和中等以上的水平。因为大学生是经过激烈的高考竞争而选拔上来的优秀中学生，所以他们的智力水平比较高。尽管大学生的智力水平在总体上比较高，但是他们的智力发展同样存在差异性。从表 1-2 可见，在被测试的 120 名大学生中，智力超优水平的占 9.2%，优秀水平占 39.2%，中上水平的占 40.8%。

表 1-2　120 名大学生的智力分布情况

智商	等级	百分数	
		大学生	常模
130 以上	超优	9.2	2.2
120～129	优秀	39.2	6.7
110～119	中上(聪明)	40.8	16.1
90～109	中等	10.8	50.0
80～89	中下(迟钝)		16.1
70～79	低能边缘		6.7
69 以下	弱智		2.2

美国心理学家加德纳的多元智力理论将人类智力分为:言语智力、空间智力、逻辑一数学智力、音乐智力、运动智力、社交智力、自知智力7种。他认为,无论哪种智力的发展与其生物基础都是分不开的。如某些人天生对音乐、色彩敏感或肢体灵活敏捷,来源于其天生的感觉器官和运动器官的特点。听力不好的人要成为音乐家要比听力敏感的人困难很多,色盲要成为画家也比正常人要困难很多。

另外,研究发现,遗传或生物因素对个体的情绪有较大影响。情绪过程不同于其他心理过程,主要表现在情绪总是伴随着一定的生理反应。Groves和Redbec(1988)的研究表明,不同的生理反应发生在不同的情绪之中。愉快的情绪往往伴随通往肢体的血流增加,而不愉快的情绪则有相反的影响。人在恐惧、疼痛和激动时会出现瞳孔放大的现象,而在愉快时瞳孔则会缩小。对积极情绪和消极情绪的脑电波研究发现,在大脑的前方可以发现对积极和消极情绪的不同反应。在积极情绪下,大脑左前半球的脑电活动增加,大脑半球活动的不对称比消极情绪时有所增加。Mclelland等人在用生化手段测量情绪反应时,发现在合群动机较高时,人体中的多巴胺含量有所升高,而在权力动机较高时,则发现去甲肾上腺素含量升高。考夫曼和卡根(Kaifman & Kagan,1996)也曾记录32名女大学生对电影片段的反应,发现她们看到电影片段中的愉快镜头时,手上的温度上升,而面对一些威胁性的镜头时,手上的温度降低。

另一种观点认为,情绪的特点是一种普遍的、无分化的生理唤醒。不同情绪的唤醒模式都是一样的,如在对愤怒、应激、抑郁、悲哀、害怕、敌意、权力需要等不同情绪的研究中都同样发现有血压升高、心率增加、皮肤温度升高的生理现象,以及去甲肾上腺素和肾上腺素升高的生化现象。(Levnson,1992;Ewart C K,1994)特莱根(Tellegen,1988)研究发现,个体40%的积极情感变化、55%的消极情感变化,以及48%的生活满意度变化,是由基因引起的。共同的家庭生活环境,只能解释22%的积极情感变化,2%的消极情感变化以及13%的生活满意度变化。这些研究都承认情绪的产生与遗传素质或生物因素密不可分。

2.影响男女两性之间的不同心理发展

大量研究发现,女性擅长形象思维,求同思维发展较好,求异思维发展不足,容易受思维定势的束缚。男性比较偏向于抽象思维和逻辑思维,在思维的灵活性、广泛性和创造性方面,明显优于女性。他们善于随机应变,用多种方法处理同一问题,举一反三、触类旁通的迁移能力较强。女性在语言口头表达运用方面占优势,词汇丰富,言语流畅,但女性在言语理解、言语推理方面均比男性差。在个性方面,男生更决断、独立、有主见、进取心强、坚韧,具备一定的竞争心理,但富于攻击性;女生则情感细腻、敏感、温和、有耐性、善解人意,但易优柔寡断,有一定依赖心理。

桑代克(Edward Lee Thorndike)曾以实验证明,女性在语言表达、短时记忆方面优于男性;而男性在空间知觉、分析综合能力以及实验的观察、推理和历史知识的掌握等方面优于女性。麦科比和杰克林(Maccoby&Jacklin,1982)的研究发现,女性的语言表达能力优于男性;男性的空间能力、数学能力优于女性。另外有研究表明,在智力测量中,男性在常识、领悟、算术、填图、木块图、图形排列和图形拼凑等方面略优于女性,女性则在相似、词汇、数字广度等方面略优于男性。黄希庭等人(1999)的研究则发现,女性仅在数字符号方面显著高于男性,其他方面没有差别。

3.影响个体的气质特征

气质(temperament)是心理活动表现在强度、速度、稳定性和灵活性等方面动力性质的心理特征,相当于我们日常生活中所说的脾气、秉性或性情。

对气质的探讨,人类早就有所涉及。比如孔子把人分为"狂""狷""中庸"等,并且认为"狂者进取,狷者有所不为也"。古希腊学者希波克拉底(Hippocrates)认为,人体内有四种基本体液:血液、粘液、黑胆汁、黄胆汁,每一种体液对应一种气质。人体中的这四种体液可以以不同比例混合,其中占优势的体液主导着人的气质类型。希波克拉底对气质的划分具有开创性的意义,现代心理学吸收了他的观点的合理性,把个体的气质分为四种类型。

(1)多血质(sanguine)。其特征是活泼好动,敏感、反应迅速;不甘寂寞,善于交际;智慧敏捷,注意力易于转移;容易接受新事物,但印象不是很深刻;情绪和情感易于产生也易于改变,体验不强,但明显地表露于外。其显著特点是,有很高的灵活性,容易适应变化。

(2)胆汁质(choleric)。其特征是直率热情,精力旺盛;脾气急躁,易于冲动;反应迅速,智慧敏捷,但准确性差;情绪明显表露于外,但持续时间不长。其显著特点是,有很高的兴奋性,行为上表现出不均衡性。他们的工作特点带有明显的周期性。

(3)粘液质(phlegmatic)。其特征是安静稳定,交际适度;反应缓慢,沉默寡言;善于克制自己,情绪不易外露;注重稳定但又难于转移;善于忍耐,沉着坚定;不尚空谈,埋头苦干。其显著特点是安静、均衡。

(4)抑郁质(melancholic)。其特征是行为孤僻,反应迟缓;多愁善感,体验深刻,但情绪不易外露;具有很高的感受性,善于觉察到别人不易发觉的细小事物。

大量研究发现,气质更多受遗传因素的影响。巴甫洛夫(Pavlov)通过大量实验研究发现,气质类型是由神经过程的特点决定的。神经过程的强度、均衡性与灵活性的特点会影响到个体的气质特征。神经过程的强度指神经细胞能经受的刺激强度;神经过程的均衡性指神经活动中兴奋力量是否均衡;神经过程的灵活性指神经活动中兴奋与抑制的转换是否灵活。它们的不同组合造成了个体气质的特征差异(见表 1-3)。

表 1-3　神经活动过程的特性、高级神经活动类型与气质的关系

神经过程的基本特性			高级神经活动类型	气质类型
强度	平衡性	灵活性		
强	不平衡		兴奋型	胆汁质
强	平衡	灵活	活泼型	多血质
强	平衡	不灵活	安静型	粘液质
弱			抑制型	抑郁质

由于个体的神经过程的特点是天生的,所以遗传素质相同或相近的人,气质类型也比较接近。气质没有好坏之分,每种气质都有优缺点。例如,多血质的人情感丰富,反应灵活,易接受新事物,容易适应新的环境,但是注意力不专一,情绪不稳定,兴趣容易转移;粘液质的人稳重、克制、沉着、忍耐、不尚空谈、埋头苦干,但反应缓慢,不善交际。气质不能决定个人的成就大小。据研究,俄国有四位著名作家分别属于不同气质类型:普希金是典型的胆汁质,赫尔岑是多血质,克雷洛夫是粘液质,果戈里则是抑郁质,但他们在文学方面都获得了巨大的成功。因此,我们不能以一个人的气质宿命地预测其在事业上的成就。

一个人的气质类型在一生中是比较稳定的,但又不是不能变化的。如果在童年期生活条件极为恶劣,或者在成年期遇到了重大的事件,就可能导致人的气质发生变化。但这种变化过程是很缓慢的,甚至当条件适宜的话,原来的气质面貌还会得到恢复。所以,有人说气质的变化可能是一种被掩盖的现象,"江山易改本性难移"就是这个道理。

在教育过程中,我们既不能忽略遗传对青年的影响,也不能过分夸大它的作用。遗传对青年心理发展的影响,更多体现在智力、情绪、气质、两性差异这些与生物因素关系密切的特征上,而在青年的动机、价值观、性格等与社会因素关系紧密的特征上,后天的教育和环境更重要。遗传只提供了青年心理发展的可能性,不决定心理发展的现实性,而环境和教育则决定青年心理发展的现实性。教育对青年的心理发展起主导作用。一般来说,大多数青年的遗传素质是差不多的,其心理发展之所以有差异,决定性的因素还在于环境和教育的不同。

(二)家庭因素

家庭是以夫妻为主体,包括父母、子女等亲属在内的社会关系的组织形式,是个体参与群体生活的一种最普遍、最固定和最持久的社会生活的基本单位。虽然许多青年学生离开父母和家人到远在千里之外的高校求学或者参加工作，但仍与家庭脱离不了各方面的关系。家庭对青年的影响是非常直接和深远的，而家庭中的很多因素都可以影响到青年的心理发展，例如家庭结构、家庭心理气氛、亲子关系等。在所有的影响因素中，最主要和最重要的是父母的教养方式。

青年父母的教养方式概括起来大致分为四种类型：(1)溺爱型。父母爱子心切，宁肯自己省吃少穿，也要想方设法满足子女的要求，对子女的事情大操大办，甚至偏袒护短，娇惯纵容，养成了子女任性、懦弱、依赖、被动、为所欲为、骄横、自私自利等不良心理品质。(2)专制型。父母对子女缺少慈爱、温暖和同情，常用粗暴的态度和命令、苛求、禁止、威吓等手段教育子女，把自己的意志强加给子女，经常干涉子女的行动，从而使子女情绪不稳，缺乏安全感，产生逆反心理，使子女与父母感情疏远，难以感受家庭温暖，难以自尊自信，缺乏独立性与自主性。(3)放任型。父母认为子女是“树大自然直”“子女是靠学校和社会教育出来的”。因而他们对子女缺乏责任心，采取放任自流的教育方式，很少关心子女的需求和进步，对子女的奖惩往往随心所欲，甚至对子女的缺点、不合乎道德规范的行为也不教育，甚至纵容。父母的放任行为，使子女形成了冷漠、自我控制力差、易冲动、不遵守社会规范，具有攻击性、情绪不稳定等不良人格特征。(4)民主型。父母尊重子女的独立人格与意愿，对子女既不娇惯，也不过于严厉，不随心所欲地支配子女，关心子女成长中的进步与问题，对子女有明确合理的期望要求，能够坚持自己的正确原则，对子女的缺点、错误，能够采用耐心恰当的方法加以解决。生活在民主型家庭里的子女，一般具有独立性、自信心、能动性、性格开朗乐观、情绪稳定、对人亲切、能够与人合作、有进取精神等良好心理品质。

我国一些学者对青年父母教养方式的研究发现，若青年父母接受过良好的教育，他们在教养子女方面会显得更加理性科学，倾向于给予子女更多的理解、温暖和沟通，同时他们又对子女寄予较高期望，希望子女达到自己的要求，有时会对子女的事情和行为进行干涉。城市青年父母比农村青年父母给予子女的过度保护更多。由于家庭因素对青年心理发展的重要性，因此，在教育青年的过程中，有关教师、领导要注意适当地与青年学生、青年职工的家长保持联系与沟通，尤其是当青年遇到意外事件或遭遇心理危机时，更要及时主动寻求青年家长的帮助和支持，要相互合作、相互配合，增强对青年教育的效果。

(三)学校因素

学校是由专职人员承担的有目的、有系统、有组织，以影响学校受教育者的身心发展为直接目标的社会机构。相比家庭教育而言，学校教育更为严谨和规范，有着比较系统的教育思想、教育体系和科学的教育方法。高校是青年学习和生活的主要场所。

其主要功能是培养社会所需要的各类专门人才。青年知识经验的获得、专业技能的提高、道德品质的培养，理想、世界观的形成等都是由高校的教育质量决定的。高校教育在青年的心理发展中起着举足轻重的作用。一个环境优美、教育资源丰富、师德高尚、教风严谨、学风踏实的高校，不仅能提高青年的专业知识和技能，而且能使青年形成积极向上、努力进取、奋发有为的优秀心理品质，成为社会的合格人才。高校教育对青年心理发展的影响，主要表现在两个方面。

1.开发青年智能

智能主要指青年的认识能力，主要包括认识客观事物的正确性、敏捷性、深刻性、广阔性和完善性；思维的分析、抽象、概括的水平，以及运用知识经验解决问题的能力等。青年智能的发展虽然与脑的机能、遗传、成熟等自然的条件密不可分，但主要是在教育条件下实现的。教育一方面要考虑到青年身心发展的水平，关注其学习准备状态和接受程度，这是教育的出发点，是实施有效教育的前提；另一方面，适宜的教育能促进青年心理发展的进程，提高其心理发展的质量，例如，青年的智能发展水平常与高校教育的质量、教师的教学水平和科研能力有很大的直接关系。如果教师学识渊博、治学严谨、见解独特、富有创新，就能够加快青年思维能力的发展。

高校教育影响青年智能的发展是以掌握知识和技能为中介的。掌握知识和技能是智能发展的主要和必要的条件，但智能发展不等于掌握知识和技能。智能的发展是指心智活动本身所发生的质的变化，它有其自身的特点和过程。从心理学的角度来说，知识以思想内容的形式为人所掌握，技能以行为方式的形式为人所掌握。个体对知识、技能的掌握到智能的发展是一个复杂的过程。青年必须不断吸收、领会教师所传授的知识和技能，才能使自己的智能水平得到提高。

2.塑造青年的人格

青年人格的发展过程也是在高校教育的影响下逐步实现的。高校教育对青年自我意识的完善、性格的形成、价值观的确立、道德规范的内化、社会角色的学习等人格特征的发展有着重要的影响作用。首先，青年生活在高校班级群体中，班级群体的各种规章制度、舆论，以及班级群体的各种社会心理，都会对他们的人格发展产生一定的影响；其次，教师特定的社会角色及在青年心目中的特定地位，特别是教师的教育方式与师生关系对青年的影响是比较深远的。研究发现，在民主型教师的教育和管理下，青年与教师的关系比较融洽，更愿意与教师交流与沟通，且学习刻苦，各方面表现比较主动和积极，情绪稳定，性格乐观开朗；另外，教师的威信对青年心理发展的影响不能低估。学识渊博、人品高尚、威信高的教师，青年对他们十分钦佩和信服，愿意把这些教师作为人生学习的楷模，愿意接受他们的教诲和帮助。

教育对个体心理发展的影响是比较复杂的，因为教育是一种教育者与受教育者互动的双边活动。教育者要激发受教育者的活动，使其积极主动地接受教育，就必须考虑受教育者的接受能力，充分考虑受教育者已有的身心发展水平、个体差异进行因材施教，这才是有效的教育。但另一方面，如果教育不得法，违背了个体心理发展的规律，则可能延缓其心理发展，对其心理发展产生不利的影响，成为发展的阻力。

怎样在考虑到教育与个体心理发展的辩证关系的前提下，最大限度地提高教育来促进个体的心理发展呢？苏联的心理学家维果茨基(Lev Vygotsky)提出了发展性教学的观点。他认为，在论述发展与教学的关系时，应考虑个体的两种发展水平：一是个体在独立活动中所能达到的解决问题的水平，即现有的水平；一是在他人指导帮助下所能达到的解决问题的水平。这两种水平，即个体的现有发展水平与即将达到的发展水平之间的差异叫最近发展区。教学要着眼于落实最近发展区，也就是说，教学不仅要依据个体已经达到的心理发展水平，而且要预见到个体今后的心理发展；教学应该走在个体心理发展的前面，而不是一味地迁就个体已有的发展水平，这样才能带动和加速个体的心理发展。

(四)社会环境因素

纵观个体一生的心理发展，社会化是必然经历的过程。人是社会的产物，个体要适应社会发展的要求，就必须掌握社会的文化知识和技能、道德规范和价值观念，按照社会的要求行事，做一个合格的公民。

随着科学技术的不断进步、经济全球化的到来，人们面临着观念的变革、生活方式的改变。青年是最为敏感活跃的群体，往往最先觉察到社会的变化，并且深受这种变化的影响。

政治和经济是社会得以运行的基础。我国现阶段的政治制度、针对教育出台的相关政策，能够积极地影响青年的心理发展。在和谐宽松的氛围中，青年关心时事政治、注意国际动向、热心国家大事，能够针对社会现象发表自己的见解；而相关教育法律、法规及政策的出台，也为青年学习提供了坚固的保障。在经济全球化竞争日益激烈的情况下，我国经济迅猛发展，经济环境发生着剧烈的变化，社会对劳动力的需求与社会实际供应之间出现了一定的供需矛盾，青年择业的难度和就业的风险加大，这会使较少经历挫折的青年倍感压力，使其容易产生迷茫和困惑的心理，产生焦虑、担忧、烦恼等不良情绪。这些心理问题在青年群体中比较普遍，亟待有关方面解决。

文化是在特定群体或社会的生活中形成的，并成为其成员所共有的生存方式的总和，其中包括价值观、知识、信仰、艺术、法律、风俗习惯、风尚、生活态度及行为方式，以及相应的物质表现形式[1]。任何文化一经形成和巩固，就会影响到社会成员的心理发展，给其心理打上深刻的烙印，使其建构起相应的心理结构，形成类似的性格特征，并表现出相似的思维方式、情感体验、行为模式。我国传统文化提倡勤奋、节俭、求同、自抑、忍让、保守知礼、循规蹈矩、淡泊谦逊，这些对青年价值观和性格的形成和发展都有一定的影响。

在现代社会，大众传播媒介如广播、影视、报纸、书籍、网络在人们的社会生活中所占的地位愈加重要，它们无所不在、无所不能，对青年的个性塑造、社会认知、情感培养等方面都起着潜移默化的重要作用。但大众传播媒介在丰富青年课余生活、开阔青年视野、促进青年社会化的同时，媒介中一些色情、暴力、崇尚金钱、享乐至上的负面内容也对青年产生了负面的影响，甚至在某种程度上妨碍了他们心理的健康成长。总之，青年的心理发展受到多种因素的综合影响。

复习巩固

1.青年心理发展的含义和特点是什么？

2.影响青年心理发展的因素有哪些？

[1] 周晓虹.现代社会心理学——多维视野中的社会行为研究[M].上海：上海人民出版社，1998，156.

第三节　青年心理学的变迁

青年心理学从创立、发展到现在已经有一百多年的历史。在这一百多年的发展历程中，青年心理学取得了长足的进步和众多研究成果，形成了自己的研究特色，但也存在一些不足。

一、国外青年心理学的变迁

青年心理学的诞生，以1904年美国心理学家霍尔(G.S.Hall)撰写的《青年期》一书的出版为标志，因此，霍尔被称作"青年心理学之父"。霍尔的《青年期》从生物学的角度出发，以调查作为依据，阐述了青年心理学与生理学、社会学、人类学、犯罪学和教育学等学科的关系，提出了个体发展的"复演说"。霍尔认为，个体的发展重复着人类种族进化的历程，是种系发展的各主要阶段的再现。胎儿期的发展复演了动物进化的过程；婴幼儿期(出生～4岁)复演了动物到人的进化；婴幼儿的智力发展是原始的，主要活动是爬行，主要是感知—运动技能方面的发展，与人类早期使用四肢活动相对应；童年期(4～8岁)复演着原始人的渔猎时代，这时的儿童喜欢用玩具武器打猎、钓鱼以及钻洞和探索隐蔽的地方，其语言和社会交往开始发展；少年期(8～12岁)复演着人类从蒙昧时代向文明时代的过渡时期，少年常表现出特别想学习语言、数学、绘画、音乐、写字等；青年期(12～25岁)则复演着人类的浪漫主义时代，是激情与进取并存、充满内外冲突的时期，青年末期是一个新开端，它出现了人类更高级、更完善的特征，获得了"个性"，变得更加"人类化""文明化"。霍尔的研究奠定了青年心理学研究的基石，他的研究方法成为研究青年心理学的一种重要研究手段。继霍尔之后，青年心理学的研究在世界各国逐渐开展起来。

青年心理学在西方的第一个兴盛期开始于第一次世界大战后的德国。20世纪20年代的德国社会混乱，经济萧条，两代人的冲突，青年失业等问题突出，于是青年心理学首先在德国盛行起来。当时的德国出现了研究青年心理学的著名学者，如彪勒夫妇(K.Bühler&C.Bühler)、斯普兰格(E.Spranger)等。他们分别从不同的角度对青年心理进行了深入的研究，其中以彪勒夫妇的《青年的心灵生活》(1921年)最为有名。彪勒夫妇认为，写日记是青年期的特殊现象。青年日记的内容具有明显的倾向性，反映出各种各样的性格，特别是青年的内心世界。青年通过写日记，可以将自身的体验对象化，以此来探求自我、反思自我、理解自我和追求自我。写日记对于青年的自我形成具有巨大的促进作用，是青年自我形成过程的重要一环。

斯普兰格着重研究的是青春期青少年的心理发展变化，并在1924年出版了《青年的心理》一书。斯普兰格用“第二次诞生”来描述青少年的心理特征，认为青少年时期既是人格形成和发展的时期，也是自我意识蓬勃发展、精神生活发生巨大变化的时期。这些特征表现在：一是发现自我。儿童的自我与外部世界似乎是一个整体，到了青春期之后，青少年开始把探索的视线转移到内心世界，开始关注自己的精神生活和个性特点，意识到自我和他人之间的区别，并体验到内心的动荡不安，勤奋和懒惰、开朗和忧愁、大胆和怯懦、交际与孤独等各种矛盾交替发生。青少年在这种动荡不安中逐渐认识到自我的固有世界，发现自己的价值，加深对自我意识的发展和形成；二是设想未来生活。儿童的时间观念是注重关心现在，青少年则逐渐将时间观念扩展到过去和未来，扩大到对职业的选择、对未来生活的态度，逐步建立起自己的生活目标；三是扩大生活领域。青少年逐步深入生活的各个领域，并进行科学艺术的创造、探索，从事社交活动，扩大生活圈子。斯普兰格对青少年精神生活与心理发展的研究，为后人系统地研究青少年的自我意识和价值观奠定了基础。

20世纪20年代末，美国人类学家玛格丽特·米德(M.Mead，1928)开始用社会学的观点研究青年的心理与行为。米德研究了南太平洋萨摩亚群岛的青少年，出版了《萨摩亚的成年——为西方文明所作的原始人类的青年心理研究》一书。她发现，萨摩亚群岛的青少年几乎没有体验到不可避免的心理冲突和危机，也没有心理上的“暴风骤雨”现象的存在，甚至没有多少心理混乱。米德的研究向人们证实了青春期并非一定是一个危机四伏的紧张时期。美国人类学家本尼迪克特(R.Benedict)的研究也发现，青少年的心理紧张来自于社会文化，青少年适应困难的一个决定性因素是儿童期向成人期社会化过渡的不连续性。例如，在西方工业社会，童年时代的主要活动是游戏和学习，社会对儿童的要求是听话与顺从，一旦进入成年期，社会则要求个体具备高度的社会责任感，要有主动性和独立性。这种童年生活与成人生活要求的明显差异，使许多青少年在掌握成人角色时感到困惑和困难，从而引发他们的一系列心理冲突和矛盾。如果社会能够为个体从儿童期向成年期的过渡提供一种平稳渐进的环境，青少年将较少体验到心理冲突与困扰，进而避免心理危机的产生。米德等人的研究使许多学者认识到社会环境对青少年的发展有重要的影响，从而开始用社会学的观点研究青少年的心理与行为。这一研究方向上的转折性变化，对青年心理学的研究产生了重大的影响。

20世纪30年代的美国，经济危机与社会混乱，青年问题十分突出，研究者把青年心理学的研究视角从理解青年，转而着重于教育与指导青年，关心青年在智力、社会、情绪等方面的适应是否异常。以霍林沃斯(L.S.Hollingworth)、科尔(L.Cole)等人的研究为代表。他们从生物发生学、心理发生学、社会发生学等多元学科出发，对青年的适应问题进行探讨。霍林沃斯在1928年出版的《青年心理学》一书中提出了著名的“心理性断乳”理论(Psychological weaning)。他认为，“生理性断乳”是指幼儿因断奶而改变营养摄取方法，而12～20岁的个体一般都会产生摆脱家庭成为自由独立人的冲动，这就是“心理性断乳”。无论是个体的生理断乳还是心理断乳，其共同特点是断乳前所形成的习惯，与新的需要、冲动、行为不相适应并产生矛盾的结果，这就必须改变原有的习惯以及心理水平，造成了青年在心理上适应“心理性断乳”的复杂性。霍林沃斯的“心理性断乳”的观点，得到了学术界的广泛认同和进一步研究。科恩的研究发现，青年期最重要的心理成果是自我意识和稳固的自我形象的形成。青年对自己内心世界的发现与哥白尼当时的革命同等重要，是青年心理上的一次巨大的“革命”，这与青年智力的发展密切相关。科恩还提出在青年心理学的研究中，应当注意探讨青年的社会、民族和文化的差异，青年的经济状况和社会地位的差异，青年的性别差异和个体差异，以及注意历史差异与代际差异等问题。上述著名心理学家的研究对现代青年心理学的发展产生了较大的影响。

20世纪40年代以后，美国的格塞尔(A.Gesell)对青少年的成熟问题进行了双生子实验研究，这些研究企图发现遗传与成熟的关系，对后人的进一步探讨产生了影响。美国心理学家埃里克森(E.Erikson)和班杜拉(A.Bandura)将发展心理学、社会心理学、社会学、文化学等多门学科结合起来，探讨了青年的心理发展阶段与心理危机、青年的模仿与观察学习等问题。苏联著名心理学家维果斯基(Л.С.ВЬготкИЙ)从社会与文化的观点出发，探讨了青年的心理问题。

瑞士著名心理学家皮亚杰(J.Piaget)、法国心理学家瓦隆(H.Wallon)、苏联心理学家彼得罗夫斯基(А.В.Петровский)从发展心理学、认知心理学的角度，探讨了青少年的心理发展问题。这些杰出的心理学家都对青年心理学的发展做出了各自重要的贡献。

日本的青年心理学主要受欧美，特别是美国研究的影响。1910年，日本学者元良勇次郎、家原政次、中岛力造等翻译出版了霍尔的《青年期》一书，这标志着日本青年心理学的诞生。1917年，久保良英创立了儿童教养研究所，1918年创刊了《研究所纪要》，经常刊登关于青年心理学的实证性研究成果，影响较大。这一时期出版了野上俊夫的《青年心理讲话》(1919年)、犹崎浅太郎的《儿童青年精神力量的研究》(1922年)等著作。早期的日本学者不仅介绍国外关于青年的学说、资料，还使用联想法、问卷法等方法对日本青年进行了独立的研究。第二次世界大战中，日本青年心理的研究基本陷于停滞状态，直到战争结束，才逐渐恢复。

第二次世界大战之后，日本受美国研究的影响更深。由于战后日本青年问题比较突出，所以日本青年心理学的研究发展很快。1947年，桂广介的《青年的心理》和岗本重雄的《青年的自画像》两本专著的出版，标志着日本青年心理学进入了新的发展阶段。这两本书在日本青年中引起了强烈的反响，得到了战后处于文化饥饿状态的日本青年的喜爱。1949年9月，日本实施了《学校教师资格认定法施行规则》。根据这一法律规定，学生为了取得初、高级中学的教师资格认定证书，就必须在大学辅修教育心理学、青年心理学课程，致使各种各样的青年心理学教科书纷纷出版。依田新的《青年的心理》(1950年)，桂广介的《青年心理学》(1950年)，岗本重雄、津留宏的《青年期心理学》(1957年)等青年心理学教科书，推动了青年心理学的发展。1949年，日本政府专门设置了“中央青少年问题协议会”，各地设置了相应的协议会，具体研究青少年问题，一批具有较高研究水平的青年心理学专著相继出版。1968年，依田新组织成立了“青年心理学研究会”，成为日本青年心理学研究的中心。依田新组织成员研究与出版了许多关于日本青年的著作。这以后，日本青年心理学的研究进入了成熟阶段，青年心理学研究的成果也越来越多。

二、我国青年心理学的发展

我国现代青年心理学是从西方引进的，开始于20世纪30年代。1932年徐金泉翻译了美国霍林沃斯(L.S.Hollingworth)的《青年心理》；1933年杨贤江翻译了霍尔(G.S.Hall)的《青年期心理与教育》，汤子庸翻译了美国F.屈雷西的《青春期心理学》(1933年)；1937年丁祖荫、丁瓒合译了美国布鲁克斯(F.D.Brooks)的《青年期心理学》；1940年朱智贤翻译了日本野上俊夫的《青年心理与教育》。与此同时，我国心理学研究者也出版了一些青年心理学著作，如1933年沈履编著的《青年期心理学》，1934年姬振铎编著的《青年期心理研究》；1941年朱智贤编著的《青年心理》；1946年丁瓒编著的《青年心理修养》等。这些著作虽然较系统地介绍了青年心理发展的特征，但引述的研究资料多数来自国外特别是美国，对国内青年心理发展的研究基本是空白。

新中国成立后，20世纪50年代主要是学习和介绍苏联心理学的研究成果。如1957年张述祖等翻译出版了列维托夫的《青年初期学生心理学》。1963年朱智贤编著的《儿童心理学》一书最先论述了青春初期学生心理的发展，反映了当时国内青年心理研究的水平。从1949年到“文化大革命”结束时，我国对青年心理的研究非常少，即使有个别的零星研究也主要是探讨中学生的认知发展问题。

20世纪80年代初到90年代末，随着我国改革开放的不断深入和教育科学的不断发展，对青年心理学的研究进入了迅速发展和空前活跃的时期。我国著名心理学家张增杰教授率先在西南师范学院开设了青年心理学课程,从发展心理学的角度比较系统地探讨了大学生的心理特点和自我意识等问题,在国内产生了较大的学术影响,并在1981年翻译出版了新中国成立后第一部系统研究青年心理学的著作——日本依田新主编的《青年心理学》。这对于开阔当时我国心理学界的研究视野,推动青年心理学研究的发展,起到了很大的促进作用。1982年,朱智贤主编了《青少年心理的发展》;1983年,王极盛撰写了我国首部《青年心理学》专著。同时,国内还翻译出版了一些国外的青年心理学著作。如史民德等翻译的美国心理学家科恩的《青年心理学》(1983年)、邵道先翻译的日本荫山庄司等著的《现代青年心理学》(1985年)、张进辅等翻译的美国多萝西·罗吉斯著的《当代青年心理学》(1988年)等。我国相继成立了许多涉及青年心理研究的课题组,对青年心理问题进行了比较系统深入地探讨,取得了一批具有中国特色的青年心理学研究的优秀成果。如1983—1988年,我国著名心理学家朱智贤教授主持了国家重点科研项目"中国儿童青少年心理发展与教育",参加课题协作组的研究者达数百人,对我国青少年的理想、动机、兴趣、道德等问题进行了一系列研究,出版了研究成果《中国儿童青少年心理发展与教育》(1990年)。1985年,我国著名心理学家黄希庭教授组织了国家教委博士点基金项目"当代中国青年的价值观",从心理学的研究视角对中国青年的人生价值观、政治价值观、道德价值观、人际价值观、职业价值观、审美价值观、宗教价值观、自我观、婚恋观和幸福观等进行了系统研究,于1994年出版了专著《当代中国青年的价值观与教育》。1992—1997年,黄希庭教授主持了国家哲学社会科学"八五"重点课题"当代大学生心理特点与教育对策研究",对我国百余所高校的大学生进行了广泛调查研究,研究了大学生的学习与创造、智力发展与开发、人生价值观、人际关系、自我概念、恋爱、品德、心理咨询、就业准备等方面的心理特点,并提出了教育对策,出版了专著《当代中国大学生心理特点与教育》(1999年)。

进入21世纪以来,随着我国对青年心理学研究的进一步深入,以及对青年心理健康教育工作的不断开展,有关青年心理研究、青年心理健康教育、青年心理咨询与辅导等方面的著作大量出版。如张进辅主编的《现代青年心理学》(2005)、冯江平等著的《青年心理学导论》(2006)、梁津安与蒋冬双编写的《青年心理学大学生读本》(2008)、张大均主编的《当代中国青少年心理问题及教育对策》(2010)、田万生、张文玉的《青年心理学》(2012)、苏文启的《青年心理学》(2012)、蔡敏的《青年恋爱心理学》(2013)等。同时,我国发表了大量有关青年就业、青年心理健康、青年心理咨询与辅导、青年犯罪、青年婚恋、青年人际关系、青年价值观等方面的研究论文。纵观我国青年心理学的研究,走过了一条从无到有、从小到大、从肤浅到深入、从简单介绍国外的青年心理学到移植模仿国外青年心理学的研究,再到注重青年心理学研究的本地化、创新的发展道路。

虽然我国青年心理学研究取得了比较丰硕的成果，有了长足的进步和发展，但也存在不少问题。例如，对青年心理的研究往往从实用性的角度出发，缺乏理论性、系统性和深刻性；青年心理研究多以调查报告、现象扫描、问题解剖、对策与建议为主，静态和横向研究比较多，动态和追踪研究比较少，采用严格实验方法的研究则更少；对青年心理问题的研究比较被动，预测研究不够，不能较好地分析青年心理的变化过程和发展的连续性；对青年的了解、互动不够，容易出现以偏概全、以个案代表全体的情况；研究的领域比较狭窄，如就业心理的研究对象主要是大学生群体，对于社会青年的研究则非常少；对青年心理的多元研究、交叉研究、跨学科和跨文化研究不够。这些都是我国目前青年心理研究方面亟待解决的主要问题，也是未来我国青年心理学研究的努力方向。

复习巩固

1.国外青年心理学是如何发展变化的？

2.我国青年心理学的研究取得了哪些成果？还有哪些不足？

第四节　青年心理学的研究方法

青年心理学的研究方法要遵循心理学研究的一般原则与普遍的研究方法，同时要注意青年心理学的学科特点，着重探讨青年中存在的心理问题。

一、青年心理学研究的原则

（一）客观性原则

在青年心理学研究中，要根据青年心理现象的本来面貌研究其本质与规律。但研究者却易于把自己的主观体验同客观事实混淆起来，或因自己的喜好而影响到对客观事实的观察和数据的采集，使研究失去客观性。为避免这种情况，研究者应根据事先研究的内容，如实详尽地记录作用于青年身上的各种刺激及行为反应，以此来判断他们的客观心理过程。对资料的处理和对结果的分析与讨论要客观，特别是在对待与自己的假设、理论不一致的数据资料时，应谨慎处理。在做结论时，应根据所收集的资料，在其允许的范围内做出判断，而不应该做过分的推论。

（二）系统性原则

青年的心理是一个开放、动态、整体的系统，处于各种不同关系中，会表现出不同的特点。采用孤立分离的方式来研究青年的心理现象，是无法理解青年各种心理现象的特性及其相互影响的关系的。青年心理具有社会实践结构、个性心理结构、心理活动结构以及心理的物质结构等多方面的层次性，在研究中应该综合考虑这些因素，弄清青年心理的现状、产生的原因、发展的过程与结果等诸多因素，搞清楚这些因素的相互联系、相互作用的关系，才能全面考察出青年的各种心理现象以及它们之间的关系。

（三）理论联系实际的原则

青年心理学的研究无论是选题、研究程序还是研究的完成，都要以青年心理学的理论为指导，从青年的实际出发，解决青年在学习、工作、生活中遇到的实际问题。青年心理学研究的首要任务是为了更好地促进青年的学习、工作和生活，促进青年的健康发展。因此，研究课题应该来源于青年的实际情况，来源于青年的学习、工作与生活，研究成果应该能够付诸于实践，指导青年的学习、工作与生活，才能保证科研成果的实践应用效能。

（四）差异性原则

青年的心理既具有普遍性或一般性，也具有特殊性或个别性，因此在研究青年心理的一般事实和规律的同时,应考虑青年之间心理的特殊性和差异性。由于青年所处的社会与家庭环境、教育条件以及自身的生理素质等不尽相同,所以青年的心理具有一定的差异性,表现为青年之间的地区差异、年龄差异、性别差异、文化差异、职业差异和个别差异等。研究者仅概括青年心理的一般规律与特征是不够的,还应考虑青年心理的差异性,以提高研究的科学性,得出更全面深入的结论,否则易犯以偏概全、表面性和片面性的错误。

二、青年心理学研究的方法学路径

(一)现象揭示研究

现象揭示研究的目的是对青年发生的心理现象或行为进行科学、客观、精确的描述,回答"是什么"和"怎么样"等问题。现象揭示研究往往是进一步研究的前提和条件。在现象揭示研究中,研究者必须清楚研究的对象是什么,研究的内容及研究的核心概念。例如,对大学生情绪管理能力的研究,就要回答什么是"情绪管理能力",并对它进行操作性定义。所谓操作性定义(operational definition),是将抽象的概念转换成可观测、可检验的项目。从本质上说,操作性定义就是详细描述研究变量的操作程序和测量指标。

许多心理学概念都没有统一固定的操作性定义,一般需要研究者根据自己的研究目的、研究要求去界定。比如大学生的情绪管理能力可以定义为:大学生在遇到与自己发展不利的情绪时,积极寻找情绪策略,以有效的方式解决情绪不适的能力,并把大学生的情绪管理能力划分为理智调控情绪能力、控制消极发泄能力、寻求外界支持能力、控制消极暗示能力、积极补救能力五个维度进行具体研究。在现象揭示研究中,操作性定义非常重要,它是研究是否有价值的重要前提。

(二)关系解释研究

关系解释研究又称相关研究,是考察两个或更多变量(现象)的相互关系,揭示一个变量是否受到其他变量的影响,以及影响性质如何、影响的程度有多大,进而用一个变量预测另外一个变量的研究方法。例如,我国青年的就业压力比较大,就业压力是否给应届毕业大学生造成心理负担,应届毕业大学生对就业压力的承受力如何;他们是否能够获得社会支持,他们获得的社会支持是否能够提高他们的就业压力承受力;应届毕业大学生的就业压力承受力与社会支持之间是否存在相关关系等,青年心理学可以对此进行研究。

相关研究一般是通过问卷调查,对搜集的资料和数据进行统计分析,抽取出规律性的信息，进而使研究者能够深刻理解、全面描述、准确推断和预测研究对象的特点及变化。相关研究的优点是可以在较短时间内，花费较小的人力、物力，发现变量之间的关系，对许多现象作出预测。但大部分相关研究不能发现相互关系的因素之间的因果关系。上述应届毕业大学生就业压力承受力与社会支持的关系研究，虽然能够发现社会支持与应届毕业大学生的就业压力承受力之间呈正相关的关系，却无法确定两者之间孰因孰果，是社会支持导致应届毕业大学生的就业压力承受力增强，还是应届毕业大学生的就业压力承受力增强导致他们能够获得更多的社会支持？还有可能是由应届毕业大学生的家庭条件、人格特质、自我管理能力等其他因素决定的。

（三）因果联系的实证研究

因果联系实证研究的目的是通过验证事先设想的不同变量之间的假设，发现它们之间的因果关系。认识青年心理产生的内外原因，找出青年心理现象背后错综复杂的因果关系，是科学研究的重要任务，也是研究者普遍感兴趣的问题。通常因果关系的揭示，需要使用实验法来完成。例如，孙雪梅的《身体锻炼对大学女生应对方式、主观幸福感和心理健康的实验研究》就是按照大、中、小身体锻炼的强度，把大学女生分为三个组进行健美操运动干预，然后考察大学女生通过不同强度的健美操运动后，她们的应对方式、主观幸福感和心理健康是否产生变化，受到影响[1]。

三、青年心理学的主要研究方法

青年心理学的研究可以采用多种方法，在这里着重介绍以下几种主要的研究方法。

（一）观察法

观察法是有计划地运用感官或借助科学观察仪器，对研究对象进行系统观察，以取得研究资料的方法。例如，研究者对青年参与公益自愿者活动的情况进行观察，发现青年参与公益自愿者活动的特点及规律。观察法既可以作为一种独立收集数据的方法单独使用，也可以作为调查的起始环节，与文献法或实验法等结合使用。

观察法的优点是在自然情景下研究青年的心理，不影响他们的日常学习、工作与生活，所得资料比较真实。使用观察法要求研究者具有敏锐的观察力，善于从纷繁的情境中捕捉所需要的心理与行为表现，从记录资料中筛选有用的信息。为了取得良好的观察效果，在观察中应注意明确规定观察的内容和标准，随时详细记录，有条件的话

---

[1] 孙雪梅.身体锻炼对大学女生应对方式、主观幸福感和心理健康影响的实验研究[D].扬州：扬州大学，2011：1－2.

可利用一定的录音、录像器材;但观察时间不宜过长,对同类心理与行为可采用重复观察的方法;尽量在自然状态下观察,以免影响被研究者的正常行为。

(二)调查法

调查法是以提问调研的方式搜集资料以确定各种事实间的联系或关系的方法。主要有:

1.访谈法

访谈对象既可以是集体,也可以是个人。集体访谈是由研究者召集一些青年就需要研究的问题发表看法或意见。如通过座谈会了解青年职工心目中的理想上司形象,从中发现青年职工对上司管理能力、学识、人品等多方面的要求。个别访谈是由研究者对某个青年进行单独访谈。如对某个犯罪青年进行访谈,了解其犯罪的心理原因。访谈法的优点在于灵活性大,因人而异,适用范围广。但存在费时费力、费用开支大,被访谈者由于心存顾虑,访谈可能不真实,易产生偏差等缺点。研究者要注意在访谈前做好事先准备,根据研究目的和研究对象拟定访谈提纲,掌握熟练的谈话技巧和灵活的谈话方式,详细记录谈话过程和内容,以便能够得到真实的事实及资料。

2.问卷法

通过书面形式,以严格设计的问题,向青年收集资料和数据的方法。研究者在编制问卷时应注意问卷题目不宜过多,语言要通俗易懂,能够使被调查对象理解,不会产生误解或歧义;问卷正式施测前,应对问卷进行信度和效度分析,保证问卷的有效性。问卷法的优点在于简便易行,可以在短期内获得大量资料或数据,便于统计处理,较易做出结论。但如果研究者缺乏专门训练,不善于把握问卷的标准,加之被调查者隐藏自己的真实想法,或迎合研究者的意图填写问卷,所得数据就缺乏真实性,加之统计方法如果比较简单,就可能影响到这一方法的科学性。

3.测量法

*用专门的测量工具(量表)在较短时间内对青年的某些方面的心理属性做出测定、*鉴别和分析的方法。在青年心理学中,常用测量方法来评估青年的能力、兴趣、态度、情绪、性格和人际关系等。例如,用人格量表测量青年的创造性人格特质。采用测量法的关键是测量材料的选择是否恰当。量表的质量是获得良好测量效果的前提,可以从难度、区分度、信度、效度几方面进行分析。由于量表的制订比较困难,实施的精确性和可信性要在测定后的较长时间才能看出,所以实施这种方法最好能够与其他方法配合使用,以进一步提高研究的科学性。

(三)实验法

实验法是研究者从某种理论或假设出发,为突出研究的实验因子(自变量),有意控制某些条件，促使一定的现象产生，然后对其结果进行分析，得出有关实验因子的科学结论的方法。主要有以下两种：

1.实验室研究

在专门的实验室内利用一定的仪器进行心理实验，通过实验获得青年的某些心理现象的科学依据。如用脑电图仪测定青年在开展思维活动时脑电波变化的情况。该方法的优点在于控制比较严格，所获数据的可重复性高、比较可靠，结论经得起考验。但实验室情况与青年的实际生活有一定的距离，可能会使被研究者产生不自然的心理状态。因此，这种方法难以用于研究青年的价值观、道德、个性品质等复杂的心理特点。

2.自然实验法

按照研究目的控制某些条件，以引起青年某种心理活动而进行研究的方法。例如，潘莹的《大学新生学习适应性的干预研究》，首先对大学新生进行学习适应性的现状调查研究，在此基础上，筛选出学习适应性困难的大学新生组成实验组与对照组进行干预研究。通过"我为什么学""我怎么学""专业大比拼"等一系列活动，对实验组成员进行团体辅导，而对照组成员则不进行团体辅导，通过干预以后发现，实验组成员的学习适应性得到了较大提高[1]。

自然实验法兼具观察法和实验法的长处，既能较好地反映青年的实际情况，又能对变量进行一定的控制，使研究达到一定的精确程度。但该方法也存在一定的局限性，如在自然活动条件下进行实验，难免会出现种种不易控制的因素，给结果分析带来一定的困难，花费较多，所需技能也较复杂。

上述青年心理学的研究方法各有利弊。因此研究者在进行青年心理学研究时，要根据自己的研究目的、研究对象、研究内容，灵活地选择研究方法。

扩展性阅读

青年心理学研究方法的新趋势

随着青年心理学研究的不断深入，研究方法出现了新的趋势。主要表现为：

1.研究方法的综合化

青年心理学要研究的问题涉及多方面因素的影响，单一的研究方法都有其优点与局限性，只能使研究者获得小部分信息，而大部分信息被忽视或遗漏，加之在研

---

[1] 潘莹.大学新生学习适应性的干预研究[D].昆明：云南师范大学，2011：38—55.

究中受到其他因素的影响会增加研究结果的误差，降低研究的科学性，使研究者难以得出准确的结论，因而出现了研究方法的综合化。综合化是指尽可能地采用多种研究方法。例如，对青年工作动机的研究可以采用问卷法、观察法、实验法等多种方法；对青年犯罪问题的研究可将横向研究与纵向研究结合起来。再对不同方法取得的结果进行相互验证和比较，以提高研究的可靠性和科学性。

2.跨学科与跨文化的研究

青年心理学的研究需要多门学科的通力合作，如教育心理学、发展心理学、社会心理学、教育学、家庭学、社会学、生理学等学科的共同探讨，才能更好地发现与揭示青年的心理特点与规律。同时，青年的心理现象总是在一定社会文化背景下产生的，与社会文化的发展息息相关。跨文化研究主要是研究在不同国家、不同民族、不同文化背景下青年心理现象的共性与差异性等问题。青年心理学的研究要借鉴国外研究的先进理念和方法，吸取其经验与成果，才能更好地解释青年心理现象的差异问题。

3.采用现代研究仪器与数量化特征

随着科学技术的发展，各种现代的研究仪器被运用到青年心理学的研究中，如核磁共振成像、计算机、摄像、录音等。在研究中采用多元高级统计分析，如验证性因素分析、建立各种模型等，这些研究方法与手段的日益普及，对于提高青年心理学的研究水平起到了重要的推动作用。但青年心理现象的复杂性不是完全靠现代仪器及数量化研究就可以全部解决的。在研究中，必须注意定性与定量研究的结合，如采用行动研究、心理叙事研究等，进一步提高研究的科学性。

复习巩固

1.青年心理学研究的原则有哪些？

2.青年心理学研究的方法学路径有哪些？

3.青年心理学研究的主要方法有哪些？

要点小结

1.青年是指身心发育成熟,从开始独立决定自己生活道路的大学生到三十五岁左右的年轻人。青年期是特定的年龄阶段,代表了一种年龄的转折和趋势,是心理迅速发展并趋于成熟的时期,是社会化的重要时期。

2.青年心理学的研究内容是青年的心理特征及规律、青年的心理问题与解决对策。学习与研究青年心理学,具有重要的意义。从理论意义上看,青年心理学的形成和发展对心理科学起着重要的促进作用。从实践意义上看,青年心理学为学校更好地教育青年学生提供了依据。

3.青年的心理发展是指个体从青年初期到青年末期的心理变化过程。青年心理发展的特点是:过渡性、不平衡性、矛盾性、可塑性、探索性和创造性。影响青年心理发展的因素既有来自遗传的因素,也有来自家庭、学校等方面的因素。

4.青年心理学研究要遵循客观性原则、系统性原则、理论联系实际原则、差异性原则。青年心理研究的方法学路径主要有:现象揭示研究、关系解释研究、因果联系的实证研究。青年心理学研究方法主要有观察法、调查法、实验法。

关键术语

青年	youth
青年期	adolescence
青年心理学	adolescence psychology
心理发展	psychological development
操作性定义	operational definition

复习题

一、单项选择题

1.强烈的求知欲和鉴别力不够是青年心理发展(　　)特点的体现。

A.过渡性　　B.不平衡性　　C.矛盾性　　D.可塑性

2.青年心理学的诞生以美国心理学家(　　)出版的《青年期》一书为标志。

A.米德　　B.霍尔　　C.斯普兰格　　D.霍林沃斯

3.青年是从生物的人逐渐转变为社会的人，这是(　　)的观点。

A.生物学　　B.社会学　　C.心理学　　D.多学科综合

4.提出"心理性断乳"理论的是下列哪一位心理学家(　　)。

A.本尼迪克特　　B.霍林沃斯　　C.埃里克森　　D.班杜拉

5.青年的父母爱子心切，宁肯自己省吃少穿，也要想方设法满足子女的要求，对子女的事情大操大办。这种教养方式属于(　　)。

A.溺爱型　　B.专制型　　C.放任型　　D.民主型

二、多项选择题

1.遗传的作用主要表现在(　　)。

A.影响个体的智力发展及情绪　　B.影响男女两性之间的不同心理发展

C.影响个体的气质特征　　D.塑造青年的人格

2.青年心理研究的方法学路径主要有(　　)。

A.现象揭示研究　　B.关系解释研究

C.因果联系的实证研究　　D.量化研究

3.青年心理学的研究内容是(　　)。

A.青年的心理特征　　B.青年的心理规律

C.青年的心理问题　　D.青年心理问题的解决策略

4.以下属于青年心理学主要的研究方法的是(　　)。

A.观察法　　B.调查法

C.个案法　　D.实验法

5.青年心理学研究要遵循(　　)。

A.客观性原则　　B.系统性原则

C.差异性原则　　D.理论联系实际原则

三、判断对错题

1.青年心理学的研究内容是青年的心理特征及规律，青年的心理问题与解决对策。(　　)

2.影响青年心理发展的决定因素是遗传因素。(　　)

3.青年的心理发展是指个体从青年初期到青年末期的心理变化过程。(　　)

4.青年心理学的相关研究难以发现事物之间的因果关系。(　　)

5.米德率先从社会学的角度研究了青年的心理发展问题。(　　)

第二章　青年的认知发展与提高

本章你要学习什么？

认知贯穿于青年的全部心理活动，对青年的学习、工作具有重要的影响。本章将帮助你了解青年认知发展的含义和结构，以及青年注意、记忆、思维及元认知能力的发展。希望通过本章学习，你能够掌握青年认知发展的规律和特点，并能在学习与工作中培养和提高自己的认知能力。

第一节　概　述

认知是青年认识客观世界的信息加工活动。无论是生活还是学习，都需要青年不断地感知、注意和记忆大量的外界信息，思考各种问题，所有这些都属于认知活动。青年的感知觉、观察力、注意力、记忆力及思维能力等都发展到一个新的高度，并表现出一定的发展特点。

一、认知发展的含义

认知(cognition)在心理学上是一个常用的概念，但对其确切含义的解释却没有定论。随着信息加工理论的出现，心理学家倾向认为，认知是指那些能使个体获得知识、解决问题的操作方式和能力。这种对认知的解释，既包含了一种动态性的加工过程，也包含了一种静态性的内容结构。青年的认知发展是指青年获得知识和解决问题的能力随时间的推移而发生变化的过程和现象。从信息加工的观点来看，认知发展是青年信息加工系统不断改进的过程，既包括感知、注意、思维、记忆、言语等认知过程及其品质的发展，也包括认知结构的发展及解决问题等能力的发展。

二、认知发展的结构

认知发展的结构是指个体认知发展所包括的成分及这些成分之间的相互关系。对青年的认知发展结构应该包括哪些成分，不同的研究者往往有不同的理解，我们认为主要包括以下内容。

(一)感知觉的发生与发展

感知觉是青年认识世界和自我的门户和手段。青年主要依靠感知觉来认识世界、探索世界、了解自我，形成关于客观世界的印象和自我概念。

(二)记忆的发生与发展

记忆是青年知识经验积累和心理发展的重要前提。青年的记忆类型、记忆策略的发生与发展，影响着记忆能力的提高。

(三)言语的发展

言语是青年心理交流的重要工具和手段，对青年的认知和社会性的发生发展具有重大意义。青年言语发生发展的心理机制及言语发展的规律和特点是言语发展研究的重要内容。

（四）表征和概念的发展

表征与概念是青年重要的思维形式。表征是指信息或知识在心理活动中的表现和记载的方式，人类有动作表征、肖像表征和符号表征三种表征系统，这三种表征系统的相互作用是认知发展的核心；概念反映客观事物一般的、本质的特征，是青年进行一切认知活动的基础。

（五）推理和问题解决的发展

推理是指从具体事物归纳出一般规律，或者根据一般原理推出新结论的思维活动。问题解决是由一定的问题情境引起的，按照一定的目标，应用各种认知活动和认知技能，经过一系列的思维操作过程，使问题得以解决。推理是问题解决过程中重要的思维操作。青年推理的类型、推理的心理机制、问题解决的过程与策略都是需要研究的重要内容。

（六）社会认知的发生与发展

社会认知主要以自己、人际关系及社会事件为对象，指的是青年对自己和别人各种心理活动及思想观点、个性品质等的认知，对人与人之间的各种关系的认知，对社团及各种社会关系的认知，对社会事件的认知，这些构成了社会认知的主要内容。

（七）元认知的发展

元认知是青年对自身认知活动的认知，其中包括对当前正在发生的认知过程和自我认知能力以及两者相互作用的认知。青年元认知的组成成分及元认知能力的发展，是元认知发展研究的重要内容。

三、青年认知发展的趋势

个体认知能力的发展需要 20 年左右的时间才能成熟和完善。个体从出生至十七八岁是认知能力随年龄增长而不断增长提高的阶段，从十七八岁到 40 岁是认知能力发展的高峰期。以后随年龄增长，一些认知能力会出现不同程度的下降。认知能力随个体年龄而发展变化，与年龄的增长密切相关，但并不是匀速或无限度的发展。不同的认知在不同年龄阶段各有不同的表现，此外，认知能力还受外在环境因素的影响。因此，对个体认知能力发展的趋势研究结果尚不完全一致。

迈尔斯（W.R.Miles，1944）的研究认为，知觉能力发展的最佳年龄为 10～17 岁，70 岁后丧失一半以上；记忆力的最佳年龄为 18～29 岁，70 岁后保持 55％；比较和判断能力的最佳年龄为 30～49 岁，70 岁后还可以保持 69％。

贝利（N.Bayley，1970）采用多种量表对从出生到 36 岁的被试进行追踪研究，结果发现，智力随年龄增长直到 26 岁，以后保持到 36 岁，不再上升。瑟斯顿（L. L. Thurstone，1995）在研究中，比较了儿童、青年和成人在几种认知能力上的发展状况，发现个体在 12 岁时知觉速度达到成人的 80％，在 14 岁时推理能力达到成人的 80％，在 18 岁时语词理解能力达到成人的 80％，在 20 岁时语词表达的流畅性达到成人的 80％。韦克斯勒（D.Wechsler，1995）在对智力测试标准化的研究中，测试了 16～64 岁被试的智力情况，发现智力发展的顶峰是 22 岁，智力发展的高峰期在 20～34 岁，以后智力缓慢下降，60 岁后智力迅速下降。我国吴福元（1982）采用国内修订的韦氏成人智力量表所做的研究，也得出了类似的结果。

从上述研究结果来看，个体认知的速度和敏捷性，以及应用短时记忆的认知能力一般在 20～30 岁达到高峰；而常识、理解、概括、推理能力等往往随年龄而不断增长，下降时间不明显，个体之间差异较大。

复习巩固

1.认知发展的含义和结构是什么？

2.青年认知发展的趋势是什么？

第二节　青年注意的发展与提高

注意是青年进行各种认识活动的必要条件。青年的一切认知过程如果没有注意的参与，就会视而不见、听而不闻。良好的注意能力使青年能够清晰地认知事物，对刺激做出正确的反应，并表现出可控有序的行为。

一、青年注意的发展特点

注意(attention)是个体对一定对象的指向和集中。在学习和生活的要求下，青年的有意注意占据了注意的主导地位，各项注意品质在不断提高。青年较能控制自己的注意，使自己的注意更能适应任务的要求，并更有计划地获取有关信息，提高活动效率。

(一)注意的控制性增强

注意的控制性是指青年有意识地把注意集中于目标，不被无关刺激干扰的能力。如青年在学习或工作中会经常提醒自己，在有限时间内要尽量高效地完成学习或工作任务，即使有些学习或工作任务不是自己感兴趣的，也要用心做好，表现出良好的有意注意品质。青年的有意注意已达到较高水平。米勒与威斯(Miller & Weiss，1981)曾考察了不同年龄的被试能否集中注意于任务的靶子成分。他们制作了若干刺激图片，每一张图片上画有一个动物(目标刺激)，在这个动物的上部或下部画有一个家用物品(分心刺激)。将刺激图片陈列在桌子上，每张图片用布料覆盖，然后在被试注视下，将布料揭开，等被试看清后，又盖上布料，要求被试记住每个动物藏匿的地点。结果发现，年龄越大的被试记住动物藏匿地点的成绩越好。这表明随着年龄增长，个体越来越能控制注意，把注意集中于任务的目标信息，而摆脱分心刺激的干扰。

王文忠、方富熹(1992)在一项研究中采用不同的语义关系刺激材料探查被试注意选择性的发展，特别研究了注意目标与背景信息之间的语义关系和加工方式的影响。结果表明，注意选择性随年龄而增长，年龄较大的被试更倾向于把同一类别的词看成一个整体，自动进行加工，且能够利用其语义关系集中注意于目标词；年龄较小的被试，不善于利用其语义关系，其自动化程度也不高[1]。

(二)注意越来越能适应任务的要求

随着年龄的增长，青年的注意越来越能根据任务的要求主动地转移注意于不断变

[1] 王文忠，方富熹.注意选择性的发展研究[J].心理科学，1992(6)：21—26.

换的任务目标。青年注意品质的提升主要表现为：一是注意的稳定性逐渐增强。林镜秋等人(1994)的研究显示：高中生在无干扰注意稳定性方面优于初中生，且无性别差异。周华发(2010)在对大学生注意稳定与学习自控、情绪稳定性的关系研究中发现，大学生的注意稳定性发展良好，显著优于儿童期[1]；二是注意广度已达到较高水平，但受知识经验和知觉对象特点的影响比较大；三是注意分配能力和转移能力迅速发展。随着青年大脑神经内抑制能力及第二信号系统的发展，青年的注意分配能力和转移能力发展迅速，高中及大学阶段，其注意分配及转移能力已接近最高水平(卢家楣，1999)。

扩展阅读

高创造性者是如何驾驭注意的?

英国著名的科学家、进化论的奠基人达尔文曾反复提及，很少有什么事能逃脱他的注意范围，包括一些无关或偶然的刺激。很多像达尔文这样具有创造力的科学家都具有相似的注意模式，即能够注意到环境中的很多无关刺激，并在这些刺激之间建立远距离的联系，这往往也是很多新颖的观念和想法产生的基础。

奇斯林等(Ghiselin, et al., 1994)对科学家群体的注意模式进行了研究，发现高创造性的科学家在回忆自己解决过的问题时，常用"弥散性的"和"扫描式的"来描述他们在解决问题初期的注意状态，而创造性相对较低的科学家则用"集中的"和"明确的"来描述自己的注意状态。相对于集中注意而言，高创造性的科学家的这种注意模式被称作去焦注意。

去焦注意与高创造性之间有怎样的关联呢？注意和创造作为心理功能而言必然受到大脑的生物特性的影响。另有研究者(Martindale, et al., 1999)认为，注意的模式是与大脑皮层的激活水平相联系的，通过脑电图扫描发现，较低的唤醒水平和高创造性具有紧密的联系，而当唤醒水平较高时，个体的创造性问题解决的成绩明显下降，所以高创造性群体在运用去焦注意创造性地解决问题时常具有较低的唤醒水平。

二、青年注意能力的提高

注意贯穿于青年心理活动的全部过程。培养青年良好的注意能力，对于发展青年

[1] 周华发.大学生注意稳定性与学习自控、情绪稳定性的关系研究[D].漳州：漳州师范学院，2010：20.

的认知和个性，顺利完成学习和工作任务，是非常重要的。

(一)明确活动的目的和任务，培养正确的动机和态度

明确的活动目的和任务，以及正确的学习或工作动机和态度是青年注意力提高的首要条件。只有当青年逐步形成了自觉的学习或工作态度，并对学习或工作产生强烈的责任感时，才能不断提高他们的注意发展水平，因为明确的目的和强烈的责任感是青年组织有意注意的心理动因。青年对活动的意义认识越清楚、越深入，就越能将注意从强迫的水平发展到自觉的水平，也越能长时间地集中注意力，从而提高活动的效能。

(二)培养广阔而稳定的兴趣

兴趣是引起青年无意注意和有意注意的重要因素。青年若对某种事物有浓厚的兴趣，就越容易对该事物集中注意，并能长期坚持。因此，青年在培养自己对工作或学习的直接兴趣外，还可培养自己对活动目的或结果的间接兴趣，并同时调动自己强烈的求知欲，从而对学习或工作产生高度的自觉性，提升注意品质。

(三)加强意志锻炼，提高抗干扰的能力

有意注意与意志品质密切相关。若要保持对某活动或事物稳定的注意，提高抗干扰的自制力尤其重要。青年在学习或工作过程中，总会遇到各种因素的干扰。如果没有坚定的意志品质，就很容易分心，不能专心致志地顺利完成任务。只有具备坚定意志品质的青年才能成为驾驭有意注意的主人，有条不紊地把活动进行到底，有效抵制外界的各种干扰。

(四)养成良好的注意习惯

俗话说："习惯成自然。"青年若自幼形成了做事认真、细致、专心的注意习惯，无论在什么环境中，都能集中注意，专心学习与工作。由于青年期的个体还处于好动不好静的人生阶段，所以有些青年难免在注意品质上存在粗心大意、分心走神的不良状况。鉴于此，青年要提醒自己养成一丝不苟、严肃认真、精益求精的良好习惯，这对青年深入思考，完成学习或工作任务都大有裨益。

复习巩固

1.青年注意发展的特点是什么？

2.怎样提高青年的注意能力？

第三节　青年记忆的发展与提高

记忆是青年学习、生活和工作的基本心理机能，是在头脑中积累和保存经验的心理过程。青年期记忆的整体水平是一生的最好时期，也是记忆的黄金时期。

一、青年记忆的发展特点

记忆(memory)是个体对经验的识记、巩固、回忆和再认。青年记忆力的发展具有以下特点。

(一)记忆趋于成熟，处于记忆力最佳的时期

个体到青年期，记忆趋于成熟，对各种材料的记忆成绩都达到最高值。韦尔福特(A.T.Welford)研究了个体对新旧材料的记忆特点，发现无论对哪种材料的记忆成绩都以 20 岁左右为顶点。如果假定 18～35 岁个体的记忆成绩为 100，则 35～60 岁的记忆平均成绩为 95，而 60～85 岁的记忆平均成绩则是 80～85[1]，这说明青年期是记忆的最佳时期。

(二)有意识记与意义识记占主导地位

按照记忆活动是否带有意志性和目的性，可以把记忆分为无意识记和有意识记。无意识记是没有明确目的，不需要付出意志努力的识记；有意识记是有预定目的，需要付出意志努力的识记。无意识记使青年在生活中积累了大量的经验，但由于这种记忆是被动的，因此所记内容带有很大的片面性和偶然性。青年通过有意识记可以有效获得系统而又完整的知识。在青年的学习和工作中，有意识记的发展更为突出，占主导地位。

机械识记是没有理解材料或事物的意义，依据其外部联系而进行的识记。它的优点是记忆准确，缺点是花费时间较多，消耗精力大，对材料很少进行加工。意义识记是在理解材料或事物的基础上，依据其内在联系，运用已有的知识经验而进行的识记，即理解识记。研究发现，幼儿和小学低年级儿童的记忆是以机械识记为主，意义识记的能力较差。但意义识记的效果优于机械识记，并且两种识记都随年级增高而发展。随着年龄的增长、知识经验的逐渐增加、抽象逻辑思维能力的发展，个体的机械识记在 10 岁左右急剧上升，而后停滞不前，但意义识记在青少年期发展迅速，到青年期意义

---

[1] 林崇德.中学生心理学[M].北京：中国轻工业出版社，2013：202.

识记占据主导地位。青年通常不愿使用机械的方法去记忆，倾向于开动脑筋去寻求事物或材料之间的规律和关系，运用意识识记去掌握材料。研究发现(何先友，2009)，用意义识记记忆学习材料时，儿童能记住 28%，青少年能记住 45%，青年初期的个体能记住 83%。这说明青年的意义识记能力发展迅速，并成为主要的识记方式。

(三)短时记忆容量达到最佳水平

一般成人短时记忆的容量为 7±2 个组块。组块是指记忆的单位，组块的大小随经验积累和训练水平的不同而不同。个体的短时记忆容量随年龄增长而不断增大。青年短时记忆的发展不只体现在组块数量的增加上，更重要的是体现在组块内容的丰富上。陈国鹏、王晓丽使用数字、颜色、图形三种材料对不同年龄被试的记忆广度进行研究，发现被试的记忆广度在 16 岁达到最高峰，整个青年期的记忆广度都在最佳水平。不同材料的记忆广度具有相同的发展趋势[1](见图 2-1)。

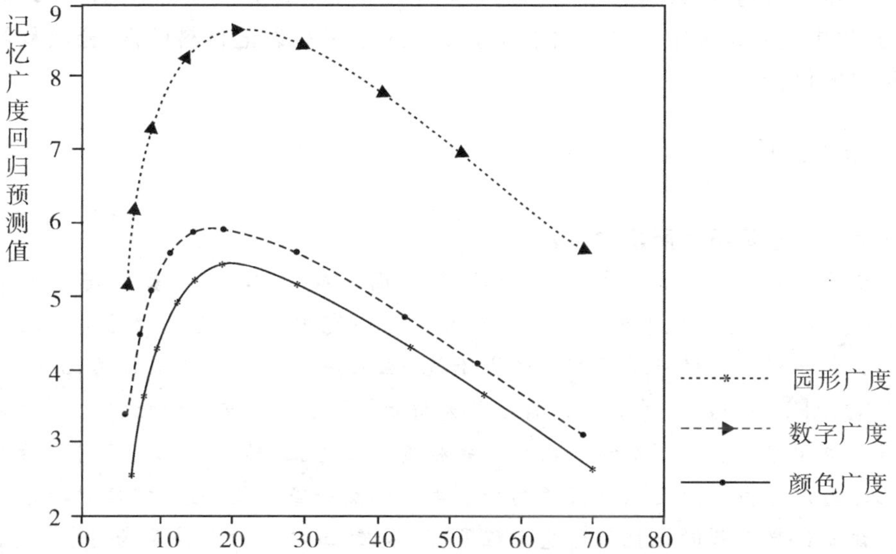

图 2-1 记忆广度与年龄的最佳拟合曲线

二、青年记忆能力的提高

青年不仅要好好利用自己良好的记忆力，还要有意识地培养和提高自己的记忆力。

(一)明确目的，有效使用有意识记和意义识记

记忆目标越具体，记忆效果越好。研究发现，要求长期记住的材料比要求一般了

[1] 陈国鹏，王晓丽.短时记忆及其策略一生发展的横断研究[J].心理科学，2005(4)：812－815.

解的材料记忆效果好;要求精确记忆的知识比要求记大意的材料效果好。因此,要想达到良好的记忆效果,青年首先要明确记什么、怎么记、为什么要记、哪些是记忆的重难点等,这样才能集中注意力,提高记忆效率。随着认知能力的发展,青年已能自觉、独立地提出识记任务,已具备明确自己记忆目的的能力,并能有效使用有意识记。为了提高记忆的精确性,在识记时青年要学会自觉对材料进行必要的认知加工,有效使用意义识记。

(二)及时组织复习,提高记忆的持久性

持久保持记忆最根本的办法是复习。遗忘是头脑中反映的事物及其联系的消退或抑制。德国著名心理学家艾宾浩斯(H·Ebbinghaus,1885)通过实验研究发现,遗忘进程是先快后慢。根据这一规律,青年防止遗忘的最好办法是及时进行复习。开始复习时,次数宜多,时间宜长,间隔宜短,以后可逐渐减少复习的次数与时间,扩大复习的间隔。从复习的效果看,分散复习比集中复习效果好。分散复习是每隔一段时间重复学习,集中复习是集中一段时间重复学习。对于多数识记材料而言,分散复习更有益于记忆的保持。

扩展阅读

为什么总记不住所学内容?

遗忘和保持是记忆中矛盾的两个方面。德国心理学家艾宾浩斯(H. Ebbinghaus)对遗忘现象做了系统的研究。在研究中,为了避免由过去经验产生的意义联想对记忆保持量的测定造成干扰,他采用了无意义音节作为记忆材料,如XIQ、ZEH和GUB等。他以自己作为被试,采用机械重复的记忆方法对词表进行系统学习。当达到刚能一次成诵的程度时便停止,然后间隔一段时间后测量自己还能记得多少。他把测得的实验数据绘制成一条曲线,称为艾宾浩斯遗忘曲线。该曲线显示长时记忆的遗忘进程是:20分钟回忆时的保持率为58.2%,1小时的保持率为44.2%,8.8小时的保持率为35.8%。根据该遗忘曲线得出的遗忘规律是:大多数遗忘出现在学习后一个小时以内,遗忘先快后慢,最终趋于稳定,重新学习比第一次学习容易。

遗忘时刻都在发生着,如果一节课结束20分钟后,学生能及时回顾所学内容,那么可能记住大约55%的内容;如果晚上睡觉前回顾一下所学内容,可能记住大约35%的内容。如果学生上课认真听讲,但课后没有及时复习,几天之后,可能只记住所学内容的25%。这就是为什么学生明明认真听课,努力学习,但总感觉没有记住所学内容的重要原因之一。由此可见,学习不仅要向前看,也要回头看。

(三)动手动脑,积极实践,提高记忆的精确性

有人曾做过一个实验,让一组大学生用组装好的圆规画图,另一组大学生先把零件装配成圆规后再画图,然后出其不意地让两组学生尽量准确地画出他们刚才用过的圆规。结果发现,第二组学生画得非常正确,而第一组学生画得很不准确,许多重要部件没有画出。这说明实践活动对增强记忆有非常重要的作用。一方面,实践活动使青年注意到了所要记忆的材料的细节,加深了理解,提升了记忆的精确性;另一方面,实践活动也刺激了青年的脑细胞,使其保持了敏锐和活跃,增强了记忆效果。因此,青年应养成动脑动手的习惯,在实践中保持旺盛的记忆力。

(四)掌握良好的记忆策略,提高记忆效率

掌握良好的记忆策略,是训练与培养良好记忆力的重要措施之一。科学的记忆策略,能增强记忆、防止遗忘,收到事半功倍的效果。记忆策略是人们为有效完成记忆任务而采用的方法或手段。个体的记忆策略是不断发展的。弗拉韦尔等(Flavell,et al,1966)通过研究提出个体的记忆策略的发展可以分为三个阶段:第一阶段,没有策略,通过训练也不能产生策略;第二阶段,不能主动使用策略,但经过诱导可以使用策略;第三阶段,能自发地产生和使用策略。青年已能自发地产生和使用策略,但研究表明,青年的记忆策略使用频率不够高,在使用记忆策略上随意性很大,缺乏理性认识和选择[1]。因此,青年自身要加强使用复述策略、组织策略、检索策略等记忆策略的意识。

复习巩固

1.青年记忆发展的特点是什么?

2.怎样提高青年的记忆能力?

[1] 赛丹,李伯约.大学生记忆策略使用调查报告[J].西南农业大学学报:社会科学版,2005(4):137－139.

第四节　青年思维的发展与提高

思维是借助语言、表象或动作实现的，对客观事物概括的和间接的认识，是认知的高级形式。思维是青年学习知识、解决问题、辨别真伪、识别美丑、探索新知和创造未来的重要心理机能。

一、青年思维的发展特点

思维(thinking)是人脑对客观事物本质与规律的概括和间接反映。个体的思维发展总趋势是：从具体到抽象、从不完善到完善、从低级到高级。根据基亭(D.P. Keating，1990)的观点，青年的思维能力具有以下五大特征。

(一)可能性的思维

青年逐渐认识到自己经历过的或直接观察到的具体事物只是"可能存在的事物"中的一部分而已，很多事物不会因为自己未曾经历过就不存在，会考虑事物发生或存在的各种可能性；不只对眼前存在的事物进行思维，也对眼前不存在的其他可能性加以考虑，相当于系统地推演各种不同的可能性。这种"可能性"的思维是青年思维最明显的特征。

(二)假设性的思维

这是指从事物发生的可能性当中推衍出相关的假设，并且通过系统性、可验证性反复检验的思维。通过假设性的思维，青年因能够事先预想可能发生的事情而做好准备工作，并依照经验及检验进行调整；了解他人的立场和看法，在与他人交往前事先想好应对方式。不过青年的假设性思维还不十分纯熟。

(三)前瞻性的思维

青年具备了有系统、有计划的思维能力，能够利用抽象思维事先思考较周密详尽的行动方案，考虑做事情的每个步骤，按部就班地加以实现。

(四)对思维的思维

青年能够以自己思维的过程和结果作为思维的材料来进行思维，具备了内省的能力和观点选择能力，能够对自己的认知进行反省，考虑自己的思维方式是否正确；对知识进行觉察，同时考虑他人的感受和想法，从他人的角度来考虑和处理问题。

(五)超越成规的思维

青年企图用超越成规性的标准来衡量事物，重新评估过去所建立起来的知识系统与价值观，欢迎和喜爱新观念和新事物，具有怀疑和批评精神。虽然青年这种超越旧限制的思维能力会让自己觉得惶恐不安，但青年对旧观念、旧知识的挑战是一种新的思维质变，有助于提高青年的智力水平。

二、青年辩证思维的发展特点

辩证思维（dialectical thinking）是指人们通过概念、判断、推理等思维形式，以变化发展的视角认识事物的思维方式。辩证思维通常被认为是与逻辑思维相对立的一种思维方式。在逻辑思维中，事物一般是“非此即彼”“非真即假”；而在辩证思维中，事物可以在同一时间里“亦此亦彼”“亦真亦假”。辩证思维的基本观点是发展的观点和联系的观点，其基本规律是对立统一规律、质量互变规律、否定之否定规律。辩证思维是思维发展的高级阶段，是思维发展达到成熟和完善的重要标志。

研究表明（Rrigel，1973），少年期、青年早期和青年后期的个体能够解决辩证逻辑问题的数量分别是30％、51％和62.5％，呈依次增长的趋势。美国心理学家佩里和布朗（Perry & Brown。1979）认为，进入青年期以后，个体思维中形式逻辑思维的绝对成分逐渐减少，辩证逻辑思维的成分逐渐增多，并指出这种变化的重要原因之一是由于个体逐渐意识到围绕同一个问题多种观点的存在以及解决问题方法的非单一性的事实。现实世界有时不能以完全对或错的方法来解决问题，其中复杂的问题更是无法完全通过逻辑来解决，因此青年逐渐认识到找到解决难题的最佳方法是需要采用并整合先前的经验。

美国哈佛大学心理学家佩里（William Perry1970，1981）将青年的思维发展划分为四个阶段：第一阶段，两重性阶段。处于这个阶段的青年总以“对和错”来看待事物。他们对接触的事物，认为非对即错，非此即彼，别无其他情况。刚入校的大学生在看待周围的事物或人时，一般处于两重性阶段，即倾向于运用二元思维的方式进行推理；第二阶段，多重性阶段。青年在与他人的观点和思想的相互碰撞、相互影响中，二元思维逐渐减少，进入多重性思维阶段，这时青年相信世界是复杂的，事物是多样性的，看待一件事情是有多种方法的，而且相信有一部分世界里的事物是不能确切知道的。他们不再毫无区分地把知识当作不变的真理，而是通过权衡，比较不同的观点、审视各种理论，进而找到解释现实的有效理论，出现了多元思维，相信“每一个人都有权力发表自己的意见”；第三阶段，相对性阶段。在这个阶段，青年相信在逻辑判断中需要感知、分析和评价。这个阶段的特点是“一切要看情况而定”；第四阶段，约定性阶段。这一阶段的青年既能坚持那些约定俗成的立场和思想观点，又能随时对此做出调整。不再认为世界上有绝对的标准和价值观，而是承认不同的社会、文化和个人都可能具备不同的标准和价值观，而且这些不同的标准和价值观都可能是合理的。

三、青年思维能力的提高

思维品质是个体思维发生和发展中表现出来的个性差异。青年思维能力的培养应从思维品质入手。

(一)思维深刻性的提高

思维的深刻性是指思维活动的抽象程度和逻辑水平，涉及思维活动的广度、深度和难度，主要体现为在智力活动中深入思考问题、善于概括归类、逻辑抽象性强、善于抓住事物的本质和规律、开展系统的理解活动、善于预见事物的发展进程等。青年的思维主要是抽象逻辑思维，是在感性材料的基础上，去粗取精、去伪存真，由此及彼、由表及里，进而抓住事物的本质与内在联系，认识事物规律性的过程。青年思维的深刻性存在个体差异。一般而言，超常智力的人抽象概括能力高，智力不足的人往往只是停留在直观概括水平。

要想培养青年思维的深刻性，首先要扩大青年的知识面，丰富其感性认识。思维活动的展开需要以一定的知识为依托，知识越丰富，思维活动的展开就越顺利、越深刻；其次，青年要掌握辩证逻辑的思维方式，运用动态的、发展的、相对的和相互联系的观点分析问题、理解概念，这有助于青年理解一定历史条件和社会背景下发生的事件与活动，防止思维的片面性。

(二)思维灵活性的提高

思维灵活性是指思维活动的灵活程度，主要体现为：一是思维起点灵活，即从不同角度、方向、方面，能用多种方法来解决问题；二是思维过程灵活，从分析到综合，从综合到分析，全面而灵活地进行"综合的分析"；三是概括—迁移能力强，运用规律的自觉性高；四是善于组合分析，伸缩性大；五是思维的结果往往是多种合理而灵活的结论，不仅有量的区别，而且有质的区别。思维灵活性强的青年，善于从不同的角度与方面思考问题，能较全面地分析、思考问题，解决问题。

思维的灵活性与发散思维有直接关系。青年在工作与学习中，要经常开展广泛的联想，学会举一反三、触类旁通，从多视野、多角度思考问题，寻找解决问题的可能答案，才能提高思维的灵活性。

(三)思维敏捷性的提高

思维敏捷性是指思维活动的速度，它反映了思维的敏锐程度。主要表现为青年在处理问题和解决问题的过程中，能够适应变化的情况来积极思维、周密考虑，正确地判断和迅速地得出结论。青年需要掌握提高思维敏捷性的要领与方法，对自己的学习或工作提出一定的速度要求，如完成学习或工作任务不能拖延，考虑问题不能总是犹豫不决，需要当机立断等，这些都有益于提高思维的敏捷性。

（四）思维独创性的提高

思维的独创性即思维活动的创造性。在实践中，除善于发现问题、思考问题外，更重要的是要创造性地解决问题。人类要有所发展、有所发明、有所创新，都离不开思维的独创性品质。独创性源于青年对知识经验或思维材料高度概括后集中而系统的迁移，然后进行组合分析，找出新颖性。青年思维的概括性越高，知识系统性越强，迁移性越灵活，独创性就越突出。青年要有创新意识，要敢于怀疑、敢于求新、敢于冒险。要有扎实的基础知识，要学会活学活用，要有强烈的好奇心和丰富的想象力，这些对于青年思维独创性的提高都有裨益。

（五）思维批判性的提高

思维的批判性是指思维活动中独立发现和批判的程度，体现为不受外界干扰，善于冷静思考、严格评价、优化选择解决问题的途径和方法。青年正处于辩证逻辑思维快速发展且逐渐占据主导地位的时期，要积极培养自己独立思考、善于发问的思维品质，避免循规蹈矩、人云亦云。正是有了思维的批判性，青年才能够对思维本身加以认识，不仅能够认识客体，也能认识主体，并且在改造客观世界的过程中改造主观世界。青年要积极培养与批判性思维有关的个性品质，如勇气、自信、质疑、责任等，要扩大自己的知识面，敢于大胆探索，不盲从权威，善于独立思考，要有意识地培养自己的辩证逻辑思维，学会从对立中寻求转机或方案的思维方式，从而提高自己思维的批判性。

扩展阅读

思维训练的常见方法

训练思维能力的方法有很多，结合已有研究和实践，常用的有以下几种：

1.求异标新法。即设法逾越已有的看法、观点、结论，做到富有独创性，能够推陈出新，引出新颖而又具有创造性的观念，赋予事物新的性质。

2.辏合显同法。即把所感知到的对象依据一定的标准“聚合”起来，显示出它们的共性和本质，类似于逻辑学中的“归纳法”。

3.生疑提问法。即对过去的认识、看法、结论提出质疑，通过新的途径、新的方法、新的研究来重新思考，或从平时习以为常的事物的不同方面去观察、生疑和思考。

4.层层剥笋法。即善于从事物千丝万缕的逻辑关联中认识事物的复杂性、多面性，有意识地训练自己严密的逻辑推理能力，促进思维能力的提升。

5.搜智集见法。即通过与他人的讨论、交流、比较、对照与诘问，学习到他人思维的特点，取长补短，相互学习，使自己的思维能力得到潜移默化的改进。

复习巩固

1.青年思维发展的特点是什么？

2.怎样提高青年的思维能力？

第五节 青年元认知的发展与提高

元认知是青年对自己的心理过程、心理状态、目标任务和认知策略等多方面因素的认知。它是以认知过程和认知结果为对象,以对自身认知活动的监控和调节为外在表现的认知活动过程。元认知对青年认知的发展具有重要的作用,有助于青年将自己作为一个完整的人来加以探讨与研究。

一、青年元认知的成分

(一)元认知知识

元认知知识是指个体对影响认知过程和认知结果的各种因素的认知。它包括个体对有哪些因素影响认知活动的过程与结果、这些因素是如何起作用的、它们之间又是怎样相互作用的认识。元认知知识是元认知活动必要的支持系统,为调节认知活动过程提供了极其重要的知识与经验基础。元认知知识包括三方面的具体知识。

1.认知主体的知识(知人)。指个体对关于自己和他人作为认知对象的所有知识,其中包括对存在于个体内(认知自己)的和个体间(了解他人)的认知差异性的认识,以及个体间的认知相似性认识。

2.认知任务的知识(知事)。指个体关于认知活动任务的要求、特点等方面的知识,其中包括对认知材料的性质、长度、结构特点、呈现方式、逻辑性、熟悉性以及难度等方面的认识,还包括对认知任务的目的、要求和进度的认识。

3.认知策略的知识(知术)。指个体对于完成某项认知任务所需要的认知方法的各个方面的知识,如各种认知策略应用的条件和情境如何,各种策略的优缺点,以及对于不同的认知活动和不同的认知任务,什么样的认知策略可能是有效的。

(二)元认知体验

元认知体验是个体在认知活动时所产生的认知和情感体验。元认知体验与个体正在进行的某项认知活动,以及与正在取得或可能取得的认知活动的进展状况有关。如青年有时会感觉自己没能准确地把自己的工作创意表达给同事或领导,或在工作中,有时感到所要完成的工作项目非常困难,可一旦厘清思路,找到解决办法,问题又能顺利解决。元认知体验会直接影响到青年认知任务的完成:积极的元认知体验会激发青年的认知热情,促进思维活动的展开,调动认知潜能,提高认知加工的速度和对刺激信息加工的有效性。

(三)元认知技能

元认知技能是指个体将自己正在进行的认知活动作为意识的对象,不断对其进行积极而自觉的监控和调节所使用的方式和手段。在元认知技能形成初期,需要有意识的指导。当元认知技能得到较高水平的发展,成为一种自动化了的动作方式时,其运用就不为意识所察觉了。元认知技能存在于整个认知活动过程中。

元认知技能主要包括三方面:一是制订计划,指个体对即将进行的认知活动及其行为进行的某种策划,主要体现为明确问题、确定目标、回忆相关知识、选择解决问题的策略以及确定解决问题的思路等;二是自我监控,指个体对自己认知活动的进程效果所进行的评估;三是自我调整,指个体能够根据监控得来的信息,对认知活动采取适当的矫正性或补救性措施,包括自我纠正错误、排除障碍、调整思路等。

二、青年元认知的发展特点

(一)元认知的自觉性提高,逐步达到自动化

个体的元认知能力在形成初期,带有很强的不随意性和不自觉性,即使想主动调节和控制自己的认知活动,也因各方面能力的缺乏而很难实现,往往需要依赖他人来调节与控制自己的某些行为与活动。如儿童需要父母、教师对自己进行直接的指导和监督。青年元认知的自觉性逐渐提高,并能够自觉开展自我监控。经过青年多次对自己元认知的调整与完善,其元认知能力逐渐由娴熟达到自动化。此时再进行认知活动,他们就会结合已有的知识经验,使认知活动过程变得简捷而有效,并能对认知活动迅速做出评价和正确反应,采取有效措施来解决面临的各种问题。

(二)元认知调控能力形成,对认知活动进行监控

个体在元认知发展初期,一般总是针对自己活动中的某方面或某种内容进行调节与控制,很少能够做到全盘考虑,表现为调节与控制的单维性。随着青年实践经验的增长、思维能力的提高,特别是达到辩证逻辑思维阶段,他们能够从多角度去综合考虑问题,将自己的元认知能力与各种具体活动结合起来,并对自己的认知活动进行全面分析、评估和修正,实现及时有效的反馈。

(三)元认知的敏感性增强,迁移性提高

元认知的敏感性是指个体根据问题情境中各个因素之间的关系及其变化,形成清晰的元认知知识,并做出适宜的调节和修正的灵敏程度。主要体现为个体对问题情境中的各种信息与线索的敏感性,以及对不同问题情境下最恰当的问题解决策略等有关知识经验的激活和提取的敏感性。一般而言,自我监控水平较高的青年往往对问题情

境的线索以及变化比较敏感，并能够较好地进行知觉分析，选取合适的策略和方法，对活动与行为进行有效的调节与控制。

迁移性是指个体能够把自己的活动过程与方式从一种具体的情境运用到相同或类似的其他活动情境中。总体而言，青年已具有一定的元认知迁移性，但不同元认知水平的青年，其迁移水平是不同的。迁移水平高的青年，比较善于将自己过去的元认知经验有效地应用于目前的活动情境中，达到触类旁通、举一反三的目的；迁移水平低的青年，有时虽不缺乏元认知知识和经验，但在遇到新的认知活动情境时，不能有效地借鉴和应用自己已有的知识与经验。

三、青年不同领域元认知的发展特点

(一)元记忆能力的发展特点

元记忆能力指个体对所进行的记忆活动的认知和监控。元记忆能力主要表现为三种判断：一是学习判断，指对当前已学习过的项目回忆成绩的预见性判断；二是知晓感判断，指面对当前回忆不出但又有一定“知晓感”的项目时，是否知道项目答案的判断；三是信心判断，指对回忆答案是否正确的信心程度的判断。美国心理学家哈特(Hart)开创了元记忆监控判断研究的先河。试验中，哈特向大学生被试提出一些常识性问题，如法国的首都在哪里？在被试不能说出正确答案时，让他们做一个“我是否知道问题答案”的判断。研究结果显示，知晓感判断和真实记忆成绩之间呈显著相关，这说明知晓感的判断是准确可信的。

青年元记忆能力的发展一方面表现为元记忆知识的发展。元记忆知识指青年对于记忆活动的过程、特点和影响因素以及与此相联系的自身能力等方面的了解和认识，包括对记忆任务、记忆策略以及记忆主体的认识。研究发现，5～10岁的儿童已初步具有较为机械、刻板的元认知知识，如7岁儿童会认为自己的记忆能力一定比他人好或者不好，9～11岁的儿童能够认识到人的记忆能力是因人因地因时而变化的。到青年期，个体的元记忆知识逐渐完善，获得了大量关于记忆任务、记忆策略和记忆主体特征对记忆效果的影响等方面的知识，尤其是有关记忆策略的知识出现了快速增长。另一方面表现为元记忆监控能力的发展。元记忆监控能力是指个体对自己的元记忆活动与过程的监督与控制。如在记忆过程中，对要达到的记忆目标进行调节，有意识地采取合适的、有效的记忆策略对记忆效果和记忆效率进行适当评价。研究发现，个体的元记忆监控能力要晚于元记忆知识的发展，元记忆监控能力在总体上随年龄的增长而逐渐提高(杨宁等，1994)。

（二）元理解能力的发展

元理解能力是指个体对自身的阅读理解活动及其有关的各种主客观因素的认知、监控和调节。元理解能力包括元理解知识和元理解监控。元理解知识指对影响阅读理解活动的个体因素、材料和任务因素以及策略因素的知识。元理解监控指为了达到理解的目的，采取有效的策略，并不断对当前的理解活动进行调节的过程。个体的元理解能力随着年龄增长不断丰富和发展，到青年期已经发展到一个较高的水平。

我国心理学研究者（董奇，1989；曹锋、朱曼殊，1989；董奇、陈红兵，1992）对元理解的研究表明：个体从儿童期到青年期，随着年龄增长，元理解知识日益丰富，元理解监控不断提高。其中，元理解知识发展非常迅速；元理解知识与元理解监控之间存在显著相关；个体阅读能力的各个品质，如敏捷性、灵活性、深刻性、批判性等与其元理解知识、元理解监控能力的发展显著相关，但存在着程度上的差异。也有研究显示，青年元理解能力的发展不仅存在年龄差异，也存在个体差异。如良好的阅读者遇到阅读障碍时会放慢阅读速度并进行回读，而不良阅读者却不能做到这一点（Garner & Reis，1981）。

（三）元认知与问题解决

元认知独立地存在于问题解决过程中，并能弥补一般能力的不足，促进个体对问题的解决。梁宁建（2001）等对大学一年级学生对问题解决策略的理解的研究表明，大一学生在解决问题时使用类推策略最多，自由产生策略最少。男女大学生普遍认为自由产生、类推、逐步分析、形象化重构和整合这五种策略最适宜用在解决学习问题的情境中，而不适合用在人际交往情境中。其他研究也表明，对策略的自我监控可以使个体更有效地解决一些难度较大的问题（董世斌等，1997）。此外，适当的言语活动能使人的注意力从指向问题本身转移到指向人自身的认知加工过程，从而使人更好地监控、评价、调节和修正自己的认知活动，进而提高解决问题的效率。

四、青年元认知能力的提高

元认知能力是智力的核心成分，不仅有助于提高青年的学习效率，而且能够调动青年学习的主动性和积极性，使其真正成为学习的主人。因此，提高青年的元认知能力是必要的。根据已有研究，适合于提高青年元认知能力的方法主要有以下两类。

（一）通用型元认知训练方法

为了培养个体的思维能力，国外的研究者们编制了许多通用的思维训练教程。其中影响较大的有费厄斯坦（R. Feuerstein）的“工具丰富教程”和斯滕伯格（Robert J. Sternberg）的“应用智力培养方案”等。

费厄斯坦以认知结构可变性理论为基础，设计了“工具丰富教程”，其目标在于提高认知低下的受训者对新事物进行独立思考的能力。该教程由一系列单元组成，每个单元都针对一种思维工具进行训练。如在表征图案的训练中，先给受训者一些广告图，然后让他们运用其中有颜色、形状或大小的图案在心理上重新构成一个图案。每种训练任务都需要调动所有的认知功能，如比较、鉴别、分离、转换和内在表征等。美国著名心理学家斯滕伯格曾评价认为，费厄斯坦的“工具丰富教程”是目前世界上训练元成分的一个最好的工具。

应用智力培养方案是斯滕伯格在三元智力理论基础上设计的培养方案。该方案分三部分：第一部分是指出智力活动背后的内部心理过程；第二部分则探讨智力活动运行的现实背景；第三部分主要论述创新和自主在智力操作中的作用。应用智力方案非常强调元认知，鼓励个体对自己的思想过程的反思。训练内容主要指向提高个体发现潜在问题的能力，帮助其理解对问题的不同定义是如何导致不同的解决策略、如何选择策略并监控执行策略的结果的。训练方法是首先用语言描述元认知知识是什么，然后用例子证明计划、监视等元认知成分的作用，最后进行实际练习。

(二)结合一般学科的元认知训练方法

这种类型的方法一般适用于大学生的学科教学，主要有：

1.启发式自我提问法

启发式自我提问法最初是用来解决数学问题的，后来被公认用以解决各种各样的学科问题。该方法包括四个步骤：理解问题、拟订计划、执行计划与回顾。在每一步骤中，训练者要给受训者提供一系列供他们自我提问的启发式问题，受训者对这些问题进行回答，以此发展自己的元认知能力。例如，在理解问题这一步骤中，给受训者的问题有：未知条件是什么？已知条件是什么？已知条件是多余还是不足，还是与未知条件矛盾？通过这些问题，来启发受训者认真思考。

2.问题解决中的元认知训练法

问题解决中的元认知训练法是先向受训者传授元认知知识，然后受训者通过自我监视和控制确保自己在问题解决过程中运用所学的元认知知识。具体的训练实施分为四个阶段：(1)辨别和界定问题阶段，需要受训者对问题情景中的关键因素进行编码，决定什么是已知的和未知的，该情景提出了什么问题；(2)表征问题阶段，需要受训者自我提问，如询问自己是否发现了新的、前面被忽视了的信息；(3)计划步骤阶段，需要受训者决定在解决问题时采用什么步骤和资源；(4)评价阶段，受训者需要明白自己的思维状况，已经做了什么、正在做什么、仍需做什么。通过上述训练，一些受训者元认知能力得到了提高。

复习巩固

1.青年元认知发展的特点是什么?

2.怎样提高青年的元认知能力?

要点小结

1.认知是指那些能使个体获得知识、解决问题的操作和能力。认知发展是指个体获得知识和解决问题的能力随时间的推移而发生变化的过程和现象。认知发展主要包括感知觉的发生、记忆的发生与发展、言语的发展、表征和概念的发展、推理和问题的解决、社会认知的发生与发展、元认知的发展。

2.青年认知的发展主要体现为注意能力、记忆能力、思维能力、元认知能力的发展。

3.青年注意表现为注意控制性增强;注意更有计划性,更能适应任务的要求等发展特点。提高青年的注意能力应做到:明确活动的目的和任务,培养正确的动机和态度;培养广阔而稳定的兴趣;加强意志锻炼,提高抗干扰的能力;养成良好的注意习惯等。

4.青年记忆的发展主要体现为:记忆趋于成熟,处于记忆力最佳的时期;有意识记与意义识记占主导地位;短时记忆容量达到最佳水平。提高青年记忆能力的主要措施是:明确目的,有效使用意义识记和有意识记;及时组织复习,提升记忆的持久性;动手动脑,积极实践,提升记忆的精确性;掌握良好的记忆策略,提高记忆效率。

5.青年的思维在形式逻辑思维的基础上向辩证逻辑思维进一步发展。青年思维中形式逻辑思维的绝对成分逐渐减少,辩证逻辑思维的成分逐渐增多。佩里认为青年从形式逻辑思维转变为辩证逻辑思维的过程可分为:二元论思维阶段、多重性阶段、相对性思维阶段和约定性思维阶段。青年的辩证思维逐渐成熟。

6.青年思维能力的培养应从提升思维品质入手,即提高思维的深刻性、灵活性、敏捷性、独创性和批判性。

7.青年元认知的自觉性逐渐提高,逐步达到自动化;元认知多维调控能力逐渐形成,能对认知活动进行整体监控;元认知的敏感性逐渐增强,迁移性逐渐提高。青年元认知能力的提高可使用通用型元认知训练方法和结合一般学科的元认知训练方法。

关键术语

认知发展	cognitive development
注意	attention
记忆	memory
思维	thinking
辩证思维	dialectic thinking
元认知	metacognition

复习题

一、单项选择题

1.青年的注意主要是(　　)。

A.无意注意　　B.有意注意　　C.不随意注意　　D.有意后注意

2.对青年注意发展特征描述不正确的是(　　)。

A.青年注意的控制性增强

B.青年注意转移和注意分配能力增强

C.青年注意的计划性较弱

D.青年的注意广度扩大

3.青年在理解材料或事物的基础上,依据其内在联系,运用已有的知识经验而进行的识记是(　　)。

A.意义识记　　B.无意识记　　C.机械识记　　D.表象识记

4.首先提出了元认知的概念是美国哪位心理学家(　　)。

A.布鲁纳　　B.弗拉维尔　　C.斯滕伯格　　D.奈瑟尔

5.青年占主导地位的思维是(　　)。

A.形式思维　　B.逻辑思维　　C.形象思维　　D.辩证思维

二、多项选择题

1.元认知的主要成分包括(　　)。

A.元认知知识　　B.元认知体验

C.元认知控制　　D.元认知技能

2.佩里认为青年从形式逻辑思维转变为辩证逻辑思维的过程分为多少阶段(　　)。

A.二元论思维阶段　　B.多重性阶段

C.相对性思维阶段　　D.约定性思维阶段

3.青年记忆的发展特点体现为(　　)。

A.记忆趋于成熟,处于记忆力最佳的时期

B.机械记忆占优势

C.有意识记与意义识记占主导地位

D.短时记忆容量达到最佳水平

4.青年良好的思维品质包括(　　)。

A.思维的刻板性　　B.思维的深刻性

C.思维的敏捷性　　D.思维的独创性

5.提高青年注意能力的措施为(　　)。

A.明确活动的目的和任务,培养正确的动机和态度

B.培养广阔而稳定的兴趣

C.加强意志锻炼,提高抗干扰的能力

D.养成良好的注意习惯

三、判断对错题

1.认知发展是个体获得知识和解决问题的能力随时间的推移而发生变化的过程和现象。(　　)

2.青年辩证思维逐渐减少,形式逻辑思维增多。(　　)

3.青年元认知的自觉性逐渐提高,逐步达到自动化。(　　)

4.青年通过无意识记可以有效获得系统而又完整的知识。(　　)

5.元认知技能包括制订计划、自我监控和自我调整三个方面。(　　)

第三章　青年的创造力与开发

本章你要学习什么？

创造力，是一流人才的重要素质。作为国家未来之栋梁的青年，你知道什么是创造力吗？该如何在学习和工作中充分发挥自己的创造力？本章将带你走进青年的创造力与开发，希望通过对本章的学习，你能够了解什么是创造力，青年创造力有哪些特点，青年的创造力体现在哪些方面，也希望你能够更好地开发自己的创造力。

第一节 概 述

人类的文明史是创造的历史,创造力是推动人类文明不断进步的强大动力。21世纪是创新的时代,我国的发展需要大量创造型人才努力。青年作为新技术、新思想的前沿群体,更要注重对自己创造力的培养与开发,努力成为创造型的人才。

一、创造力的含义

创造力(creativity)一词来源于拉丁语 creare,本意为"创造、创建、生产、造就"。迄今为止学界对创造力的解释没有形成统一的看法。根据美国韦氏字典的解释,创造力是指创造的能力,是才艺智力的开发。美国心理学家吉尔福特(J.P.Guilford,1950)在《论创造力》一书中指出,创造力是能代表创造性人物特征的各种能力。创造性才能决定个体是否有能力在显著水平上显示出创造性行为。美国心理学家麦金农(Mackinnon,1962)认为,真正的创造力应当满足三个条件:一是新颖而不常见;二是适应性或现实性强;三是具有独到的洞察力。德国心理学家德雷夫达尔(J.Drevdarl)强调,创造力是人产生任何一种形式的思维结果的能力,这些思维结果在本质上是新颖的。我国心理学家林崇德(1999)认为,创造力是根据一定目的,运用一切已知信息,产生出某种新颖独特、有社会或个人价值的产品的智力品质[1]。从上述诸多对创造力的解释可以看出,创造力包含新颖性、独特性的主要特征。青年创造力主要是指在学习及工作过程中运用已掌握的知识与技能,提出新观点、新见解,产生新方法、新产品的能力。

二、创造力的要素

(一)创造性人格

创造性人格是美国心理学家吉尔福特(J.P.Guilford)提出的概念。他指出,创造性的行为不仅取决于智力活动,以及创造性行为的各种认知过程,还与个人的价值观、性格和气质等因素相关,人格在创造性活动中起到整合的作用。

创造性人格是相对稳定的心理特征,包括创造个性倾向和创新精神,它对创造力活动的发展和完成起到促进和保障的作用[2]。创造性人格包含多维度的结构或特

[1] 林崇德.培养和造就高素质的创造性人才[J].北京师范大学学报:社科版,1999(1):5—13.

[2] 张大均.创新教育与青少年创造心理素质的培养[J].西南师范大学学报:人文社会科学版,2002(2):22—27.

征。吉尔福特认为，创造性人格主要表现为自觉性、求知欲、好奇心、洞察力、条理性、想象力、幽默感、意志力等特征。美国的科勒认为创造性人格的特质包括智力、观察力、变通性、独创性、精致性、幽默感和自信心等。我国周昌忠教授(1986)指出，创造型人格包括的特质有：勇敢，对客观事物敢于质疑；冒险性，在挫折面前迎难而上；幽默感，对富有趣味的事物好奇；独立，能专注于某个事物上；有恒心，能坚持不懈；一丝不苟，考虑问题详尽、周密[1]。林崇德教授(2000)将创造性人格概括为刚毅的性格、健康的情感、积极的个性意识倾向、坚强的意志和良好的习惯[2]。滕徽(2014)通过对重庆市大学生的创业意向、创造性人格和社会支持的研究发现，重庆市大学生的创造性人格包括好奇性、想象力、冒险性、挑战性等四个要素。不同创业经历的重庆大学生在创造性人格总分、好奇性、想象力、冒险性和挑战性上存在显著差异。正在创业的重庆市大学生在创造性人格总分和想象力以及挑战性维度上得分最高，没有想创业的重庆市大学生得分最低；在好奇性维度上，曾经创业的重庆市大学生得分最高，没有想创业的大学生得分最低；在冒险性维度上，工作后创业的重庆市大学生得分最高，曾经创业的大学生得分最低[3]。由此可见，这些研究者提出来的创造性人格特征具有一定的共性，也有一定的差异性。

(二)创造性思维

创造性思维是创造力的核心，是创新实践的前提和基础。我国卢明森(1994)认为，创造性思维是创造出新办法、新概念和新观点，从而使认识或实践取得突破性进展的思维活动。它是在力求创新的驱动下产生，打破了传统的思维习惯和逻辑规则，以更有创见的方法来阐明问题、解决问题。

创造性思维主要包括以下几种思维形式。

1.发散思维，又称辐射性思维。它要求人们充分发挥想象力打破各种思维束缚，从不同的方向、途径和角度进行思维扩散，产生尽可能多的信息或方案的思维方法。

2.收敛思维，又称集中思维。通过抽象、概括、判断、推理等把发散思维所产生的众多方案和结果集中于某一主攻方向，从中找到一种最佳方案和结果。

3.直觉思维。是通过对新事物、新问题的观察，从整体出发用猜测、跳跃、压缩思维过程的方式，直接而迅速地得到一个抽象的概念或假设，而不是经过综合分析、抽象概括和推理判断等过程。

---

[1] 周昌忠.创造心理学[M].北京：中国青年出版社，1983：169.

[2] 林崇德.创造性人才·创造性教育·创造性学习[J].中国教育学刊，2002(1)：5－8.

[3] 滕徽.重庆市大学生创业意向、创造性人格和社会支持的关系研究[D].重庆：西南大学，2014：39－43.

4.形象思维。是主体运用表象、直感、想象等形式，对研究对象的有关形象信息进行加工，从形象上认识和把握研究对象，解决问题的方法。

5.逻辑思维，又称抽象思维。是在感性认识的基础上利用概念，通过分析、综合、抽象、概括等基本方法，揭露事物的本质和规律性联系的思维。概念、判断、推理是逻辑思维的基本形式。

(三)创造性想象

创造性想象是一种有意想象，是人们根据一定的目的任务，对头脑中原有记忆表象的加工改造，即将原有的表象拆散或者碾碎，再重新组合成一个新形象的心理过程。如在新产品的开发和创造时，人脑中构成的新形象就属于创造性想象。创造性想象具有独立性和新颖性等特点。

(四)创造性自我效能感

创造性自我效能感是自我效能感在创造性领域的体现，是个体关于自己有能力根据任务要求产生新颖、原创和适宜的解决方案的信念(Abbott，2010)。创造性自我效能感对创造力的发展有着显著影响，是人们主动创造的基础，它直接影响着人们进行创造行为的可能性或者努力程度。

黄春艳(2009)的研究发现，研究生的创造性自我效能感与创造力之间存在显著的正相关，并在创造性动机和创造性绩效之间起完全中介作用[1]。顾远东和彭纪生(2010)通过对工商管理硕士学员的研究发现，创造性自我效能感影响个体的创造性行为，并在组织创新氛围和创造性行为间起中介作用[2]。这些说明创造性自我效能感对个体的创造力有重要的影响。

三、青年创造力开发的意义

(一)我国建立创新型国家的需要

当今世界是科技日新月异，竞争越来越激烈的社会，各国都在大力加强国家的创新能力建设。我国在加速追赶发达国家发展脚步的同时，提出以科教兴国为发展重点的战略，增强自主创新能力，建设创新型国家。提高我国创新能力的关键在于需要大量致力于科技发展、具有创造性的高素质人才。青年是我国经济建设和发展的主力

[1] 黄春艳.硕士研究生创造性动机、创造性自我效能与创造性表现的关系[D].武汉：华中师范大学，2009：30—45.

[2] 顾远东，彭纪生.组织创新氛围对员工创新行为的影响：创新自我效能感的中介作用[J].南开管理评论，2010(1)：30—41.

军，对我国建设创新型国家具有义不容辞的责任和义务，并且在推动科技进步和创新、提升国家竞争力方面发挥着重要的作用。我国提出要在2020年建成创新型国家，这对青年提出了更高的发展目标和要求。青年的创造力直接影响到我国的自主创新能力。所以，开发青年的创造力具有重要的意义，能够推动我国科学技术的创新与发展。

（二）有利于推动我国经济发展

创新是推动我国经济发展的主要动力。我国要实现经济增长方式的转变，就需要培养大量富有创造力的人才。青年创造力的培养将使我国的高层次人才由知识的拥有者转变为知识的创造者，成为我国重要的人力资源。现阶段，在我国经济发展的关键时期，青年的创业对促进经济增长、带动技术创新和经济结构转型、扩大就业有着非常重要的作用。我国政府明确提出，要实施扩大就业的发展战略，促进以创业带动就业，把鼓励青年创业、支持青年创业摆到就业工作更加突出的位置。所以，提高青年的创新、创业能力将成为我国经济发展强有力的推动力。

（三）青年发展的内在需要

青年期是人的一生中创造力发展活跃的时期。英国科学家牛顿（Isaac Newton）和德国数学家莱布尼茨（Gottfried Wilhelm Leibniz）发明微积分时分别是22岁和28岁。美国爱迪生（Thomas Alva Edison）发明留声机时是29岁。青年是社会上富有创造力的群体。相对于儿童来说，青年身心发生了巨大变化，大脑发育成熟，好奇心和求知欲旺盛，思维活跃，富有创新的潜质，渴望通过创新来获得社会的认可和尊重，具备了从事创造性活动的条件。此时对青年的创造力进行开发和引导，能够激发青年的创造潜能，增强青年的自信心，使青年成为具有开创精神的新一代。

扩展阅读

创造力与年龄的关系

美国心理学家莱曼（Lehman，1953）对化学、物理和数学等不同学科领域中做出杰出贡献的人进行了数年考察。他首先从不同角度对各类成果的创造性质量进行评估，如根据某一成果被相关学科的教科书引述的次数作为创造性质量的一个指标，而后再对创造者的年龄进行判断，从而发现了创造成果与个体年龄之间的关系（见图3-1）。

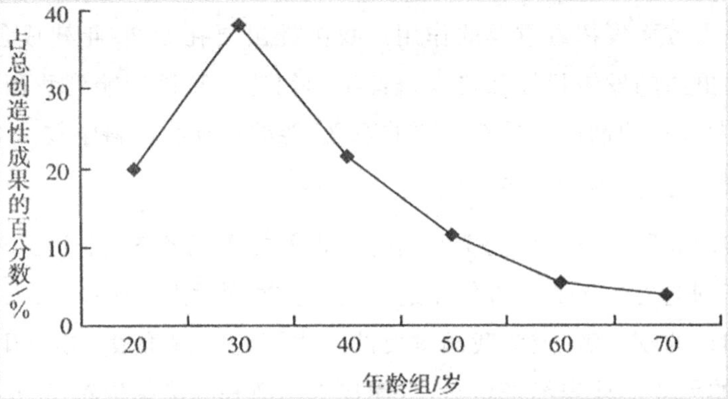

图 3-1　创造性成果的年龄差异(引自 Lehman,1953)

从上图可见,有 20%的创造性成果是 20 岁到 40 岁左右的人做出来的,近 40%创造性成果是 30 岁左右的人作出来的,大约 15%的创造性成果是 50 岁左右的人做出来的。可见,30 岁左右是一个创造力旺盛的时期。

我国著名心理学家、北京师范大学心理学教授林崇德根据美国学者莱曼等人的研究成果,总结出各类人才最佳创造年龄:数学家 30～34 岁,化学家 26～36 岁,物理学家 30～34 岁,哲学家 35～39 岁,发明家 25～29 岁,医学家 30～39 岁,植物学家 30～34 岁,心理学家 30～39 岁,生理学家 35～39 岁,作曲家 35～39 岁,油画家 32～36 岁,诗人 25～29 岁,军事家 50～70 岁,运动健将 30～34 岁。

这些研究表明,25～40 岁是创造的最佳年龄,尤其青年期被称作创造的黄金时期。

四、创造力的测量

识别和培养创造性人才在很大程度上依赖于对创造力的测量与评估。由于创造力是一个多维度、多层次的结构,测量方法和工具也是多种多样的。

(一)托兰斯创造思维测验

托兰斯创造思维测验于 1966 年编制而成,是影响力较大、应用较为广泛的创造力测验工具,适应于各个年龄阶段的人。托兰斯创造思维测验包括三部分:(1)言语测验,包括提问题、猜原因、猜产品改造、非常用途测验、非常问题和假想;(2)图画测验,是呈现未完成的或抽象的图案,要求被试完成它们,使其具有一定的意义,包括图画构造、未完成图画、圆圈(或平行线)等测验;(3)声音和词的测验,包括音响想象和象声词想象。

（二）南加利福尼亚大学测验

南加利福尼亚大学测验是吉尔福特（J.P.Guilford）根据1957年提出的三维智力结构模型而设计的，由言语测验和图形测验两部分组成。言语测验包括字词流畅、观念流畅、联想流畅、表达流畅、多种用途、解释比喻、效用测验、故事命题、推断结果和职业象征等。图形测验包括作图、略图、火柴问题和装饰等。

（三）创造力实验法

创造力实验法是给被试者设置一定的问题情境，控制和改变一些条件，记录其反应情况，然后加以分析的一种测评方法。广为人知的研究是有关阻碍个体创造力发挥的心理定势现象的研究，以及个体如何克服功能固着创造性解决问题的研究。创造力实验法有较高的信度，但效度不高。

（四）主观评定法

主观评定法是按照一定的标准，对受测者的创造力进行评价。英国高尔顿（Francis Galton，1970）提出了主观评定法的三个步骤：一是组成评价小组，由有关专家、研究者或有经验的教师组成；二是由评价小组成员分别对个体创造力进行评析；三是合成总评价。主观评定法经济实用，但容易受到主观因素的影响。

上述几种测量创造力的方法各有千秋，要根据测量创造力的目的、测量的对象、测量的需要选择恰当的测量方法。

复习巩固

1.什么是创造力？创造力主要包括哪些要素？
2.青年创造力开发有什么意义？

第二节 青年的学习创造力

学习是青年的重要任务，尤其是在校的大学生更应该以学习为主。青年只有热爱学习，善于学习，在学习中不断创造和发现知识，才能更好地立足于社会、服务于社会。青年的学习创造力培养比掌握知识更为重要。

一、学习创造力的含义

学习作为人类活动的主要形式之一，在本质上是一个创造的过程。创造性学习是青年学习的主要形式。美国教育家怀特莫（Whittemore）说，学习应是一个唤醒过程，每个步骤都将是创造性的。青年学习创造力体现在在学习过程中提出各种新观点、新方法、新设计等。

二、青年学习创造力的特征

学习可以是重复性的，也可以是创造性的。重复性学习是指拘泥于现有的知识、守旧、不敢打破旧框架；创造性学习是勇于创新、融会贯通。青年学习需要创造力，创造力应看作是学习必不可少的一环。青年学习创造力的特征主要有以下几点。

（一）学习的创新性

学习的创新性是学习创造力的本质体现，是青年在自身心理发展水平基础上认识和发现新问题、新方法、新结论等。刘晓明（2002）指出学习的创新性包含知识创新和方法创新两方面。知识创新是青年在学习实践中，提出新概念、做出新判断、进行新推理、不断推进知识的更新。创新的目的在于寻求新发现、探索新规律、积累新知识、提出新思想、建立新理论。学习方法的创新是指在完成一定任务的时候，青年会花更多时间捕捉与其他人不同的经验，从而构建自己的知识结构和认知结构；拥有适合自己的一套独特而系统的学习方法，利用一切可以利用的学习条件；根据学习的情境、内容、目标和特点而灵活地应用，善于将知识或经验概括化与系统化等。

（二）学习的自主性

学习的自主性是青年在学习动机激发下，自行确定学习目标，选择学习内容，制订学习计划，对学习策略进行监控和调节，对学习结果进行自我总结和评价。青年是学习活动的主人。具有学习自主性的青年会有强烈的好奇心和旺盛的求知欲，有坚定的意志去克服遇到的学习困难，遇到疑难学习问题通常选择自己尝试独立去解决，而不是动辄求助他人、依赖他人，愿意花大量时间在自己感兴趣的问题上。

(三)学习的质疑性

学习的质疑性是青年大胆用怀疑的眼光看问题,不迷信权威,不唯书、不唯上,善于发现问题并提出问题。青年提出问题往往比解决问题更重要。因为提出新的问题、新的可能、从新的角度去看问题,都需要有创造性的想象力和批判性思维。我国林崇德(2000)指出,创造性学习者在学习动机上,对事物的变化有深究的动机,渴求找到疑难问题的答案,喜欢寻找缺点并加以批判,相信自己的直觉。在学习态度上,对感兴趣的事物愿花大量的时间去探究,思考问题的范围与领域不为教师所左右。在学习内容上不满足于教科书或教师所阐述的问题,以及提供的答案,喜欢自己对未知世界的探索,能在与别人交谈中或利用一切机会捕捉问题并发现问题。青年应该多想、多问"为什么",勇于向他人或自己提问,从不同角度看待事物,想别人不敢想和想不到的问题,不盲目依赖公认的思想或观念。

三、影响青年学习创造力的因素

一些研究发现,影响青年学习创造力的因素主要有以下几方面。

(一)学校教育的因素

美国学者弗里斯(Fleith,2000)通过调查研究教师、学生以及创造力领域的专家发现,影响创造力发展的学校环境因素涉及学校教育体系、教师态度和教学策略等方面。

我国李海燕(2008)的研究表明,学校的规章制度和物质环境与学生创造性地提出科学问题具有显著正相关,学校的规章制度越民主开放,物质环境越丰富,学生创造性地提出科学问题的得分越高[1]。在我国高校教学过程中,重视对大学生知识的灌输,忽视培养大学生提出问题、解决问题的能力;大学生的顺从被视为大学教学管理的成功,这种知识观和管理理念抹杀了大学生的创造性;专业划分过细,专业与课程受限,导致有些大学生学习积极性不高,更谈不上创造;课外教学和实践活动的比重较小,导致大学生的特长、兴趣、爱好受到一定程度的限制,大学生的积极性、主动性和创造性难以发挥[2]。大学生虽然通过考试获得了各类证书并取得了优异成绩,但他们能否运用这些知识技能于实践、能否创造新的知识、能否迁移到未来的职业中去,我国高校思考与关注的不多。高校本应该是大学生由学校生活踏入社会的桥梁,但很多大

[1] 李海燕,胡卫平.学校环境、青少年人格特征对创造性科学问题提出能力的影响[A].中国心理学会.第十二届全国心理学学术大会论文摘要集[C].中国心理学会:2009:1.

[2] 刘军.影响大学生创造力培养的管理因素分析[D].南京:东南大学,2005:25-28.

学生只是获得了文凭,实际解决问题的能力和创新能力不足。

教师能够通过态度和教学策略的改进培养学生的学习创造力。英国弗莱尔和柯林斯(Fryer & Collings,1991)的研究发现,90% 的教师认为学生的创造力是可塑的,可以通过教学策略进行培养,但没有人提到用解决创造性问题的技巧来培养学生的创造力。李辉等(2012)研究了工科大学生的创造力与家庭和学校环境的关系,结果发现教师的态度和教学策略两个因素显著影响工科大学生创造性人格中的怀疑性和开放性因素的形成。如果教师在教学中注重以大学生为中心,组织合作学习,有意识地激发大学生的学习兴趣和主动性,就能够促使大学生的学习创造力达到最佳状态[1]。但在我国的大学课堂上,教师采用灵活多样的教学方式比较少,灌输式的教学方法比较多,师生之间缺乏足够的教学互动与交流,由此造成了大学生上课记笔记、考前背笔记、考后全忘记的学习现状。教师的这种教学态度和教学策略不利于大学生创造力的开发与培养。

(二)家庭教育的因素

家庭对青年学习创造力的发展具有不可替代的作用。赵春梅(2010)通过对不同家庭环境与大学生创造力的关系研究发现,大学生的创造力与家庭环境中的亲密度、独立性、成功性、知识性、娱乐性、道德宗教观、组织性七个维度有显著正相关。家庭成员的互相承诺、帮助和支持的程度,自尊、自信和自主程度,将一般性活动变为成就性或竞争性活动的程度,安排家庭活动和责任时有明确的组织和结构的程度等都会影响大学生的创造力[2]。

大量研究表明,专制型家庭的教养方式要求子女绝对服从家长,不鼓励子女提问、探索、冒险及主动做事,致使子女缺乏独立思考,在学习中缺乏主动性和创造性。放任型家庭的教养方式对子女的教育没有明确要求,对子女的学习漠不关心、放任自流、奖惩不明,致使子女在学习中缺乏成就动机,缺乏追求创新的精神。溺爱型家庭的教养方式对子女迁就,包办代替太多,致使子女形成学习依赖、服从的习惯,学习创造性低。民主型家庭的教养方式不任意打骂子女,对子女学习过程中发生的问题更多的是采取帮助与鼓励的方法,惩罚分明,有利于子女形成良好的学习习惯,促进其学习创造力的发展。

(三)青年自身的因素

青年的学习动机直接影响了其学习创造力。如果青年从"要我学"转换为"我要

---

[1] 李辉,薛锦,杨洁,贺兴,栗卓新.学校和家庭环境对工科大学生创造性的作用[J].中国科教创新导刊,2012(35):128—129.

[2] 赵春梅.大学生创造力特点及其与家庭环境关系的研究[J].社会心理科学,2010(4):49—52.

学”，就能在很大程度上提高自己的学习创造力。我国王龙等人(2012)对大学生的研究发现，大学生的学习动机与创造力倾向存在显著相关，并且大学生的内生学习动机对创造力倾向的影响高于外生学习动机，具有内生学习动机学生的创造力倾向显著高于外生学习动机的学生。

认知风格是指个体长期以来在感知觉、记忆和思维中所常用的、习惯化的态度和方式。青年的认知风格决定他会采取何种方式完成学习任务，场独立型的人比场依存型的人更少受到教师、权威等的影响。我国武欣、张厚粲的研究表明，场独立型强的个体更富有创造力。李寿欣等人(2000)对大学生的认知方式与创造力的研究发现，场独立型大学生的创造力水平明显高于场依存型的大学生。王艳芳(2012)的研究发现，场独立型的青年更愿意在学习过程中突破已有的知识经验，进行经验重组，具有更高的学习创造力。

四、青年学习创造力的培养

(一)教育者要培养青年学习创造的意识

青年应该是创造力非常活跃的群体。教育者要教育青年，获得文凭并不是通往成功的唯一通行证，没有创造力踏入社会也很难胜任工作，取得成功。要鼓励青年在学习中努力创新，敢于挑战权威。培养青年的学习创造力，使青年由“专才”变成“通才”；在学习模式上，由“学会知识”转变为“会学知识”；在知识观念上，由 “应用知识”转变为“创新知识”；在学习观念上，由“在校学习”变为“终身学习”等，使青年能够形成学习创新的意识，创造性地学会学习。

(二)高校要改进课程设置，教给大学生创造的方法

高校要根据我国经济发展和科技进步的需要，改进课程设置，增设反映科学技术新成果的课程，为大学生提供符合时代需要的教学内容。要打破学科之间的森严壁垒，增加选修课的比重，促进学科之间的相互交叉与渗透，设置一些跨学科、跨专业课程，使这些课程能够文理渗透、理工结合，开阔大学生的视野。要开设培养大学生创造力的有关课程，教给大学生创造力的方法，帮助大学生掌握一些创造的技巧，提高大学生的学习创新能力。

扩展阅读

创造力的培养方法

如何培养创造力，研究者对此进行了大量的研究，提出了许多方法。下面着重介绍几种：

1.大脑风暴法。其做法是：鼓励大家畅所欲言，思考和寻找尽可能多的答案，不必考虑和评价所提出的答案是否正确，直到所有可能想到的答案都提出来后，再给予评价，由此激发大家的思维，保证大家的想法不被扼杀。

2.希望点列举法。通过主动发现需要、寻找愿望、列举各方面希望点来提出各种新设想，开发创造力。该方法具有扩展性、灵活性和新颖性等特点。

3.缺点列举法。通过寻找对象存在的缺点，从对缺点的认识中开发创新，求得更好发展。因为缺点就是问题，解决问题必须先发现缺点，通过缺点列举，解决问题，才能不断得到创新。

4.特性列举法。任何事物都有不同方面的特性，通过对事物特性的列举与分析，把复杂问题分解，以便获得创新方案的开发方法。

5.逆向创造法。即对现有事物和问题进行相反方向的思考，由此得到启发，发现问题，解决问题，以求创新的方法。如法拉第在对电流的磁效应进行研究时，没有简单对其物理现象进行研究，而是运用逆向思维推导出其逆向性质，认为“电流能产生磁场，磁场也能产生电流”。他通过实验证明了推论的正确，为科学发展做出了巨大贡献。

6.类比法。通过对一类事物所具有的某种属性的模仿和探索，提出新想法，得出新创造的方法。如通过对鸟飞行形态的类比发明了飞机，通过对鱼形体的类比发明了船，通过对蝙蝠超声波的类比发明了雷达等。

7.设问法。对已有事物提出各种问题，对事物进行分析，明确问题性质，通过对问题的明确化来缩小探索和创新范围，找到创新点。通常采用5W2H法进行设问，即为什么(Why)、什么(What)、什么地方(Where)、什么人(Who)、什么时候(When)、怎样(How)、怎样的水平(How much)。通过对这些问题的设问，更好地发现和提出问题，开发创造力。

(三)在大学生中开展丰富的学术活动

参与学术活动可以提高大学生的学习创造力。学校要响应国家培养创新人才的号召,采取多种方式支持大学生进行创造性学习,为大学生产生创造性成果创造条件。要经常举办各类学术讲座、学术交流会、创新成果展评会、科技竞赛等,通过举办大学生科技文化节、学术活动节等,营造自由开放的学术氛围,鼓励大学生积极参加科学研究,发表科研论文及成果,激活大学生的创造动力,培养大学生的学术兴趣爱好,使其成为思维活跃、敢于创新的人才。

复习巩固

1.简述青年学习创造力的特征。

2.怎样培养青年的学习创造力?

第三节　青年的创业意愿

创业是一种创造性的进程，是具有挑战性的活动。创业意愿是青年创业的前提。青年有了创业意愿，才能发现与识别创业机会，付出努力，最终成功创业。

一、创业意愿的含义

意愿，也叫意向，指的是个体因为某种需求或动机，表现出对客观事物的追求倾向的行为反应。已有研究表明，意愿能够成功地预测人类行为（Ajzen & Fishbein，1980；Krueger，2000）。创业意愿最早由百德（Bird）提出，他认为创业意愿是指将创业者的注意力和精力甚至行为引导至创办一个新企业或者在现存的企业中创造新的价值的一种心理状态[1]。克鲁格（Krueger，1993）认为，创业意愿是指创业者对于创办一个新企业的承诺程度[2]。道格拉斯和菲兹西蒙斯（Douglas & Fitzsimmo，2008）将创业意愿理解为个人对自己创业所带来结果和自我效能感的看法以及基于此的行动[3]。英国汤姆森（Thompson，2009）认为创业意愿是个体计划创办新企业的信念，并且在将来的某个时候会自觉地履行这些计划[4]。

我国学者也从不同的角度对创业意愿进行了不同的理解。范窥和王重鸣（2006）认为，创业意愿是潜在创业者对从事创业活动与否的一种主观态度，是人们具有类似于创业者特质的程度以及人们对创业的态度、能力的一般描述[5]。简丹丹等（2010）将创业意愿定义为，潜在创业者对实施创业行为的一种多方面的主观心理准备状态及程度。在本章中，青年的创业意愿是指青年对从事某种创业行为的主观态度[6]。

二、影响青年创业意愿的因素

许多研究者对青年创业意愿的影响因素进行了研究，主要集中在以下几方面。

---

[1] Bird，B.（1988）. Implementing entrepreneurial ideas：The case for intention. Academy of management Review，442－453.

[2] Krueger，N. F.（1993）. The impact of prior entrepreneurial exposure on perceptions of new venture feasibility and desirability. Entrepreneurship theory and practice，18 (1)，5－21.

[3] Evan，J.，Douglas. & Jason，R.（2008）. Fitzsimmons. Individual intentions towards entrepreneurship vs intrapreneurship，937－951.

[4] Edmund，R.，& Thompson.（2009）. Individual entrepreneurial intent：Construct clarification and development of an internationally reliable metric，Entrepreneurship Theory and Practice，33 (3)，669－694.

[5] 范巍，王重鸣. 创业倾向影响因素研究[J]. 心理科学，2004(5)：1087－1090.

[6] 简丹丹，段锦云，朱月龙. 创业意向的构思测量、影响因素及理论模型[J]. 心理科学进展，2010(18)：162－169.

（一）个人特质

个人特质是决定个体行为的基本特性。美国学者克鲁格(Krueger,1993)指出,创业意愿的一个重要前导变量是个人对成功实施创业的能力的感知。一些研究证实,青年的感知行为控制力对创业意愿具有正向促进作用。如果青年相信自己能处理好创业过程中遇到的诸多问题,其创业意愿会更加积极主动。我国张利利(2012)通过对青岛市 80、90 后新生代农民工的调查发现,感知行为控制变量对新生代农民工回乡创业有显著性的影响。[1]

杰夫·布莱斯(Jeff Brice,2002)在探讨创业意愿与人格的关系中发现,尽责性和经验开放性与创业意向呈正相关,而宜人性与创业意向呈负相关。郭尔(Gurol,2006)的研究发现,创业意愿与成就动机、创新性、内控性和冒险性特质呈正相关。我国钱永红(2007)在对创业意向的影响因素的研究中指出,成就动机、风险承担、自主性三个特质因素对创业意向的影响显著,表明这些个人特质很大程度上决定了创业意向的高低。莱文特·拉蒂那和罗伯特·丹尼尔(Levent Altinay&Roberto Daniele,2010)探讨了旅游专业大学生的个人特质与创业意愿之间的关系,结果表明这些大学生的个人特质与创业意愿之间存在相关,尤其是创新精神和风险承担倾向这两个因素。

（二）个人背景

斯泰因(Stein,2004)通过对印度尼西亚和挪威学生创业意愿的研究发现,学生的年龄、性别、教育和工作经验对创业意向有显著影响,并能有效地解释创业意向。莱文特·拉蒂那和罗伯特·丹尼尔(Levent Altinay&Roberto Daniele,2010)的研究也认为,家族企业对大学生创业意愿有影响。我国的一些研究发现,大学生的性别差异对创业意愿有显著影响,男大学生比女大学生有更多的创业意愿。这可能是受传统性别角色观念影响的缘故。在传统性别角色观念中,男性应以事业为重,是家庭的顶梁柱,社会衡量男性成功与否的标准,主要是看其在事业上的成就。而女性以家庭为主,主要职责是相夫教子,女性开创一番个人的事业,则会被看成是"女强人""女汉子",不符合社会对女性角色的期待。所以,男大学生的创业意愿比女大学生要高。我国的一些研究还发现,大学生的年级对创业意愿有影响。韩力争(2005)早期的研究发现,大学生年级越低,其创业意愿越高,大学生年级越高其创业意愿越低,创业意愿呈现出随年级的上升而下降的趋势。马继迁、赵志鹏(2012)近来的研究发现,大学生的年级越高,其创业意愿越高。罗金梅(2013)的研究发现,家庭收入水平对大学生创业意愿的影响

[1] 张利利.青岛市新生代农民工回乡创业意愿和影响因素实证研究[D].青岛:中国海洋大学,2012:35.

因性别不同而有所差异。对男大学生而言，家庭收入水平低，创业意愿也低，家庭收入水平高，创业意愿也高，创业意愿呈现出随家庭收入水平的提高而上升的趋势；对女大学生而言，低收入和高收入家庭女性的创业意愿都比中等收入水平的创业意愿要高。[1]

（三）创业态度

创业态度指青年对创业所持有的积极或消极评价，它对青年的创业意愿有直接影响。美国心理学家卡乔波（Cacioppo，1981）等人的研究发现，个体态度与创业意愿有显著相关。我国曹晋（2010）通过对重庆大学生创业态度的研究发现，重庆市大学生的创业态度在创业认知、创业情绪和创业行为倾向三个维度上处于中等偏上水平，属于偏积极的情况。重庆市女大学生在创业认知上比男大学生更积极并差异显著，文史类专业大学生的创业认知最积极，艺体类专业大学生次之，理工类大学生的创业认知相对消极[2]。冉晓丽（2010）的研究发现，大学生创业态度的成就动机、创业回报、自主性三个维度和创业意愿之间具有正相关，并且成就动机、创业回报对创业意愿具有显著的预测作用[3]。

（四）创业环境

创业环境是对创业意愿产生影响的经济、政治和文化等社会综合因素。弗兰克和卢瑟（Franke&Luthje，2004）考察了社会、经济环境变量对创业意愿的影响作用，结果表明环境支持或阻碍因素会直接影响大学生的创业意愿。格兰斯特（Grundst，2004）将创业环境分为情感因素和理性因素，以此探索创业环境与创业意愿之间的关系。其中情感因素包括社会认同、社会规范和角色示范，三者在创业需求感的调解下对创业意愿有显著影响；理性因素包括资金期望、机会认知、资源可获得性（如技术、资金、社会资本、市场准入、人力资本等），这些环境因素通过可行性知觉对创业意愿产生影响。

斯泰因（Stein，2004）的研究发现，挪威学生的创业意向低于印度尼西亚的学生，原因是挪威是全球创业热情较低的国家之一，所以挪威学生的创业意向被社会和经济因素所影响。我国滕徽（2014）的研究发现，重庆大学生创业意愿的社会支持包括政府的政策支持、家庭支持、学校支持和同伴支持，这些社会支持与重庆市大学生创业意愿之间呈显著的正相关[4]，这说明重庆市大学生的创业意愿受到诸多社会支持的影响。

---

[1] 罗金梅.广西大学生创业意愿差异研究[D].南宁：广西大学，2013：31.

[2] 曹晋.重庆市大学生创业态度与自我效能感的相关研究[D].重庆：西南大学，2013：33.

[3] 冉晓丽.大学生创业态度和创业意向的关系研究[D].开封：河南大学，2010：67.

[4] 滕徽.重庆市大学生创业意向、创造性人格和社会支持的关系研究[D].重庆：西南大学，2014：35.

案例:美国乔布斯的创业故事

1976 年 4 月,年仅 21 岁的乔布斯从大学退学与好友用筹到的 1 300 美元在自家车库内成立了苹果公司。他克服了创业的种种艰难,击败众多竞争对手,建立起一个专注于实现他的愿景的 4 000 人的团队,并通过研发电脑开创了现代个人计算机的历史。由于公司里的权力争斗,乔布斯在 1985 年黯然离开苹果公司。在 1996 年,即乔布斯重返苹果公司后的次年,重新担任苹果公司临时首席执行官,对苹果公司进行了大刀阔斧的改革。在短短 13 年的时间,相继推出 iPod、iPhone、iPad 等一系列创造性产品,成功颠覆了个人电脑、音乐、电影及手机行业的市场格局。

乔布斯执掌苹果公司长达 25 年之久,即使在面对公司被收购时,他也发出了"我们的目标从来就不是打败竞争对手或者挣钱,我们的目标是做尽可能不平凡的事情或者更伟大的事情"这样的口号。

2005 年,乔布斯在斯坦福大学毕业典礼上的演讲谈了自己作为一名大学辍学生的一生、他的创业经历以及与癌症斗争的故事。他说:"你的时间有限,所以不要为别人而活。不要被教条所限,不要活在别人的观念里。不要让别人的意见左右自己内心的声音。最重要的是,勇敢去追随自己的心灵和直觉,只有自己的心灵和直觉才知道你自己的真实想法,其他一切都是次要的。给自己一个培养自己创造力的机会,不要害怕,不要担心。过自己选择的生活,做自己的老板!"

三、激发青年创业的意愿

(一)积极构筑创业的文化氛围

积极的创业文化包含所有促进创业活动开展的文化现象。创业文化氛围涉及尊重青年创业者、崇尚青年的创业努力、宣传青年的创业实践等方面,对青年创业意愿的激发具有重要作用。社会应积极构筑创业的文化氛围,使青年的自主创业成为一项令人尊敬的工作,无论成功或者失败,青年创业者都能受到人们的广泛尊重。鼓励青年在创业过程中敢于勇敢尝试,宽容失败,支持青年的创业活动,打破人们对青年创业是找不到工作为了勉强糊口而不得如此的偏见,为青年创业塑造宽松的舆论环境,激发青年对创业的兴趣。要大力宣传青年的创业榜样和典型事迹,以及青年创业奋斗的精神,引导青年选择合适创业的方式来实现自我。

（二）营造青年良好的创业环境

创业环境是对创业意愿产生影响的经济、政治和文化等社会综合因素，如经济政策、市场状况、相关法律法规以及其他经济和技术环境状况等都会影响青年对创业的心理预期，进而影响其创业意愿。良好的创业环境能够激发青年的创业意愿。因此，我国应进一步完善支持创业的法律法规，提供更加丰富的研发技术咨询和市场咨询的服务，并通过创业孵化器和创业园为青年创业者提供场地设施，帮助青年创业，使青年创业者能够感受到愉快的工作氛围。同时，提供创业的社会保障措施，给予青年创业者一定的经济资助，帮助他们克服创业过程中遇到的诸多困难，使其能够树立创业的信心，安心和敢于创业，获得创业成功。

（三）开展对青年的创业教育

对青年进行创业教育是培育青年积极创业态度、激发青年创业意愿的一种有效方式。应通过创业教育帮助青年自觉形成积极的创业态度。比如，邀请成功的企业家走近青年群体，向青年传达创业理念，激发青年的创业意愿，帮助青年树立创业信心。要向青年宣传创业的各种法规和政策，使青年了解创业的一般程序，鼓励青年勇于尝试新鲜事物，大胆创业。高校应开设与创业有关的课程，如创业规划、市场预测、经济法规、经营管理、公共关系、市场营销等，让大学生具备创业的基本素养，激发大学生的创业意愿。

复习巩固

1.影响青年创业意愿的主要因素有哪些？

2.怎样激发青年的创业意愿？

第四节　青年的创业实践

创业实践是青年创业能力提升的重要途径，对青年创业具有重要意义。青年通过创业实践，能够了解创业所遇到的问题，体验创业的艰辛，为成功创业打下良好的基础。

一、创业实践的含义

创业实践是创业者对创业想法的实施，是创业素质提高的重要载体，是进行知识深化和能力强化的重要途径。青年的创业实践既包括直接的创业实践，也包括间接的创业实践，即主要借助学校举办的某些课程的角色性、情景性模拟参与等形式来完成。

二、青年创业实践的类型

青年在学习和了解了关于创业的理论后，只有落实到实践上才能取得成功。在创业实践中，青年通过自身的体验增强了对创业的认识，积累了创业经验。青年的创业实践主要有下面几种类型。

（一）参与社团活动

社团是青年为某一目的而成立的特殊组织群体，不同的社团有不同的学习与实践目的。青年可以积极参与科技协会、各专业研究协会、企业管理协会、家教服务社、电脑维修社等，并从所学的理论知识出发，指导具体实践，增强技能训练，在实践中形成理论、实现创新、领悟创业精神。青年还可以紧密联系社会，参与各类社会实践活动，培养组织管理能力及创业技能。青年还可以参与社团活动来锻炼自己的创业能力，因为社团组织从申请、审批、制订章程、宣传招募人员、组织活动、经费筹集与管理等一系列活动与创建小型企业有许多相似之处。参与社团活动可以培养青年的创新意识，提高其创业技能。

（二）参加创业竞赛

青年参加创业竞赛能够促进创业。美国奥斯汀德州大学在1983年举办了首届大学生创业计划大赛。创业计划大赛由参赛者组成竞赛小组，就某一具有市场前景的新产品或新服务做出具有可行性的计划报告。通过评委对计划书的评审和对创业团队的答辩，决出参赛者作品的名次；创业计划竞赛的后续阶段要求创业团队要进行积极游说，说服和争取投资人开展各种相应的活动，与投资人签约项目。高校要利用竞赛平台和大学科技产业园，积极联系风险投资界和企业界，为大学生的一些具有实现产业化前景的项目寻求风险资本。从创业竞赛孵化出来的直接成果也是大学生创业的项目，是培养大学生创业技能的有效手段。创业竞赛为青年提供了创业实践的平台、争取风险投资的途径。只要青年积极认真参与，就能获得宝贵的创业经验，这种经验对青年的创业会产生积极的影响。

（三）自主创业

青年开始创业时可以选择创业周期较短、风险低的创业项目，如网店、打字复印、电话卡或书籍报纸销售、食品餐饮等基础性行业。自主创业对于青年创业者有很大的历练作用，也能积累资金，便于逐渐向高技术含量、高产出、高风险的创业类型转变。创业园是专门为青年自主创业提供帮助的活动场所，通过提供基本的商务服务、中介增值服务和资本运作服务等营造良好的创业环境，吸引具有技术创新能力、科研成果及管理能力的青年来开拓新事业。青年可以利用创业园等基地，尝试创立属于自己的小型企业。

三、促进青年创业实践的途径

（一）加强创业实践教学

创业实践教学是根据社会对创业型人才的需求，正确认识理论教学与实践教学的关系，以培养大学生创业实践能力为中心的教学活动。创业实践教学可以帮助大学生提升创业实践能力，促进创业实践发展。因此，高校要根据大学生的专业背景、学科特色等因素，探索有针对性的实践教学方式；要指导大学生成立创业兴趣小组，积极推进大学生创业试验计划，鼓励大学生多积累创业知识；在教师指导下，积极参加创业设计竞赛，激发大学生的创业思维和创业意识，提高他们的创业能力和创业素养。

（二）建立创业实践基地

创业实践基地是围绕对大学生进行创业实践教学环节建立起来的具有示范性和辐射功能的人才培养的载体，既是沟通理论教学与实践的媒介，也是沟通大学生与社会的桥梁。

创业实践基地分为校内和校外两种。校内创业实践基地的建设，可以形成大学生创业工作室、学院创业中心、学校创业园这样一种三级联动的实践基地建设模式。大学生创业工作室是以所学专业为依托，自愿组合、自发组建的。通过创业工作室，大学生可以体验到创业的艰辛及过程，提高创业能力。学院的创业中心是为大学生创业入驻学校的创业园进行孵化和提升。学校创业园是为一些有前景、有潜力的大学生创业项目提供一定的资金资助，并进行全程指导、提供专家咨询服务，力争使每个进入创业园的创业项目能够转化为直接经济效益。

校外创业实践基地是大学生融入社会、参与经营竞争，建立按市场化运作的企业的主要创业实践场所。校外创业实践基地应聘请企业家担任基地顾问，为大学生做专题讲座，指导大学生的创业计划，提高大学生对社会的认知能力和实践能力。通过校外实践基地，可以使大学生了解现代企业的生产工艺、生产技术和管理技术，培养大学生的团队合作能力、艰苦奋斗的精神以及社会适应能力，促进大学生的创业实践。

（三）加强创业实践指导的师资队伍建设

我国高校教师普遍缺乏创业实践经历，因此对大学生进行创业实践指导显得力不从心。加强创业实践指导的师资队伍建设，是促进大学生创业实践的重要途径。高校要积极尝试“内培外引”的管理模式，吸引具有较强科研能力和创新能力的教师来从事大学生创业实践的指导。同时，为广大教师提供并创造外出进修和挂职锻炼、学习培训的机会，激发教师指导大学生创业的工作积极性。学校还要积极开发校外师资资源，引进一批具有实践经验的校外指导教师，传授实际的工作经验和创业经验，帮助和促进大学生的创业实践。

复习巩固

1.青年创业实践有哪些主要的形式？

2.促进青年创业实践的途径有哪些？

要点小结

1.青年创造力主要是指在学习及工作过程中运用已掌握的知识与技能，提出新观点、新见解，产生新方法、新产品的能力。创造力的主要要素包括创造性人格、创造性思维、创造性想象和创造性自我效能感。

2.青年创造力开发是我国建立创新型国家的需要，有利于推动我国经济发展，是青年发展的内在需要。

3.创造力测量的方法有测验法、实验法、主观评定法等。托兰斯创造思维测验和南加利福尼亚大学测验是应用较广泛的测量方法。

4.青年学习创造力体现在为学习过程中提出各种新观点、新方法、新设计等，其特征主要有学习的创新性、学习的自主性、学习的质疑性等。

5.学校教育、家庭教育以及青年自身的因素都可以影响青年的学习创造力。培养青年的学习创造力应做到:教育者要培养青年学习创造的意识;高校要改进课程设置,教给大学生创造的方法;在大学生中开展丰富的学术活动。

6.青年的创业意愿是指青年对从事某种创业行为的主观态度。创业意愿的影响因素主要体现在个人特质、个人背景、创业态度、创业背景四个方面。

7.激发青年创业意愿的途径主要有:积极构筑创业的文化氛围、营造青年良好的创业环境、开展对青年的创业教育。青年创业实践的形式主要有组织参与社团活动、参加创业竞赛、自主创业等。

8.促进青年创业实践应做到:加强创业实践教学,建立创业实践基地,加强创业实践指导的师资队伍建设。

关键术语

创造力	creativity
创造性人格	creative personality
创造性思维	creative thinking
学习自主性	self-regulated learning
学习创造力	learning creativity
创业意愿	entrepreneurial intention
创业实践	entrepreneurship practice

复习题

一、单项选择题

1.创造力的主要特征是(　　)。

A.独创性、变通性、灵活性　　B.独创性、变通性、流畅性

C.变通性、灵活性、流畅性　　D.独创性、流畅性、灵活性

2.通过给受测者设置一定的问题情境,控制和改变一些条件,记录其反应情况,然后加以分析是哪种创造力测量方法(　　)。

A.托兰斯创造思维测验　　B.南加利福尼亚大学测验

C.创造力实验法　　D.主观评定法

3.青年在学习动机激发下,自行确定学习目标,选择学习内容,制订学习计划,对学习策略进行监控和调节,对学习结果进行自我总结和评价,体现的是青年学习创造

力的(　　)。

A.自主性　　B.质疑性　　C.创新性　　D.个性化

4.青年大胆用怀疑的眼光看问题,不迷信权威,不唯书,不唯上,善于发现问题并提出问题,体现的是青年学习创造力的(　　)。

A.自主性　　B.质疑性　　C.创新性　　D.个性化

5.哪种家庭教养方式有利于培养青年的学习创造力(　　)。

A.专制型　　B.放任型　　C.溺爱型　　D.民主型

二、多项选择题

1.影响青年创业意愿的因素主要有(　　)。

A.个人特质　B.创业态度　C.个人背景　D.创业环境

2.青年创业实践的形式主要有(　　)。

A.参与社团活动　　B.参与创业竞赛

C.尝试自主创业　　D.放弃就业,赋闲在家

3.青年创造力开发的意义体现在(　　)。

A.是我国建立创新型国家的需要　　B.有利于推动我国经济发展

C.是青年发展的内在需要　　D.是青年个人利益的需要

4.青年创业意愿的激发应做到(　　)。

A.积极构筑创业的文化氛围　　B.营造青年良好的创业环境

C.开展对青年的创业教育　　D.加强创业实践教学

5.青年创业实践的促进应做到(　　)。

A.加强创业实践教学　　B.建立创业实践基地

C.加强创业实践指导的师资队伍建设　　D.开展对青年的创业教育

三、判断对错题

1.学习创造力的创新性不仅包含知识创新也包括学习方法创新。(　　)

2.创业意愿是创业活动的先导,有了创业意愿就一定会有创业实践。(　　)

3.创造性人格、创造性思维、创造性想象和创意自我效能感是创造力的主要要素。(　　)

4.青年学习创造力的特征主要有自主性、质疑性、创新性、个性化。(　　)

5.学校教育是影响青年学习创造力的唯一原因。(　　)

第四章　青年的情绪与管理

本章你要学习什么？

情绪是伴随青年一生的心理活动。有了丰富多彩的情绪，青年才能体会出人生的酸甜苦辣。情绪影响着青年的学习、工作与生活。本章将带你认识情绪的含义、类型，了解情绪的主要理论，认识青年的积极情绪与消极的情绪，掌握情绪管理的主要途径与方法，让情绪能够更好地促进青年的生存与发展。

第一节 概 述

"人非草木，孰能无情。"七情六欲是青年最自然不过的情绪反应。青年的情绪不仅对青年的生活有重要的影响，而且是衡量青年心理健康的重要指标。

一、情绪的含义

情绪(emotion)是与人的生物和社会需要相联系，具有特定主观体验、外显表情和生理变化的心理活动的整体过程。情绪通常包括六种心理成分。

(一)刺激情境

人没有无缘无故的爱，也没有无缘无故的根。人的情绪的产生总是由一定的刺激情境所引起。例如，美丽的自然景观、生活中发生的事情等。

(二)主观体验

情绪是通过人的主观体验来反映客观事物与人的需要之间的关系。需要是情绪产生的基础，凡是满足人的需要的客观事物，会引起人的肯定情绪体验，反之，则会引起人的否定情绪体验。例如，青年找到梦寐以求的工作会感到高兴，失去亲人会悲伤。由于客观事物与人的需要之间的关系是错综复杂的，因而人的情绪往往是复杂、甚至矛盾的。

(三)认知或解释

情绪总是伴随着人的认知过程发生，它离不开人的感知、记忆、思维、想象等认识活动。如青年面对领导在工作上的严格要求，如果理解为这是领导对自己的培养，会产生愉快和鼓舞的感受；如果理解为这是领导对自己的故意刁难，则会产生气愤和无奈的感受。

(四)生理反应

当人的情绪发生时，其呼吸系统、血液循环系统、消化系统、泪腺、汗腺以及心电、脑电、皮肤电等都会发生一系列的相应变化。

(五)表情

伴随着情绪体验，人的外部会发生明显的变化，如激动时"满脸通红"，羞愧时"面红耳赤"，惊恐时"面色苍白"，憎恨时"横眉冷对"，愤怒时"怒目而视"等。

(六)动作反应倾向

当人在经历和感受某种情绪时，伴随着一系列的动作，如喜爱可能导致亲昵，愤怒可能导致攻击，恐惧可能导致退却，绝望可能导致放弃。

情绪的上述心理成分是相互联系、相互影响的。

二、情绪的类型

（一）基本情绪

情绪是个体在生命进程中为适应环境变化而逐渐分化出来的。我国《礼记》中提出了喜、怒、哀、惧、爱、恶、欲七情是人类的基本情绪。美国著名心理学家克雷奇(Krech，1980)把快乐、悲哀、愤怒和恐惧看作是人类的四种基本情绪。

20 世纪 70 年代，美国心理学家伊扎德用因素分析的方法提出人类有十一种基本情绪，它们是兴趣、惊奇、痛苦、厌恶、愉快、愤怒、恐惧、悲伤、害羞、轻蔑和自罪感。美国心理学家汤姆金斯提出了八种基本情绪：兴趣、快乐、惊奇、痛苦、恐惧、悲愤、羞怯和轻蔑。美国加州大学的艾克曼博士提出了六种基本情绪：快乐、悲伤、愤怒、恐惧、厌恶、惊奇。美国爱因斯坦大学精神病专家普拉奇克(1980)在艾克曼分类的基础上加上了容忍和期盼两种情绪。费希尔等人(1990)则提出了爱、快乐、愤怒、悲伤和恐惧五种基本情绪。由此可见，不同的心理学家所提出的基本情绪既有一定的共性，也有一定的差异性。

（二）情绪状态

情绪状态是指在某种事件或情境的影响下，在一定时间内所产生的一定情绪状况。根据情绪持续的时间、发生的强度，情绪状态可以分为以下三种。

1.心境

心境(mood)是一种比较平静、持久、微弱的影响人的整体精神活动的情绪状态，具有弥散性和持续性的特点。心境不指向特定的事件，而是以同一种态度体验来对待一切事物，而且心境一旦产生便会影响人的整个情绪状态。俗话说"忧者见之则忧，喜者见之则喜"，就是心境的感染性。"感时花溅泪，恨别鸟惊心"就是对不同心境的真实写照。心境对人的生活、工作、学习和健康等有很大的影响。积极向上的心境使人朝气蓬勃、充满信心，使工作和学习、活动效率倍增，有益于身心健康；反之，消极悲观的心境使人颓废、逃避、畏缩、丧失信心，活动效率降低，有损身心健康。青年应该学会控制或调节自己的心境，不要盲目地为消极的心境所左右。

2.激情

激情(passion)是一种强烈、爆发性、短暂的情绪状态。如果心境是和风细雨，激情就是疾风骤雨。激情状态下的个体常伴有明显的生理变化和外部行为表现，如盛怒下拍案而起、暴跳如雷；狂喜时哈哈大笑，手舞足蹈。激情有积极与消极之分。如愤怒指向亲人或朋友，可能会造成大错；但战场上战士把愤怒指向敌人，却是积极的，有利于战士的搏杀。愤怒甚至能够激发人的创造力，激励人奋发图强。司马迁说："文王拘而演《周易》；仲尼厄而作《春秋》；屈原放逐，乃赋《离骚》；左丘失明，厥有《国语》；孙子膑脚，《兵法》修列；不韦迁蜀，世传《吕览》；韩非囚秦，《说难》《孤愤》，诗三百篇，大抵圣贤发愤之所为作也。"由此可见，积极的激情能够推动人的活动，成为行为的巨大动力，消极的激情则会产生不良后果。青年应该学会控制和调节自己的消极激情。

3.应激

应激(stress)是在出乎意料的紧迫与危险情况下所出现的高度紧张的适应性反应。例如，地震、火灾、水灾、塌方、车祸等，都需要人们把各种潜力调动起来，迅速判断情况，运用过去的知识经验，应付紧张的局面，这就是应激。人在应激状态下，会产生一系列的生理反应来适应刺激和调动自身能量。主要有两种截然不同的反应：一种是惊慌失措、手忙脚乱、语无伦次、知觉狭隘、思维紊乱、目瞪口呆、过度防御、盲目行动。另一种情况是临危不惧、沉着镇定、思维敏捷、目标明确、行为冷静理智，使各种力量集中起来，以应付紧张的情况。

三、情绪的理论

心理学家对情绪的解释是多种多样的。下面介绍几种主要的情绪理论。

（一）情绪的生理理论

美国心理学家威廉·詹姆斯与丹麦的卡尔·兰格(William James & Carl Lange，1885)最早从生理的角度来解释情绪的发生。他们主张情绪只是身体变化的感觉，先有机体的变化，而后才有情绪。感到悲伤是因为哭泣，感到高兴是因为发笑，感到恐惧是因为战栗，感到愤怒是因为打斗。他们认为，情绪的发生是因为外界环境的刺激引起了身体的一系列变化，随后被个体感知到身体的变化而产生的。

该理论忽视了个体的主观意识对情绪的影响与调控作用而受到了批评。首先提出反对意见的是美国生理学家坎农(W.B.Cannon，1927)并形成了自己的"情绪丘脑学说"。坎农认为情绪的控制中心是在中枢神经系统的丘脑，情绪产生的过程是外界的刺激引起某个感官的神经冲动，神经冲动由内导神经传送到丘脑，然后由丘脑上传至大脑产生情绪体验，下传至交感神经而引起生理变化，也就是说，情绪的体验和生理的变化是同时发生的。坎农的情绪学说得到了菲利普·巴德(Bard，1934)的支持与发展，所以后人将该理论称为坎农-巴德理论。

（二）情绪的行为理论

行为主义的创始人华生(J. B. Watson，1929)第一个明确提出了行为主义的情绪理论。他认为，存在着三种类型的基本情绪反应——恐惧、愤怒和爱，每种反应形式自人出生起就是内在的和明显的。情绪是在强化刺激和复杂的经典性条件作用中习得的行为模式。他与瑞尼(Rayner,1920)一起做了著名的条件性情绪反应实验，以检验其理论。他以一名叫阿尔伯特的11个月的孩子为实验对象。实验前孩子与小兔子在一起玩，毫无害怕的反应。后来，兔子出现后，主试在孩子背后突然发出金属棒撞击的声音，这个声音使孩子产生惊吓和害怕。经过一周的实验后，孩子只要看到兔子就会感到害怕，全身收缩、身体发抖、哭泣、逃避，形成对兔子的恐惧条件反射。通过一个月的实验，孩子不仅对兔子感到害怕，甚至对任何有毛的东西都同样感到害怕，如圣诞老人的胡子、老鼠等，即产生了条件反射的泛化。华生对情绪的研究为行为主义的情绪理论的建立奠定了基础。

继行为主义心理学的鼻祖华生之后，许多心理学家提出了自己对情绪的见解，影响较大的有米伦森(J. R. Millenson)和格雷(J. A. Gray)的情绪理论。米伦森(J. R. Millenson,1967)的情绪理论的基本依据是，通过一个经典性条件作用过程引起的情绪变化会增加或抑制其他的情绪行为，并提出了表示所有情绪强度变化的三维体系。一维是恐怖、焦虑和担忧，它有时抑制或促进公开的行为；二维是兴高采烈或愉快，它促进公开的行为；三维是愤怒，它促进了某些公开行为并增加了进攻或毁灭的可能性。这三维模型体系是原始的，它们的混合物产生了更复杂的情绪。

格雷(J. A. Gray,1971)采用情绪发展的概念，提出了一个行为主义的情绪理论。他认为，通过强化和反应之间的关系可以确定三种基本的情绪系统：(1)接近系统；(2)抑制系统；(3)战斗-逃跑系统。情绪就是外部事件刺激通过奖励与惩罚而引起的接近或抑制的内部状态。

以上几种行为主义的情绪理论虽然对情绪的解释或阐述不完全相同，但它们都是从外部刺激引起行为习得的角度来理解情绪的，都认为情绪是由强化刺激的性质和复杂的经典性条件反射决定的。由于行为主义的情绪理论主要是建立在动物实验的基础上，因此他们的理论有一定的局限性，主要缺点是忽视了对人类高级情感的研究，忽略了认知功能的作用。

(三)情绪的认知理论

继各种情绪生理学说间的激烈争论后，情绪的研究开始转向认知评价的角度。主要的情绪认知理论包括美国心理学家沙赫特和辛格的“认知—激活”理论、拉扎鲁斯的“认知—评价”理论等，由此形成了自20世纪60年代以来的情绪认知理论的一大流派。

情绪的认知理论强调认知评价在情绪产生过程中的作用，认为个体情绪的产生是由对刺激物的利害评价而直接产生的，即对刺激的评价不同则产生的情绪就不同。情绪产生的基本过程是：刺激—评价—情绪。如果个体对刺激评价的结果是有利于自己的则产生积极的情绪；如果这种评价是有害的，则产生消极的情绪。也就是说，个体情绪的产生有赖于评价，并在评价之后产生。这个评价过程可能包括初评价、次评价和再评价，并有赖于个体的认知判断，而个体的认知判断受知识经验等因素的影响。

(四)情绪智力理论

情绪智力(Emotion Intelligence)的概念由美国心理学家彼得·萨洛维(Peter Salovey)和约翰·梅耶(John D.Mayer，1990)提出。他们认为，情绪智力是监察自身和他人的感情和情绪的能力、区分情绪之间差别的能力，以及运用这种讯息以指导个人思维和行动的能力。这一定义只涉及了对情绪的知觉和调节，忽略了对情绪的思维。后来他们对情绪智力进行了进一步的研究与说明，重新界定情绪智力是觉察情绪的能力、运用并产生情绪以协助思维的能力、理解情绪和情绪知识的能力，以及调节情绪以促进情绪和智力发展的能力。情绪智力的具体内容如下：(1)觉察、评价和表达情绪的能力。包括从自己与他人的情绪体验和思维中辨别情绪的能力、准确表达情绪及与情绪相关的需要的能力、区分情绪表达中的准确性和真实性的能力；(2)情绪促进思维过程的能力。包括促进与情绪有关的判断和记忆过程产生的能力、从多角度进行思考的能力、特定的问题解决的促进能力；(3)理解情绪与情绪知识的能力。包括给情绪贴上标签，认识情绪与语言表达之间关系的能力、理解情绪所传达的意义的能力、认识情绪转换可能性的能力；(4)调节情绪以促进情绪和智力的发展的能力。包括以开放的心情接受各种情绪的能力、根据所获知的信息进入或摆脱某种情绪的能力、成熟监察与自己和他人情绪的能力、管理自己与他人情绪的能力。

自萨洛维和梅耶提出情绪智力的理论后，引起了许多心理学家的关注和兴趣，以及相关的争论，产生了强烈的社会反响。1995年，哈佛心理学家卡尔曼(Goleman)提出了自己的情绪智力理论，认为情绪智力对个体成就的作用比智力的作用更大，并且可以通过后天的训练而发展，并将情绪智力概括为五方面：一是认识自己情绪的能力；二是妥善管理自己情绪的能力；三是自我激励的能力；四是理解他人情绪的能力；五是人际关系管理的能力。

上述情绪智力理论都探索了情绪智力包含的结构或要素，以及情绪智力的作用，为个体重视情绪智力、开发情绪智力提供了指导。

四、情绪对青年的心理影响

（一）情绪对青年认知的影响

情绪对青年注意力的唤起，对促进注意的广度与深度发挥着重要的作用。当青年处于不良情绪状态时，注意的加工范围变得狭窄，注意分散；而积极情绪则能拓宽青年的注意力，使其专心致志地学习或工作。良好的情绪有助于提高青年认知的灵活性与创造性，特别是对顿悟这种创造性问题的解决有促进作用。青年在良好的情绪状态下更容易做出理智、冷静、客观的决策，而不良情绪则可能导致他们产生冲动、不明智、片面的判断。

（二）情绪对青年人际关系的影响

青年的人格特质或遭遇的生活事件，决定了他们日常的情绪状态，并使他们将这种情绪状态带到人际交往中，从而影响他们的人际关系状况。展宁宁(2010)的研究发现，大学生正面情绪的分享和维持会使其拥有积极的生活态度，容易给他人和自己带来好心情，有利于人际交往，促进人际关系的和谐。相反，时常沉浸在负面情绪中的大学生容易在人际交往中采用压抑、回避或者冲突性的情绪表达方式，破坏人际交往氛围，造成人际关系的紧张或破裂[1]。由此可见，青年良好的情绪，能促进他们产生友好的行为，密切人际联系，扩大人际资源。

（三）情绪对青年心理健康的影响

有研究表明，个体85%的心理问题与情绪不健康或情绪障碍有关[2]。当青年情绪稳定、善于控制自己的不良情绪时，心态比较阳光，能够比较正确地认识自己，发现自己的长处和优点，心理比较健康。当青年沉浸于痛苦、忧虑、空虚、无聊的情绪状态下时，往往缺乏自信，甚至会自暴自弃，产生酗酒、吸毒、赌博、犯罪等行为。王飞飞的研究发现，大学生的情绪控制能力对他们的心理健康有重要的影响[3]。因此，维持良好的情绪状态，对促进青年的心理健康具有重要意义。

复习巩固

1.什么是情绪？情绪的理论有哪些？其要点是什么？
2.情绪对青年有何影响？主要表现在哪方面？

[1] 展宁宁.大学生人际调节策略与人际关系困扰及生活满意度的关系[J].石家庄学院学报，2010(6)：119.
[2] 陈少华.情绪心理学[M].广州：暨南大学出版社，2008：214.
[3] 王飞飞.大学生情绪管理能力与心理健康的关系研究[D].重庆：西南大学，2006：1—2.

第二节　青年情绪的特点

青年期个体的情绪在人的一生中具有鲜明的特点。美国著名心理学家霍尔(Granville Stanley Hall)认为,青年期是一个"疾风怒吼"的时期。青年有必要了解自己情绪的特点,以便更好地认识与调控自己的情绪。

一、情绪体验细腻而丰富

青年期是心理发展的日渐成熟期,这种成长是多方面的。与儿童的情绪体验多处于感知水平而显得单纯、短暂相比,青年的情绪体验增加了很多认知成分。由于青年的观察力、思辨力、分析与判断能力逐渐增强,因此青年能较敏锐地觉察和感受到自己与他人情绪的发展和变化,甚至能体察入微,有更多的情绪体验。这种情绪体验是细腻和丰富的,也比较深刻和长久。

二、冲动性与不稳定性

青年对于自己追求的目标,往往会投入很大的精力和热情,而一旦受到挫折,就会情绪低落、唉声叹气、愁眉苦脸。青年的情绪急迫,渴求行为后立即有结果,期望愿望能够迅速实现。在一定情境与气氛的渲染烘托下,他们的亢奋情绪便会以"激情"的状态出现,一触即发。青年情绪的冲动性常与爆发性相连,且自制力较弱。一旦出现某种外部强烈的刺激,情绪便会突然爆发,失去理智的控制,产生破坏性的行为和后果。

三、两极性与波动性

青年的情绪易于出现强烈的极端性,一方面易于出现高强度的兴奋、激动、热情的积极情绪,另一方面也很容易出现极端的发怒、泄气和绝望等消极情绪。青年既有活泼、愉快、奋发、向上等积极倾向,又有低沉、悲观、颓废、沉沦等消极倾向。青年的情绪比较动荡,容易在这两种极端情绪之间迅速转化,时而积极,时而消极;时而平静,时而急躁,呈现波动。

四、开放性与掩饰性

青年更善于表达情绪,以此来展示自己,渴望得到他人对自己的了解与认同,因此青年的情绪具有开放性的特征。青年随着知识经验的增长以及自我意识的日渐成熟,会逐渐意识到情绪的过分外露可能会对自己产生不利的影响，甚至破坏自己与他人的关系，因此青年的情绪还具有掩饰性的特点。青年会以符合社会规范的方式来表达自己的情绪，甚至情绪的外在表现与内心的真实体验相分离。比如，某青年对上司有意见，但考虑利弊得失后，会有意识地掩饰自己的真实想法和情绪体验，故意表现出对上司的好感。青年会有选择地暴露自己的情绪，将自己的真实情绪暴露给喜欢的对象，而对于不喜欢的对象则对自己的情绪加以控制，不予表露。青年情绪的这种开放性与掩饰性，给我们了解青年的真实想法和情绪体验带来了一定的难度。

复习巩固

1.青年的情绪有哪些主要特点？

2.青年应该如何利用自身情绪的特征来促进自己的成长？

第三节 青年的积极情绪

青年正处于生机勃勃、蓄势待发的人生阶段，伴随青年成长的重要因素之一是积极的情绪体验，这些积极的情绪体验给青年的发展带来了动力与能量。

一、积极情绪的含义

什么是积极情绪(positive emotions)？不同的学者往往有不同的看法。罗素说，积极情绪是当事情进展顺利时，想微笑时产生的那种好的感受[1]。弗瑞克森(Fredrickson，2001)认为，积极情绪是对个人有意义的事情的独特即时反应，是一种暂时的愉悦[2]。拉扎鲁斯(Lazarus，1991)认为，积极情绪是在目标实现过程中取得进步或得到他人积极评价时所产生的感受[3]。在本章中，青年的积极情绪是与某种需要的满足相联系而产生的愉悦体验。

二、青年常见的积极情绪

(一)青年的快乐

快乐(happiness)是心理上的愉悦感和舒适感，是个体达到期盼的目的或紧张解除时产生的一种积极情绪体验[4]。如一个大学毕业生经过自己的勤奋努力，找到了理想的工作，会产生快乐的情绪。快乐的程度取决于青年的愿望是否实现，目标达到的意外程度。如果青年追求的目标非常重要，通过努力实现了这一目标，就会引起异常的欢乐。快乐有强度上的差异，可以分为满意、愉快、大喜、狂喜等不同的层次。

由于快乐主要受外在事物的影响而呈现不稳定和短暂的特点，所以青年的快乐往往是简单而短暂的。随着年龄和生活阅历的增加，青年的快乐会变得越来越不单纯，越来越难获得。

快乐对青年有积极的影响作用，可以促使青年乐观地认识事物，开放地决策思考，

---

[1] Russell，J. A.，& Feldman，B. L. (1999). Core affect，prototypical emotional episodes，and other things called emotion：Dissecting the elephant. Journal of Personality and Social Psychology，76，805－819.

[2] Fredrickson，B. L.(2001). The role of positive emotions in positive psychology：The Broaden－and－Build Theory of positive emotions. American Psychologist，56，218－226.

[3] Lazarus，R. S.(1991). Emotion and adaptation. New York：Oxford University Press，114.

[4] 郭德俊，刘海燕，王振宏.情绪心理学[M].北京：开明出版社，2012：27.

帮助青年发展健康的人格，增进人际关系，增强自信心，是青年获得正能量的重要途径。

心理学家试着寻找快乐的源泉，发现真正的快乐可以在完成建设性的、富有意义的活动中产生，也可以在良好的人际关系中产生（Izard，1997；孟昭兰，1989）。心理学家马修·杰波认为，真正的快乐纯粹是内发的，它的产生不是由外在事物，而是由个人的观念、思想和态度所决定的。如果青年能够学会在生活中积极思维，就能获得更多持续的快乐。

（二）青年的兴趣

兴趣（interest）是一个人积极探究某种事物及爱好的心理倾向，反映了人对客观事物的选择性态度。兴趣是需要的一种表现方式，人们的兴趣往往与他们的直接或间接需要有关。兴趣会使青年的注意力指向所愿意接近的对象，促使青年进行探索和钻研活动，并积极参与有关活动，表现出乐此不疲的极大热情，有利于青年实现有意义的目标或成就。

青年兴趣的特点是具有广泛性和不稳定性。新鲜、变化的刺激物往往容易诱发青年的兴趣，唤醒和促使青年对事物的认知、判断、评价，以及寻求问题解决方案等积极行为。青年需要尝试从不同事物中来发现自己的兴趣趋向，他们的兴趣是广泛和有差异性的。刘永贤（2008）对大学生职业兴趣的研究发现，男生对现实型和研究型的职业有更多兴趣，而女生对艺术型和社会型的职业更感兴趣[1]。随着青年对事物的深入了解和认识，他们可能会放弃原有的兴趣，产生新的兴趣，所以青年的兴趣往往是不稳定的。随着对实践和经验的不断摸索，青年的兴趣会逐渐稳定下来，并尝试着进一步发展自己的兴趣作为特长或工作。

青年兴趣的培养和发展对于青年的成长有很大的促进作用。因为随着兴趣的牵引，青年会对学习、工作产生热爱之情。有研究表明，青年的学习兴趣是创造力培养的根本点和源动力[2]。青年对工作的兴趣会促使他们在工作中更主动、更加勤奋努力，产生胜任感、成就感与满足感，使其工作能力不断得到提升。

（三）青年的渴望

渴望（desire）是一种迫切的愿望和殷切的盼望。青年对未来充满向往与憧憬，渴望很多未经历的人生体验，包括对学业的渴望、对工作的向往、对爱情的渴望以及对成功的渴望等。

---

［1］ 刘永贤.大学生职业兴趣的量表编制及其特征分析[J].心理研究，2008(1)：58.

［2］ 刘彩云.关于大学生学习兴趣和创造性培养的研究[D].青岛：青岛大学，2012：23.

青年正处于学习的黄金时期，尤其是处于求学阶段的青年，在对自己和社会有了更多认识后，能进一步确定自己的学习方向，抱着对未来的憧憬与向往，往往会在学业上有更高的期望。期望自己能够掌握扎实的专业知识，在所学习的领域出类拔萃；能够获取更多的知识与技能，帮助自己达到更高的学业水平，为今后的工作打下坚实的基础。

青年除了对学业的渴望外，指向工作的渴望尤其重要和凸显。青年渴望能谋求一份好工作，或为了实现自我价值，或为了减轻家庭经济负担。青年的这种工作渴望，更多代表的是一种自由、独立的成人生活模式。对于已经成功进入工作状态的青年而言，工作意味着一份事业，意味着人生大部分的成功。有了这份对工作的渴望，可以促使青年为了做好工作而积极规划、勤奋学习，以实现自己对工作的期望和要求。

青年对爱情也充满了渴望与向往。如果说，少年对爱情的渴望还因为担心是否被家庭或社会认可而隐忍，那么青年对爱情的渴望就会表达得更直接和明显。青年渴望一段与异性的亲密关系，渴望在这种亲密关系中获得关心、爱护与陪伴。在青年初期，他们所向往的爱情多是浪漫纯真式的，考虑得比较多的是这种爱情是否能够满足自己的情感需要。随着年龄的增长，他们对爱情的渴望多了一份现实的考量，对爱情的渴望更加实际。青年对爱情产生的强烈渴望与期待，会成为一种强大的动力促使青年更好地发展自己、塑造自己，为成家立业、建立幸福美满的家庭、收获人生的成功与幸福打下坚实的基础。

(四)青年的幸福感

幸福感(well-being)是当个体认识到自身需要得以满足以及理想得以实现时，产生的一种积极的心理感受和情绪状态，它是一种持续的对生活的满足感和感到生活充满乐趣并希望长久延续下去的一种愉快情绪体验[1]。青年时期是个体通过不断努力完成学业、找到适合自己的职业、收获爱情与婚姻、获得经济独立的时期，在这个时期，青年的幸福感一般比较强烈。黄建榕、刘茜(2012)对大学生幸福感的研究发现，大学生幸福感的整体水平较高，但在爱情满意度、经济满意度、自我总体满意度上幸福感较低；影响大学生幸福感的主要因素，一是客观因素，如就业压力、经济压力、学习压力、身体外貌形象、家庭状况、社会支持等；二是主观因素，如人际关系、自我评价、人格、自

[1] 张陆，佐斌.自我实现的幸福——心理幸福感研究述评[J].心理科学进展，2007(15)：134－139.

尊心等[1]。

胡蓉(2012)的研究发现，青年的幸福感大致来源于十个稳定因素，包括饮食无忧、睡眠充足、安全体验、亲友和谐、社会价值、财能兼备、爱情美满、团体归属、道德高尚和自我实现。同时，青年的幸福感与其心理健康水平呈显著正相关，即青年的幸福感在很大程度上与心理健康具有内在一致性[2]。还有的研究发现，青年的幸福感具有多方面的差异。陆烨(2013)对上海青年连续五年的跟踪研究发现：女青年普遍比男青年更有幸福感，独生子女青年比非独生子女青年更有幸福感，90后青年比70后、80后青年更有幸福感，户籍青年比非户籍青年更有幸福感，体制内青年比非体制内青年更有幸福感，已婚青年比未婚青年更感幸福，高知青年比普通青年更有幸福感，高薪青年比低薪青年更有幸福感[3]。

扩展阅读

积极心理学：对传统主流心理学的一种修正

积极心理学(positive psychology)是致力于帮助人们发现并利用自己的内在资源，进而提升个人的素质和生活品质的学科。2000年《美国心理学家》刊登的《积极心理学导论》标志着积极心理学的正式诞生。美国著名心理学家赛利格曼(Martin Seligman)是积极心理学的重要倡导者和推广者。

积极心理学自诞生之时就宣称：当代心理学正处在一个新的历史转折时期，心理学家扮演着极为重要的角色和新的使命，就是如何促进个人与社会的发展，如何使个体健康成长，使家庭幸福美满，使员工心情舒畅，使公众称心如意。并一针见血地指出：在过去的近一个世纪中，心理学在某种程度上几乎成为消极心理学或病理或变态心理学的代名词。心理学研究的焦点和兴趣过分集中在人类心理疾病的诊断与治疗上，忽视与漠视个人的积极品质、自我实现以及社会的发展，导致了现代心理学知识体系的“巨大空档”以及“心理科学的贫困”。

积极心理学有三个明确的研究领域。在主观层面上，研究个体积极的主观体验：如幸福感、满足感、希望和乐观主义，包括它们的生理机制以及获得的途径。

[1] 刘建榕，刘茜.关于大学生幸福感问题的调查与分析[J].华南理工大学学报：社会科学版，2012(6)：122—123.

[2] 胡蓉.幸福感整合模型建构及基于大学生的初步验证[D].成都：四川师范大学，2012：36.

[3] 陆烨.青年幸福感追踪研究[J].当代青年研究，2013(5)：63.

在个人层面上，研究积极的个人特质：如爱的能力、工作的能力、勇气、人际交往技巧、对美的感受力、毅力、宽容、创造性、灵性、天赋和智慧。在群体层面上，研究公民美德：如公民的责任感、利他主义、宽容、有职业道德、健康的家庭、关系良好的社区、有效能的学校、有社会责任感的媒体等。

如今，积极心理学方兴未艾，蓬勃发展，成为心理学研究的一个新的重要分支。但也不得不承认，积极心理学还没有完全成熟，还需要进一步的深入研究。

复习巩固

1.什么是青年的积极情绪？积极情绪对青年的发展有何作用？

2.青年的积极情绪表现在哪些方面？有何特点？

第四节　青年的消极情绪

青年虽然有很多积极的情绪支撑着他们的生活与发展，但仍然普遍存在着一些消极的情绪。这些消极情绪势必对青年的成长造成阻碍，需要青年对此进行调节与控制。

一、消极情绪的含义

消极情绪(negative emotions)是发生在个体心情低落和陷于不愉快激活境况下的主观体验[1]。也有人认为，消极情绪是个体在与环境或者重要事件的互动过程中，由于个体无法获得某种需要满足，致使环境或者重要事件对个体产生消极的影响，从而使个体产生不愉悦的主观体验[2]。在本章中，青年的消极情绪是指由于内外因素的影响而产生的不利于青年学习、工作、生活的主观感受。

二、青年常见的消极情绪

(一)青年的焦虑

焦虑(anxiety)是一种个体预料到即将来临的威胁而又对此无能为力、不能应付的痛苦反应和由此产生的一种消极情绪体验[3]。青年正处于学业、事业、恋爱的发展期，当他们预感到自己奋斗的目标无法按期实现，或感到威胁的时候，就会产生焦虑的情绪反应。大量研究表明，青年的焦虑与他们的切身利益息息相关，主要是由考试、就业、恋爱等方面的问题引起的。方玉荣(2003)等人研究了大学生的考试焦虑，发现大学生中重度考试焦虑的比例为21.02%，由此可见大学生的考试焦虑对他们的学习成绩有较大影响。[4] 黄桂仙(2013)对大学生就业焦虑的研究发现，女生在就业时承受的焦虑水平高于男生，文科学生的就业焦虑水平高于理科学生，大三学生的就业焦虑

---

[1] Watson,D., Clark, L.A., & Tellegen, A. (1988).Development and validation of brief measures of positive and negative affect: The PANAS scales . Journal of Personality and Social Psychology, 54(6), 1063—1070.

[2] 李彤.少数民族与汉族大学生消极情绪状况比较及影响因素分析——以云南民族大学为例[D].昆明：云南大学，2013：3.

[3] 郭德俊，刘海燕，王振宏.情绪心理学[M].北京：开明出版社，2012：32.

[4] 方玉荣等.大学生考试焦虑与考试成绩关系的初步探讨[J].安徽理工大学学报：自然科学版，2003(23)：79— 81.

水平高于其他年级的学生[1]。罗文萍(2012)通过研究成渝两地硕士研究生的恋爱焦虑发现,硕士研究生分别在恋爱缺乏、恋爱相处、父母认同等方面表现出不同程度的焦虑。其中男硕士研究生的恋爱焦虑水平高于女硕士研究生,年龄越大的硕士研究生由恋爱所引起的焦虑水平越高,二年级硕士生的恋爱焦虑水平高于一、三年级的硕士研究生[2]。研究还发现,青年的焦虑在不同年龄组间有显著差异,男生17岁组的焦虑水平最高,18岁组开始出现下降趋势,20岁组的焦虑水平低;女生则16岁组的焦虑水平最高,17岁组始呈下降趋势,21岁组的水平最低[3]。

心理学的研究表明,适度的焦虑有助于唤起青年的高昂斗志,使青年为完成任务、实现目标而精心准备、全力以赴;但过度的焦虑则往往会引发青年的紧张,使其心慌意乱、胆怯、恐惧,影响其行为中正常能力的发挥。

扩展阅读

如何应对考试焦虑

当青年面对各种考试情境的时候,往往会产生考试焦虑。如何应对考试焦虑呢?可以从下面几点做法中得到启示。

1.充分准备、采取行动。很多具有考试焦虑的青年是因为没有很好地复习考试内容,或考试的准备工作进行得太晚所致。因此,应对考试焦虑最直接的方法就是在考前做好充分复习和努力,把知识掌握牢固。

2.学会放松、考前演练。放松是降低考试焦虑的有效方法。例如,在考前和老师谈论有关问题,与朋友一起准备考试,或做考前演练,将考试过程从头到尾想象一遍,把可能遇到的困难想到并预想该如何应对,这样考试的焦虑程度就会降低。

3.改变认知。考试焦虑的主要原因是担心自己考不好。例如,考试焦虑的青年通常会想:“如果我考试失败,所有朋友都会认为我是笨蛋。”需要改变这种缺乏自信、自我破坏的认知,重建新的积极认知,即“如果我充分准备,并能控制情绪,一定会通过这次考试。即使没能通过考试,也不是世界末日,我的朋友仍然会喜欢我,并且我还有很多机会。”总之,善于应付考试的青年总是采取一种现实的态度,尽力而为,同时不抱幻想。

---

[1] 黄桂仙.大学生就业焦虑调查研究[J].淮北职业技术学院学报,2013(6):73.

[2] 罗文萍.成渝两地硕士研究生恋爱焦虑的研究[D].重庆:西南大学,2012:1.

[3] 刘贤臣等.2464名青少年焦虑自评量表测查结果分析[J].中国心理卫生杂志,1997(1):56.

（二）青年的抑郁

抑郁(depression)是以心境低落为主的、自感无力应对外界压力而产生的一种消极情绪，并常常伴随着自卑、痛苦、羞愧、压抑等情绪体验[1]。引发青年抑郁的原因是多方面的，除遗传因素外，还有青年的人格特征、生活的负性事件、学业挫败、人际关系的冲突、经济困难、失恋、离婚、就业压力、失去亲人、失业、长期生理疾病困扰等因素。

抑郁是青年中容易产生的消极情绪。吴弦(2008)的研究发现，青年不同程度的抑郁检出率较高，有抑郁情绪的占被调查人数的38.5%[2]。李彤(2008)对大学生抑郁状况的调查发现，大学生中的抑郁发生率为38.53%。女生的抑郁发生率高于男生，一年级学生的抑郁发生率高于其他年级学生，农村生源学生的抑郁发生率高于城市生源学生。引起大学生抑郁的原因是学习负担重(90.1%)、生活习惯变化(82.7%)、远离家人(80.4%)、考试失败(80.1%)、好友纠纷(79.2%)[3]。

还有的研究比较了男女大学生的抑郁情况与人格特征，发现男女大学生的抑郁状况存在显著差异，女生的抑郁水平显著高于男生。大学生人格的独立性、社交性和进取能力对其抑郁有重要的预测作用。独立性、社交性、进取能力比较差的大学生，更容易产生抑郁[4]。顾菲菲等(2012)的研究发现，大学生抑郁症状的检出率为28%。其中轻度抑郁检出率为21.1%，中度症状检出率为6.2%，重度抑郁症状检出率为0.7%。大学生的抑郁与自尊、心理控制源、社会支持之间呈显著负相关[5]。

抑郁的青年常常表现为情绪低落、思维迟缓、郁郁寡欢、无精打采、闷闷不乐、丧失对生活的兴趣和意义感，缺乏生机和活力，不愿意参加集体和社交活动，并伴有食欲减退、头痛、失眠等身体症状。抑郁会严重影响青年的心理健康，是导致青年自杀的主要因素之一。

（三）青年的愤怒

愤怒(indignation)是由于目的和愿望不能达到或一再受到阻碍而产生的紧张、不愉快的情绪体验。汤姆斯(Thomas，1998)认为，愤怒是在一些特殊的刺激后表现出的强烈不满或悲痛的情绪反应[6]。Kassinove 和 Sukhodolsky(1995)认为，愤怒是一种

[1] 郭德俊，刘海燕，王振宏.情绪心理学[M].北京：开明出版社，2012：33.

[2] 吴弦.家庭教养与青年抑郁度的相关性研究[J].乐山师范学院学报，2008(7)：138—139.

[3] 李彤.大学生抑郁状况及相关因素调查[J].社会心理科学，2008(6)：67.

[4] 阳德华.大学生抑郁和人格关系初探[J].健康心理学杂志，2004(3)：235—237.

[5] 顾菲菲，郭文汇，陶高松.大学生自尊、心理控制源、社会支持与抑郁的关系[J].中国健康心理学杂志，2012(5)：771.

[6] Thomas, S. P. (1998). Gender differences in anger expression: Health implications. Research in Nursing and Health, 1998 (12), 389—398.

消极的内部情感状态。

青年正值血气方刚的人生阶段，豪情万丈，热情奔放，情绪反应强烈。当他们遭遇他人的攻击、羞辱、排斥、贬低，愿望受到有意阻碍，行动受到挫折、尊严受到伤害时，就容易冲动，怒火中烧。陈翠、王平等(2012，2011)调查了大学生的愤怒情绪，结果表明，男女大学生普遍存在愤怒状态，即在特定情况下，男女大学生都会产生愤怒的情绪反应；大约有18.67%的大学生存在特质愤怒倾向，即把愤怒视为一种稳定的人格特质，这些大学生比一般大学生更容易生气。研究还发现，大学生的愤怒是有个别差异的。高迎浩(2005)对大学生的愤怒情绪及人格特征进行了相关研究，发现大学生的愤怒主要包括情绪体验、情境认知、消极反应和积极反应几方面。男大学生在对愤怒的情境认知、消极反应、积极反应方面明显高于女大学生，来自农村的大学生在愤怒的情绪体验、情境认知、消极反应方面明显高于来自城市的大学生，大学生的愤怒情绪与其人格特征之间有显著的相关[1]。孔鲁亚(2013)对大学生愤怒情绪的研究也发现，男大学生、独生子女大学生愤怒的表达和控制高于女大学生、非独生子女大学生[2]。愤怒对青年的身心健康会带来消极的影响。青年在愤怒时，会头晕目眩、失眠、血压升高、内分泌失调、肝脏受损，从而引发各种疾病。同时，愤怒使青年失去理智，对人具有敌意，好斗、好战，甚至导致暴力犯罪，所以青年要学会控制自己的愤怒情绪。

(四)青年的嫉妒

嫉妒(jealousy)是个体在与别人比较时，发现自己在才能、名誉、地位或境遇等方面不如别人时而产生的一种由羞愧、难受、怨恨、羡慕等组成的复杂情绪反应。嫉妒是人类的一种普遍情绪，大凡是人，或多或少都有一点嫉妒心。青年正处于努力向上拼搏与奋斗的人生阶段，在急于求成的心理压力下，面对别人的成功或优势，会不由自主地产生羡慕、焦虑、怨恨、自卑等情绪反应。嫉妒源于人类的竞争，有一定的积极意义。比如，有的青年嫉妒是出于不服气与不甘落后，“你行我更行，我要超过你”，而奋发努力，力争上游，就是积极的心理与行为。

嫉妒具有公开性和内隐性。公开性表现为对别人的成功或优势不以为然、冷嘲热讽、轻视、诽谤、贬低、诋毁、中伤；或对别人遭遇的挫折与困难不给予同情安慰，幸灾乐祸，隔岸观火。内隐性表现为暗中使坏，心怀不满，但不表露出来。嫉妒心理太盛，必然会给青年带来紧张的人际关系，导致其失去朋友、失去友谊，引起肠胃功能失调、头疼、胸闷等身心症状，使自己的心理失衡，甚至有的因为心理上陷入苦海不能自拔而违

---

[1] 高迎浩.大学生愤怒情绪及其人格特征的相关研究[D].开封：河南大学，2005：1—29.

[2] 孔鲁亚.大学生愤怒情绪与愤怒冗思、社会支持的关系研究[D].长沙：中南大学，2013：30.

法犯罪。

青年的嫉妒表现在学业、恋爱、职场等方面。一般而言，学业成绩优秀，能力强的大学生往往成为个别学生嫉妒的对象。因为这些大学生所具有的优势直接与评比“三好学生”“优秀学生干部”，获取奖学金以及教师的赏识相联系。比如，有的大学生不承认或贬低同学的成绩和进步，认为同学的成功不是靠勤奋和努力获得，而是靠“投机取巧”“拍马屁”或“运气好”获得。也有的青年看到别人比自己能干、聪明、漂亮，拥有爱情、事业成功、家境比自己好，常常会酸溜溜地挖苦别人是“出风头”“臭美”“显富”等。我国武开蕾、欧阳文珍(2011)研究了大学生的嫉妒现状，结果表明，大学生普遍存在嫉妒，男女大学生的嫉妒强度有极其显著的差异，女生比男生有更强的嫉妒，农村大学生、独生子女大学生的嫉妒水平显著高于城市大学生和非独生子女大学生[1]。刘振中(2011)研究了大学生的爱情嫉妒，发现男大学生比女大学生更嫉妒那些拥有社会资源的竞争者，女大学生比男大学生更嫉妒那些外表有吸引力的竞争者[2]。罗景莉、骆鹏程(2006)研究了经济困难大学生的嫉妒，指出经济困难学生出现嫉妒心理的概率要大于非经济困难学生。他们由于经济拮据，更为敏感、虚荣，怕别人知道自己的困难状况，极力回避，掩饰自己。一旦产生嫉妒心理，更容易用言语伤人，甚至出现偷窃等行为，给他人的经济利益造成伤害[3]还有人研究了我国员工的职场嫉妒心理，发现我国员工的职场嫉妒心理包含薪酬待遇、人际关系、发展前景等方面，25～30岁之间的青年员工对发展前景的嫉妒较强，特别是30～40岁的青年员工在这方面的嫉妒最高[4]。青年要正确认识嫉妒的两重性，杜绝和消除不必要的嫉妒。

复习巩固

1.什么是消极情绪？消极情绪对青年的发展有哪些不良的影响？

2.分析青年常见的消极情绪的特点，以及如何对消极情绪进行调控？

[1] 武开蕾，欧阳文珍.大学生嫉妒现状调查分析[J].淮海工学院学报：社会科学版，2011(7)：15—17.

[2] 刘振中.大学生爱情嫉妒的性别差异研究[D].上海：上海师范大学，2011：3.

[3] 罗景莉，骆鹏程.经济困难大学生嫉妒心理微探[J].继续教育研究，2006(5)：167—168.

[4] 孟大庆.员工职场嫉妒心理及其相关研究[D].开封：河南大学，2009：1—39.

第五节　青年情绪的管理

情绪对青年的一生具有重要的影响，是青年生活丰富性和生动性的重要内容。青年如何才能保持和维持积极的情绪，减少和消除消极的情绪，这就需要对情绪进行管理。

一、情绪管理的含义

什么是情绪管理(emotion management)？不同的研究者往往有不同的看法。汤普森(Thomposon，1994)指出，情绪管理是一种适应社会现实的活动过程，它要求人们的情绪反应具有灵活性、应变性和适度性，以使人们能以有组织的、建设性的方式，迅速而有效地适应变化的社会情景。我国葛荣晋认为，情绪管理主要包含两方面内容：一是了解自己的情绪、控制自己情绪的能力；二是理解别人的情绪、处理他人情绪的能力[1]。师曙光把情绪管理定义为：情绪管理就是通过有效的方法，合理地控制自己的情绪，使自己总是处于一种积极的状态[2]。林艳(2011)认为，情绪管理是一个人对自己情绪的自我认知、自我控制、自我驱策能力和对他人情绪的识别与适度反应的能力。情绪管理的目的是促进个体更好地适应社会环境和实现自身的可持续发展。在本章中，情绪管理是青年遇到消极或不良情绪时，积极寻找有效的途径或方法解决情绪不适，更好地适应社会生活的能力。

二、情绪管理的途径

(一)正确对待挫折，保持积极的心态

挫折的普遍性是人类社会的特征之一。“人之挫折十之八九。”随着社会的发展，青年面临的新情况、新问题越来越多，面对的挑战也越来越大，青年不良情绪的发生便与遭遇的挫折有很大的关系。青年如何正确认识挫折，提高自己的挫折承受力？应该采取正确的应对方式来面对和解决挫折，因为挫折具有二重性：一方面，挫折具有砥砺作用，能使青年从中得到锻炼，形成顽强的意志品质，使其成为人生经历中的一笔宝贵财富，促进青年健康成长；另一方面，挫折具有消极作用，能使青年心理失衡，产生焦虑、烦恼、痛苦等消极情绪反应，挫伤学习、工作、生活的积极性，甚至成为诱发心理障

[1] 葛荣晋.孙子的“人情之理”与企业家的“情绪管理”[J].华北电力大学学报：社会科学版，2004(2)：22.

[2] 师曙光.情绪管理浅析[J].太原大学学报，2006(3)：84—85.

碍和心理危机的导火索，影响健康成长。为什么有的青年在挫折中能够跌跌撞撞坚持到最后而取得成功，而有的青年只能半路败下阵来？这与青年的心态有很大关系。心态是对待事物的稳定态度和心理反应。心态会影响到青年的情绪与言行，影响青年的一生。积极的心态是一种乐观、自信、感恩和宽容的心智模式。保持积极的心态是取得人生胜利的法宝。具有积极心态的青年，面对挫折时，能够看到挫折带来的机遇，看到光明和希望，这对于激发青年的积极情绪，提高青年的自信心，重振旗鼓、迎难而上、勇往直前，发挥青年的潜力和智慧，努力找出解决问题的办法具有推动作用。所以，青年要正确认识挫折，强化耐受挫折的心理准备，要能够忍受挫折的磨难和打击，在挫折面前不灰心、不动摇、顽强地与厄运抗争，保持积极的心态，这既是青年良好社会适应能力的标志，也是青年积极情绪发展的关键。

（二）改变非理性认知，克服认知缺陷

心理学的研究表明，情绪是在认知的基础上产生和发展起来的。由于青年的认知不同，对同一事物会持有不同的态度，产生不同的情绪反应。美国心理学家艾利斯(A.Ellis)认为，人的情绪问题不是由于某一激发事件直接引起，而是由经受这一事件的个体对它的认知引起。例如，两个大学生在用人单位实习时遭遇了同样的事件——工作失误造成了一定的经济损失。在总结教训时，甲认为吃一堑长一智，以后要小心谨慎，防止再犯错误，努力工作，把造成的损失弥补回来。由于甲有了正确的认知，所以没有不适当的情绪反应。而乙则认为发生这种不光彩的事情，丢尽脸面，表明自己能力太差，怎好再见亲朋好友。由于有这种错误的认知，便垂头丧气，振作不起，产生不适当的情绪反应。

艾利斯认为，认知可以分为理性和非理性两种。理性认知是一种客观、辩证的认知，它可以引导情绪走上正确轨道。非理性认知是一种片面、绝对、自我中心的认识，它给人带来很大的情绪困扰。

非理性的认知有对自己的，也有对别人和周围事物的。非理性认知的主要特点是：(1)绝对化要求。指以自己的意愿为出发点，对某一事物认为必定会发生或不会发生的观念，通常与“必须”“应该”这类字眼联系在一起，如“我必须获得成功”“别人必须很好对待我”“生活应该是非常公平的”，等等。有这种观念的人容易陷入情绪困扰中，因为客观事物的发生、发展都有其客观规律，是不以个人的意志为转移的；(2) 过分概括化。这是一种以偏概全、以一概十的不合理思维方式的表现。一方面，表现为对自己不合理的评价。做错了一件事就认为自己一无是处，以某一件或几件事来评价自己的整体价值，其结果往往导致自责自罪、自卑自弃，从而产生焦虑和抑郁等情绪。另一方面，表现为对别人不合理的评价。别人稍有一点儿对不住自己就认为这个人坏透

了，完全否定，一味责备，从而产生敌意和愤怒等情绪；(3)糟糕至极。这是一种认为如果一件不好的事发生了，将是非常可怕、非常糟糕，甚至是一场灾难的想法。例如，某大学生没有考上研究生就觉得这辈子完蛋了，从而陷入自责、焦虑、悲观、抑郁等不良情绪体验中而难以自拔。

艾利斯认为，通过改变个体的非理性认知，可以解决其情绪问题。因此，青年在遇到情绪困扰时，要了解自己的非理性认知是什么，分析这种非理性认知是否有道理，是否绝对化，是否犯了以偏概全或夸大缩小的错误。青年可以通过改变自己的非理性认知，来解决不良的情绪问题。

(三)克服性格缺陷，塑造良好的性格

性格是个体对现实的稳定态度和习惯化了的行为方式。性格在心理学中属于个性心理特征的范畴，反映了人的个性。不同性格的人，必然会在情绪表现上打下个体的烙印。例如，性格豁达开朗的人，看问题乐观，一般小事不大放到心上，不会因此引起情绪上的波动；而性格狭隘忧愁的人，喜欢钻牛角尖，斤斤计较，耿耿于怀，经常感到生活不能称心如意，容易"闹情绪"。因此，青年要培养自己的积极情绪，就必须塑造自己良好的性格。

心理学的研究表明，性格外向的人，大多豁达开朗，生活中遇到不顺心的事，容易想得开，易于自我解脱，更能适应社会环境的变化，经受生活的挫折。性格内向的人，对生活中不顺心的事，常常郁闷纠缠于心，容易陷入焦虑、烦恼、痛苦、抑郁等不良情绪中而不能自拔。因此，当青年情绪不良时，要分析是否与自己的性格有关，要注意克服心胸狭隘、多愁善感、脾气暴躁等性格缺陷，拥有乐观、开朗、豁达的胸怀，遇到不愉快和不顺心的事，不能郁积于心，要及时向家人、教师、朋友倾诉，获得他们的帮助和支持，减少不良消极情绪的影响。

三、情绪管理的方法

如何对情绪进行管理？心理学研究提出了许多方法，在这里阐述一些主要方法。

(一)转移法

当青年感到消极情绪袭来时，可以通过有意识的转移话题，或做自己喜欢做的事情来转移自己的注意力。例如，打球、跑步、练瑜伽，痛快淋漓地运动一场，吃一顿美餐，看一场精彩的电影，强迫自己不发脾气，专心于学习与工作，拼命干活，等等。这样，不良的情绪就会慢慢减少，心情就会逐渐平静下来。

(二)宣泄法

青年在生活中难免会产生各种不良情绪，这些不良情绪需要及时宣泄才能维持健

康的身心状态。宣泄有直接和间接两种方式。直接宣泄即针对引发不良情绪的对象表达自己的情绪，开诚布公地交换意见，阐述自己的看法，解开疙瘩，消除误会。当直接宣泄于己于人都不利时，可以使用间接宣泄，使自己的不良情绪得到排解。例如，向有关组织或领导、教师反映情况，向家人、朋友倾诉，接受他们的帮助和劝慰。青年要注意宣泄的对象、时间、地点、场合，不能随便大发雷霆，胡作非为，要避免给社会、他人带来破坏或伤害。

(三)读书法

书籍是人类进步的阶梯，是青年的精神食粮。当青年产生不愉快的情绪时，不妨通过读书来开阔自己的视野，陶冶自己的情操，启迪自己的人生。例如，通过阅读哲学、心理学、社会学、文学、名人传记，励志、提高修养等方面的书籍，能使青年认识到人生的艰难困苦和人类的奋发图强以及不怕困难与挫折、奋勇前进的精神。书籍是青年的良师益友。通过读书，青年不仅可以获得知识与智慧，变得更加聪明，而且可以发现自己的不足，不断改正错误，改变自己的不良情绪，使自己坚强自信起来，勇敢地面对困难，获得进步的方向和力量。

(四)音乐调节法

青年普遍喜爱音乐，殊不知音乐作为一种艺术和娱乐，不仅可以陶冶情操、启发灵感，还可以改变人的情绪。研究表明，音乐能调节人的神经系统的活动，使人体分泌一些有益于健康的激素，有效消除疲劳，改善身心状况。例如，节奏明快的音乐，具有兴奋作用，能使人心跳加快，情感振奋；节奏缓慢的音乐，具有镇静、降压、安定情感的作用；优美的音乐，能使人产生快乐、恬静的情绪。

不同的音乐对情绪有不同的影响作用。当青年遭受挫折、垂头丧气时，可以听一听贝多芬的《命运》，从悲叹中振作起来，继续勇敢地面对生活中的风雨；当被繁忙的工作和生活的琐碎折腾得疲惫不堪时，可以听一听《春江花月夜》《高山流水》《渔舟唱晚》，在天籁之音中得到舒展和放松。

此外，音乐还可以作为情绪转换的桥梁。青年可以先听一段与当时情绪一致的音乐，然后再转化成其他有益于改善心情的音乐。例如，生气时先听听摇滚乐，在强劲的节奏中使情绪得到宣泄，尔后再转换成情绪正常时爱听的音乐，并由低沉向欢快过渡，实现音乐调节情绪的目的。

(五)颜色调节法

颜色因为具有不同的色调、明度和饱和度，会让人产生不同的感受，也会对人的心理产生不同的影响。如红色代表热情和活力，能引发人的欲望，激起人的兴奋；绿色代表着和平和友谊，给人以安静、温和之感；蓝色代表着开阔和深沉，给人以舒适、安慰之感；黄色代表着快乐和明净，给人以温暖和舒适的之感；白色代表圣洁和天真，给人以高雅、纯真之感等。因此，青年可以利用颜色来调节自己的情绪。例如，消除烦躁和愤怒的情绪应避免红色；化解沮丧的情绪应避免黑色或深蓝色，而应选择令人心情愉快亮丽的暖色；减轻焦虑和紧张的情绪应选择具有缓解及镇定作用的清淡颜色，如绿色、浅蓝色等。青年还可以通过变换家居、服装的颜色，来改变自己的情绪状态。

上述情绪管理的方法，各有千秋，青年要根据自己情绪的实际情况来选择恰当的情绪管理方法。

复习巩固

1.什么是情绪管理？情绪管理的途径主要有哪些？

2.情绪管理的方法主要有哪些？你还有其他的情绪管理方法吗？

要点小结

1.情绪是与人的生物和社会需要相联系，具有特定主观体验、外显表情和生理变化的心理活动的整体过程。情绪通常包括刺激情境、主观体验、认知或解释、生理反应、表情、动作反应倾向等六个主要心理成分。

2.情绪状态是指在某种事件或情境的影响下，在一定时间内所产生的一定情绪状况。根据情绪持续的时间、发生的强度，情绪状态可分为心境、激情和应激。

3.情绪对青年的心理影响主要表现在认知、人际关系、心理健康等方面。

4.青年情绪的特点主要包括：情绪体验细腻而丰富、冲动性与不稳定性、两极性与波动性、开放性与掩饰性。

5.青年常见的积极情绪主要包括：快乐、兴趣、渴望、幸福感。青年常见的消极情绪主要包括：焦虑、抑郁、愤怒、嫉妒。

6.青年的情绪管理是指青年遇到消极或不良情绪时，积极寻找有效的途径或方法解决情绪不适，更好地适应社会生活的能力。

7.青年情绪管理的途径主要有：正确对待挫折，保持积极心态、改变非理性认知，克服认知缺陷和性格缺陷，塑造良好性格。

8.青年情绪管理的方法主要包括：转移法、宣泄法、读书法、音乐调节法、颜色调节法。

关键术语

情绪	emotion
积极情绪	positive emotions
幸福感	well-being
消极情绪	negative emotions
情绪管理	emotion management

复习题

一、单项选择题

1.情绪通常包括六种心理成分,下列哪一项不属于这六种心理成分(　　)。

A.生理反应　　B.表情　　C.刺激情境　　D.宣泄

2.(　　)是一种强烈、爆发性、短暂的情绪状态。

A.心境　　B.激情　　C.应激　　D.心情

3.下列哪一项不属于青年主要的积极情绪(　　)。

A.平和　　B.渴望　　C.快乐　　D.兴趣

4.下列哪一项不属于青年情绪的主要特点(　　)。

A.不稳定性　　B.持久性　　C.冲动性　　D.掩饰性

5.(　　)是一种个体预料到即将来临的威胁而又对此无能为力、不能应付的痛苦反应和由此产生的一种消极情绪体验。

A.愤怒　　B.抑郁　　C.痛苦　　D.焦虑

二、多项选择题

1.情绪状态是指在某种事件或情境的影响下,在一定时间内所产生的一定情绪状况,最典型的情绪状态有哪些(　　)。

A.心境　　B.激情　　C.应激　　D.心情

2.心境具有(　　)的特点,是一种比较平静、持久、微弱地影响人的整个精神活动的情绪状态。

A.深刻性　　B.弥散性　　C.持久性　　D.广泛性

3.情绪会在哪些方面对青年产生较大的心理影响(　　)。

A.认知　　B.生理　　C.心理健康　　D.人际关系

4.下列哪些情绪是青年常见的消极情绪（　　）。

A.愤怒　　B.自卑　　C.抑郁　　D.焦虑

5.下列哪些属于青年情绪管理的主要方法（　）。

A.音乐调节法　B.宣泄法　C.转移法　　D.读书法

三、判断题

1.我国《礼记》中提出了喜、怒、哀、乐、惧、爱、恶和欲等是人类的基本情绪。（　　）

2.消极情绪给人带来的都是坏处，健康的青年不应该产生消极情绪。（　　）

3.抑郁是以心境低落为主的、自感无力应对外界压力而产生的一种消极情绪，并常常伴随着自卑、痛苦、羞愧、压抑等情绪体验。（　　）

4.渴望是人们需要的一种表现方式，人们的渴望往往与他们的直接或间接需要有关。（　　）

5.青年在情绪管理中应该做到积极面对挫折、努力改变不良认知以及勇于克服自己的性格缺陷。（　　）

第五章　青年的自我意识与完善

本章你要学习什么？

青年期是自我的第二次诞生，是一个“疾风怒涛”的时期，这个时候青年面临对人生重大课题的审视和抉择，处于人生的转折期、关键期。青年期自我意识的发展与完善对青年正确处理和应对青年期危机，探索和确立自我同一性，促进自身走向独立与成熟至关重要。本章将学习青年自我意识的含义、结构及发展，对青年自我意识的矛盾与成因进行分析，探讨自我意识完善的方法与途径。希望通过对本章的学习，能够使青年掌握自我意识完善的方法与途径，形成健康的自我意识。

第一节 概 述

自我意识是意识发展的高级阶段，被视作人与动物的心理分界线，在个体发展的青年阶段基本形成。自我意识对青年的心理发展有着重要的意义。

一、自我意识的含义

关于自我意识(self-consciousness)，心理学界有许多不同的观点。精神分析心理学家弗洛伊德(Sigmund Freud)认为自我是个体心理能量的总体，以本能为基础，对个体的行为有支配作用。美国心理学家詹姆斯(William James)认为自我意识分为主我和客我两部分。

20世纪60年代中期以来，我国开始涉猎对自我意识方面的研究。我国心理学教授张增杰(1986)认为：自我意识是一个人对他自己的心理过程与结果、心理内容与特点的反映[1]。我国著名心理学家朱智贤、林崇德(1986)提出，自我意识即关于主体的自我意识，特别是人我关系的意识[2]。心理学家沙莲香(1987)认为，自我意识是个体所有心理反应相互联系、相互统一的综合体[3]。

从目前来看，心理学界对自我意识含义的探讨可以归纳为四种：一是自我意识等于自我；二是自我意识是对自我的意识；三是自我意识是个体对自己所有心理过程的综合意识；四是自我意识是个体对自己与他人关系的意识。

概括来讲，自我意识是个体对自我、周围世界，以及自我与周围世界关系的意识反映。

二、自我意识发展的理论

自我意识的心理学理论有很多，较为经典的主要有以下几种。

(一)詹姆斯的自我论

美国著名心理学家詹姆斯在其著作《心理学原理》和《彻底的经验主义》中首次提出了自我的概念，并进行了论述，认为自我是个体所拥有的一切的总和，可以被看作是

---

[1] 张增杰.论大学生心理[M].重庆：西南师范大学出版社，1986：53.

[2] 朱智贤，林崇德.思维发展心理学[M].北京：北京师范大学出版社，1986：417.

[3] 沙莲香.社会心理学[M].北京：中国人民大学出版社，1987：167.

思想的客体或主体。前者称为经验自我（“me”，the empirical self or objective person），后者称作纯粹自我（“I”，the pure ego or subjective knowing thought）。

詹姆斯认为，对自我清晰的觉知是构成人类意识的主要部分。每一个个体都能够意识到自己独立的同一性，把某些事物看作是“我”和“我的”，与之紧密相连的情感和行为就是经验自我，又称客我。经验自我包含物质自我、社会自我和精神自我三个部分。物质自我指个体的身体、衣服、财物、家人、家庭等。社会自我涉及”我是谁”“我面对生活中的不同人应该如何行为”，是一种社会心理预期。精神自我指个体内心主观的存在。经验自我包含了所有个体认为是“我”或属于“我的”一切。

纯粹自我又称主我，根植于个体经验，但个体对此难以描述和意识，独立于经验，是先在的或以直觉为基础的。纯粹自我不仅是经验自我的观察者、参与者，也是个体所有行为的发起者。纯粹自我就是传统形而上学中的心灵（soul），不属于物质的范畴，无法成为科学的研究对象。詹姆斯认为纯粹自我是“自我最令人困惑不解的一面”。

（二）哈特曼的自我心理学

奥地利心理学家哈特曼（N. H. Hartman）致力于自我心理学研究，于 1869 年出版了著作《自我心理学与适应问题》。该书被认为可以与弗洛伊德的《自我与适应问题》相媲美，是自我心理学发展史上的第二个里程碑，对近代自我心理学的建立和发展影响重大。哈特曼因此被称为“自我心理学之父”。

哈特曼认为个体的自我发展并非必须在本我和超我的冲突与防御中发展，个体诸如知觉、记忆、语言等方面的发展存在自主性的成熟和学习过程，并没有冲突。哈特曼认为无冲突的自我领域是存在的。关于自我的起源，他认为，本我与自我均来自于遗传，是从未分化的基质中分化出来的，同时存在并相互独立。自我存在自主性的发展，知觉、思维、运动等先天的没有冲突的自我机能被称为初级自主性；与本我存在冲突和防御作用的自我适应机能被称为次级自主性。例如，个体用于防御、压抑或解决冲突的理智作用，就属于自我的次级自主性发展。

哈特曼汲取了达尔文的进化论理论，强调个体和人类对环境都具有主动的适应机制。这一机制也就是能量的中性化过程。个体可以持续对本能进行控制和转化，实现本能的非性欲化和非攻击化。

（三）埃里克森的自我同一性理论

爱利克·埃里克森（Erik H Erikson）是美国神经病学家，著名的发展心理学家和精神分析学家。

埃里克森的自我同一性理论强调自我与社会环境的相互作用，认为自我包含生物、心理和社会三个方面。自我能把人的内心生活和社会任务统一起来，在适应社会的过程中，自主地在冲突和应对中发展。

埃里克森提出了个体一生的发展需要经历和面对的八个关键阶段的危机(crisis)。他所使用的"危机"一词并非全部都是否定意义。对于自我来讲，危机既是一种挑战和威胁，也是个体成长和完善的机遇。在每一个阶段，个体都需要面对新的挑战，处理好生物力量与社会文化力量的冲突矛盾。

埃里克森认为，13～19岁的青少年面临的是同一感与同一感混乱的挑战，其社会心理危机是自我认同和角色混淆(identity vs. role confusion)问题。这个时期的青少年对自己如何适应社会、如何发展自我，感到困惑不安。为了寻求建立一种独立的自我感觉，青少年会尝试不同的角色、活动和行为，需要建立发展自我的认同感，寻求独立性，逐步建立对自我的感知。这些对于青少年建立坚定的同一性和生命的方向感非常重要。20～39岁青年的社会心理危机主要为亲密对孤独(intimacy vs. isolation)，面临的主要冲突集中在与他人形成亲密、爱恋的关系。青年自我感觉的形成对于能否建立亲密关系必不可少。未能建立正确自我感觉的青年更有可能遇到孤独和抑郁症等问题。埃里克森认为，青年非常有必要建立与他人的亲密关系，这是青年适应社会、健康成长与生活的基础。埃里克森对青少年及青年时期心理危机的描述与他们的社会生活实际相联系，富有现实意义。

三、自我意识的结构

自我意识是一种多维度、多层次的心理系统。对其结构，心理学界有几种不同的观点，主要有以下几种。

(一)弗洛伊德的自我结构观

奥地利著名心理学家弗洛伊德将自我划分为本我、自我、超我。本我，属于潜意识范畴，即是个体的本能存在，具有生物性和强大的非理性心理能量，是天然、自然之我。本我，以追求快乐为原则，追求欲望的满足，避免痛苦。

自我，属于意识的范畴，是个体与周围世界的媒介，具备理性的心理能量，对本我与超我进行协调，以现实为原则。

超我，是泛道德、伦理角度的"我"，代表着社会规范的个体的良心，以道德规范为行为准则，指导自我，约束本我。超我追求完美，在现实允许范围之内的。

本我、自我、超我共同构成个体的自我意识。本我和超我是相互对立的，前者源自个体的欲望，想要获得绝对的快乐和自由；而后者则源自社会的需求，体现绝对的道德规范。自我反映了个体对周围世界的主动性与适应性，是对两者的协调。

（二）自我发展三阶段论

我国心理学家在总结梳理国内外研究的基础上，从自我意识的内容角度和发展角度，提出自我意识的发展要经历生理自我、社会自我、心理自我三个阶段。生理自我是个体对自己的身高、体重、相貌等身体的意识；社会自我是个体对自己在社会关系中的地位、权利、身份等的社会角色意识；心理自我是个体对自己的性格、能力、情绪等的心理意识。

生理自我、社会自我与心理自我是彼此联系、连续发展形成的。个体先是通过自己的身体感知自己的存在，对身体的属性形成清晰的认知而形成生理自我；随着个体的成长，在与他人的交往过程之中，根据交往反馈的信息，逐渐形成对社会自我和心理自我的认知。

（三）知、情、意三层次论

从知、情、意三个层次来看，可以将自我意识划分为自我认识、自我体验和自我调控。三个层次的统整构成个体完整的自我意识。

1. 自我认识

自我认识（self-knowledge）是个体通过观察自己，并进行分析综合，认识到自己的本质特点，形成对自己各个方面的价值判断。自我认识包括自我观察、自我分析、自我评价等方面。个体只有形成正确的自我认识，才能将自己的心理、行为与社会协调起来，否则就会自卑或盲目自大，对个体的健康发展起到负面作用。

个体的自我认识是一个复杂的心理过程，既有对自己纵向的比较和审视，也有与他人进行的横向比较；既会受到他人评价反馈的影响，也会受到自身需要、动机等心理因素的影响。

2. 自我体验

自我体验（self-experience）是自我意识中的情感成分，是个体根据主我与客我之间的关系，对自己持有的情感体验。个体的自我体验是以自我认识为基础的。个体对自我进行观察、分析，并结合社会价值规范进行自我评价。根据自我评价的结果，个体会产生自尊、自信、自卑、自责等自我情感体验。自尊感对于个体的发展十分重要。个体只有具备自尊与自信，才会产生积极的自我肯定，激励自己更加努力进取。

3. 自我调控

自我调控（self-regulation）是个体自我意识中的意志成分，体现为主我对客我的调控。个体会对自己的行为进行自我检查、监督，并进行控制，主动掌握自身的心理与行为，调整自己的动机和行动，以符合社会规范要求。

四、自我意识对青年的意义

1. 是青年正确认识自我和周围世界的基础

青年自我意识的产生，使得青年能够区分自我与周围世界的关系，把自我和周围世界作为认知评价的客体，这是青年社会化的重要组成部分。通过自我意识，青年可以逐渐丰富和完善对自我和周围世界的认知与评价，形成对自我与周围世界的关系的正确认识。

2. 对青年的心理发展具有推动作用

自我意识能促使青年客观地审视和反省自己，认识周围世界，并能针对自我与周围世界关系的变化，不断调整自我，使青年在前期自我的基础上不断发展和完善自我，促进心理不断发展，实现自己的奋斗目标。

扩展阅读

如何研究青年的自我意识

如何研究青年的自我意识，心理学家创造了许多方法，这些方法主要有下面几种。

1.量表法。比较著名的是田纳西自我概念量表(Tennessee Self-Concept Scale，TSCS)，该量表由菲茨(Fitts，1965)编制，共包含了100多个描述自我意识各维度的自陈项目，涉及两大方面：一是在内容上，把自我意识分为生理自我、道德自我、伦理自我、心理自我、家庭自我和社会自我等方面；二是在结构上，把自我意识分为自我认同、自我满意、自我行动等方面。例如，“我的身体健康”“我喜欢经常保持仪表整洁大方”“我举止端正，行为规矩”。要求被试就每个项目与自己的符合程度作出回答，然后研究者对被试的回答进行统计分析。

2.形容词检测表法。该方法是给被试提供一张描述个性特征的形容词表，如聪明、能干、大方、自信、冲动等词汇，由被试从形容词表中选出最适合自己的词汇，然后研究者对此进行统计分析，以发现被试的自我意识的特点。

3.20问法。这是一种帮助被试认识自我的方法。第一步，要求被试用20句话填写“我是××”的句子。例如，“我是性格开朗的人，我是自尊心很强的人”。第二步，分析被试答案的数量与质量，以及答案内容的表现方式。如果被试写出的答案少于7个，可能是过分压抑自己。被试的答案有两种情况：一是符合事实的，如我是20岁的大学生；二是主观解释，如“我是自尊心很强的人”。如果被试在答案中，既谈到了自己的优点，又谈到自己的缺点，说明被试看问题比较客观和全面，反之则比较片面。

复习巩固

1.自我意识的含义是什么？自我意识对青年的意义是什么？

2.弗洛伊德的自我结构观包括哪些内容？

3.自我意识的知、情、意三层次论的要点是什么？

第二节 青年自我意识的发展

自我意识并不是与生俱来的。婴儿在生命的早期阶段，处于物我不分的状态中，并没有自我意识。个体自我意识的发展大约是从三岁到青春期，逐渐从关注自我转向关注周围世界，不断进行探索。

一、青年自我意识形成的来源

（一）内省

内省可以使青年对自己有清晰的了解。这一方法在我国古代就已经存在。孔子在《论语·里仁》中讲："见贤思齐焉，见不贤而内自省也。"曾子也曾说："吾日三省吾身。"青年通过内省会把自己作为观察对象，在内心省察自己过去和现在的心理行为，进行观察和分析，从而调整自我认识。

（二）社会比较

美国社会心理学家利昂·费斯廷格（Leon Festinger）在研究人类的欲求问题时，提出了社会比较理论（social comparison theory）。该理论认为，个体会把他人作为参考标准，将自己与他人进行比较，从而得出自我评价，成为自我完善的基础。

根据这个理论，青年在人际交往中，会选择与自己类似的他人作为比较的对象，从而确认自己与他人类似的属性；也会选择与自己不同的他人进行比较，从而发现自己与他人的差异。青年通过社会比较，才能确认自己在群体或社会中的位置，对自己的价值和能力做出较为正确的评价。

（三）他人的信息反馈

青年自我意识的形成过程，如同一个对镜自照的过程。美国社会学家和社会心理学家库利（Charles Horton Cooley）提出了"镜像自我"（looking-glass self，1902）这一术语。他认为，自我是个体与他人面对面互动的产物，他人是自己的一面镜子，青年可以从中得到他人对自己的评价、态度，并以此为基础，了解和认识自己，形成相应的自我意识。

他人的信息反馈，有时候是清晰直接的，有时候是模糊间接的。后者被称为反射性评价。但无论哪类信息反馈，对青年的激励性评价会对青年形成一种推动发展的动力，对青年的否定性评价则使青年产生悲观、抑郁的感受，引发"习得性无助"的心理障碍，使青年对环境失去控制的信念，放弃自身的努力。

二、青年自我意识发展的特点

(一)自我认识有较大提高

青年的生活空间和视野与少年相比得到了较大的拓展，且好奇心重、求知欲强。他们关注的不再是“小孩子”的问题，而是一些有深度的“成人”和社会问题，思考自己对社会、家庭的责任和义务，以及自己的发展前途和社会角色，更加积极主动地进行自我认识，使自我认识的广度和深度都得到了很大提高。张进辅(2002)认为青年的自我认识具有广泛性、独立性、稳定性、适当性、矛盾性、深刻性等特点。赖文龙(2009)调查发现，道德自我和积极的个性自我意识是大学生自我意识的主流[1]。随着青年生活空间的不断扩大，知识经验越来越丰富，他们对自己的评价变得更加全面和客观。

(二)自我体验矛盾而丰富

青年的自我体验丰富多样，甚至是矛盾、分化的。他们往往是自尊与自卑、高兴与忧愁共存。青年对自己的洞察力和反思力比较活跃，因而自我体验比较敏感，呈现出波动性、极端化的特点。罗峥等(2012)的调查发现，消极事件对大学生的积极情绪有显著的负向预测作用，对消极情绪有显著的正向预测作用[2]。青年可能会因一时的成功，兴高采烈、雄心勃勃；也可能因一时的挫折，悲观失望、心灰意冷。张丽华(2008)的研究发现，大学生的自尊随着年级的增长呈稳定发展趋势。其中在重要感、胜任感、归属感维度上，大学生的年级差异显著[3]。这表明，大学生的自我体验日渐全面和深刻。

(三)自我调控能力增强

青年不再以自我为中心，开始将自己置于社会大环境中，并且认识到冲动并不能解决问题，其自我调控能力逐渐增强，盲目性和冲动性逐渐减少。青年充满激情，成就动机较为强烈，开始进行具有理想色彩的人生规划，并按照规划对自己的发展不断努力，进行调节和控制。

(四)自我意识有待成熟与完善

青年的生理发育成熟，但心理成熟和社会成熟却相对滞后。虽然青年跨入了成人的行列，但属于一种“准成人”状态。辛占香(2005)认为，大学生自我意识的发展过多

[1] 赖文龙.大学生自我意识研究[J].心理科学，2009(2)：495.

[2] 罗峥，付俊杰，熊庆秋，张腾月.情绪调节策略对日常生活事件与情绪体验关系影响的多层分析[J].心理科学，2012(2)：481.

[3] 张丽华，宋芳.大学生自尊发展的特点[J].心理与行为研究，2008(3)：197－201.

地关注自己，矛盾性比较突出，自我认识趋于客观，但认识上仍有偏差；自我控制、自我教育能力有较大提高，但仍有明显不足等特点。[1] 吕凯(2010)的调查发现，大学生能力的自我评价受到外部活动特点及其结果的重要影响，尚不稳定。[2] 因为大部分青年还在高校求学，没有进入社会工作，社会给予这些青年暂时合法地延缓承担成人必须承担的社会责任和义务。所以，青年没有父辈那样老练和稳重。

青年已脱离了父母与中小学教师贴身相伴的状态，有独立思考与行动的能力，需要他们去独立面对生活的挑战，解决各种问题。因此青年的自我意识既充满自信，也充满了自我怀疑；对踏入社会，承担社会责任和义务，既充满期待，也充满犹豫。青年的自我意识需要经过多年的磨砺以后才能变得成熟与完善。

三、青年自我同一性的建立

自我同一性(self-identity)是个体关于自己是谁，在社会上应占什么样的地位，将来准备成为什么样的人以及怎样努力成为理想中的人等一系列的认知及感觉。自我同一性所解决的是过去的我、现在的我、他人眼中的我，以及这些是不是同一个我的问题。它的确立是青年期最重要的发展课题，若青年的自我同一性不能建立，则会导致其社会角色的混乱，甚至人格分裂。

埃里克森提出了个体同一性发展的四种状态：(1)同一性获得(identity achievement)，指个体在涉及自己的理想、职业、人际关系等一系列问题上能够认真思考，有比较确定和积极的想法，说明个体能较好地解决自我发展中的危机问题，具有良好的自我调节和社会适应能力；(2)同一性混乱(identity diffusion)，指个体在寻找自我的过程中，对理想、职业、人际关系等一系列问题缺乏认真思考，没有找到发展的方向和目标，说明个体的心智还不成熟；(3)同一性排斥(identity foreclosure)，指个体在自我探索过程中缺乏自主性，对自己的前途、理想、职业等的选择往往依赖于父母或其他人，缺乏独立思考；(4)同一性延缓(identity moratorium)，指个体在理想、职业等选择上，还没有建立自己稳定的看法，还处于不断地尝试、探索的过程中。

自我同一性是青年期社会性发展的主要任务。青年初期的自我意识还不稳定，对他人关于自己的看法和评价非常敏感。随着人生经验的积累，青年需要对自我意识不断进行修正。王树青(2010)等的调查发现，大三学生比大一、大二表现出更高水平的

---

[1] 辛占香.大学生自我意识发展的特点及其调控[J].教育科学，2005(4)：51－52.

[2] 吕凯.大学生能力自我评价的特点与影响因素[J].淮阴师范学院学报：自然科学版，2010(2)：152－155.

同一性获得;大学生的自我同一性获得状态可正向预测自尊,负向预测焦虑、抑郁。[1] 王树青等(2007)采用问卷法对594名大学生进行了调查,结果发现,大学生自我同一性延缓状态占67.5%,自我同一性的获得状态、早闭状态、扩散状态各占10%左右。[2] 凌辉等(2010)调查发现,大学生的自我同一性状态与父母教养方式密切相关,父母的关爱、鼓励自主有利于子女的同一性获得。[3]

自我同一性的建立需要经过分化和整合的过程。青年会将自我分为不同的"我",最基本的划分为主我和客我。在将两者整合的过程中,青年会进行反复的取舍,既有接纳,也有排斥,最终形成稳定的自我意识。同一性的形成标志着青年期的结束和成年期的开始。

(一)自我同一性的发展状态

詹姆斯·E.马西亚(James E. Marcia)是美国著名的临床和发展心理学家,他对埃里克森的自我同一性理论进行了发展。马西亚就个体如何发展自己的信仰、爱好等,访谈了许多被试。他认为自我同一性的建立主要以个体的职业身份(occupation)和意识形态(ideology)为基础。前者指个体在社会中的角色,包括工作角色、家庭角色等;后者指个体对宗教、政治等的基本信念。

根据访谈结果,马西亚(1966)提出了四种自我同一性状态,或者说是个体自我同一性发展可能要经历的不同阶段:

第一阶段,自我同一性扩散期(identity diffusion)。该阶段个体对自己是谁,自己想要什么根本不了解,没有坚定的观点、愿望或梦想,缺乏探索和承诺,经常感到孤独,对世界有恐惧感。

第二阶段,自我同一性闭锁期(identity foreclosure)。个体已经具有明确的信念和未来发展方向,但并不是经过批判性反思建立的,而是父母、教师等他人灌输给个体,替其做出的选择。

第三阶段,自我同一性中止期(*identity moratorium*)。中止期可以看作是与闭锁期相对立的。闭锁期是个体有明确信念,但从未真正思考过这些信念。中止期是个体持续进行探索尝试,却没有形成明确的信念,没有找到自己真正感兴趣的发现。

第四阶段,自我同一性达成期(identity achievement)。个体已经探索尝试了许多

---

[1] 王树青,石猛,陈会昌.大学生自我同一性的发展及与情绪适应的关系[J].中国临床心理学杂志,2010(2),215.

[2] 王树青,张文新,张玲玲.大学生自我同一性状态与同一性风格、亲子沟通的关系[J].心理发展与教育,2007(1):59-65.

[3] 凌辉,朱淑湘,李新利.大学生自我同一性与父母教养方式的关系研究[J].中国临床心理学杂志,2010(6):786.

可能的信念的自我，发现了自我的独特性，在自我、本我、超我，自我评价与他人评价的互动中获得了对立统一的整体感，而且有了明晰的信念和未来发展方向，感受到自信、快乐和安全。该阶段个体对自己是接纳的，不再依赖于他人的赞同和肯定。

马西亚认为，每一个体都要达到自我同一性达成期，建立自我同一性。否则，就会造成同一性混乱，甚至出现同一性扩散症候群。

（二）自我同一性扩散症候群

自我同一性扩散指个人在寻找自我的过程中，经历了一段较长时期却仍未形成一种强烈的、清晰的同一感。国外学者认为，同一性扩散的青少年常常无法发现自我，一直使自己处于一种散漫的、无所依附的状态，有的甚至会出现同一性扩散症候群。日本著名精神分析学家小此木启吾（Okonogi Keigo）指出，同一性扩散症候群有以下特点：(1)同一性意识过剩，陷入偏执于思考“我是什么人”“我该怎么做”的忧虑中而不能自拔，处于高度焦虑之中；(2)选择的回避和麻木状态，无法确定或限定自我是什么，只能回避选择和决断，陷入一种麻痹状态；(3)与他人的距离失调，无法保持适宜的人际距离，或拒绝与他人来往，或被他人孤立；(4)时间前景的扩散，不相信机遇、不期待对将来的展望，陷入一种无能为力的状态；(5)勤奋感崩溃，无法集中于工作和学习；(6)否定的同一性选择，参加非社会所承认的集团，接受被社会否定、排斥的生活方式和价值观等。

李俊良、王建中(2009)认为自我同一性扩散是当代大学生心理问题的重要原因之一。当代大学生自我同一性扩散的表现主要有缺乏自我认知，没有形成统一和连贯的自我意识；缺乏对环境和社会的认识，价值判断混乱；缺乏解决各种矛盾和适应环境的能力等[1]。罗贤、何特(2014)的调查发现，同一性扩散状态对大学生的主观幸福感有较大的负向影响[2]。

日本小此木启吾（Okonogi Keigo，1977）在对日本社会现状进行分析时，提出了延缓人群（Moratoriumu Ningen）的概念。在埃里克森的概念中，心理延缓期指青年人因为培训或学习从而暂不承担社会责任义务的时期。小此木启吾认为，在日本社会中，延缓期人群已成为一种非常普遍的社会角色，倾向于非隶属性关系（non-affiliation），排斥公民社会和拒绝履行社会中成人应该承担的角色义务，产生幼儿化效应，如宅男宅女。延缓期人群将人际关系极度简化，减少与外界社会的直接接触，相

[1] 李俊良，王建中.当代大学生自我同一性扩散现象辨析[J].思想教育研究，2009(6)：29.

[2] 罗贤，何特.大学生主观幸福感与自我同一性的关系探究[J].西南交通大学学报：社会科学版，2014(4)：67－72.

对独立地生活，导致出现自我同一性扩散症候群（identity diffusion syndrome）和自我真空状态（ego vacuum）。最后，个体与社会脱节，只能生活在自我解离（self-dissociation）的超现实虚幻状态中，逐渐产生自我怀疑感、无力感和孤立感，最终产生自我放任和放弃。

自我同一性的建立是青年一生中的重要课题，无法建立自我同一性则意味着青年自我意识的不完善或分裂，不能成为一个健康的社会化个体。

复习巩固

1.青年自我意识发展的特点是什么？

2.青年自我意识形成的来源是什么？

3.青年自我同一性的发展有哪些不同的观点？

第三节　青年自我意识的矛盾与成因

青年开始从更多地关注外部世界转向更多地关注自己的内心世界和在别人心目中的形象，自我反思增多，意识到了自我的许多细节，但青年的自我意识还不能统一，因此是不稳定和矛盾的。

一、青年自我意识的矛盾

青年自我意识的矛盾表现在许多方面，主要有以下几点。

(一)自我认识的矛盾

青年对自我认识的矛盾主要体现在主我与客我、理想我与现实我两方面。主我是青年真实的自我，客我是青年自己和他人评价中的自我。理想我是青年追求实现的理想中的完美自我，现实我则是青年实际的自我。青年对自我往往有较高的估计和评价，具有激情和理想，成就动机较为强烈。但社会并没有给予青年特别的关照和优待，这使得青年感觉到一种失落和巨大的反差。熊恋等(2010)选取 6 所中学和 3 所大学的学生进行研究发现，青少年自我概念的发展是不稳定和不平衡的，且自我概念随年级增长波动幅度较大。就大学阶段自我概念总分来看，大三得分最高，大四得分最低。[1] 大三到大四学生自我概念的波动说明了青年自我认识中理想我与现实我的矛盾。

(二)自我体验的矛盾

青年自我体验的矛盾主要体现在自负与自卑两方面。随着青年身心的成熟，从听从父母、教师这些重要他人安排的被动生活中，有了可以自己决策的机会。他们渴望承担社会责任与义务，并按照社会规范的要求去学习或工作，关注人生真谛，寻找人生知己，得到他人的尊敬。由于青年与父辈之间的代沟，以及父辈教育观念的相对滞后，使得青年有时看不起父辈一代，狂妄自大、盛气凌人、自我陶醉、唯我独尊。但在残酷的社会现实面前，青年还不能完全独立地应对复杂的社会环境，由此产生了对自己独立面对社会生活的担忧、犹疑和恐惧，怀疑自己的能力，进而自我否定，产生自卑感。研究发现，青年的自卑心理是基于社会比较而产生的一种暂时不如人的心理体验。自卑成为青年进步的动力抑或是障碍，取决于青年的自我调适能力。韩丕国(2014)的调查发现，社会比较方式不同的大学生，自卑心理水平存在显著差异，向上比较比向下比

---

[1] 熊恋，凌辉，叶玲.青少年自我概念发展特点的研究[J].中国临床心理学杂志，2010(4)：511－513.

较更多的大学生容易体验到更多的自卑心理。[1]

（三）自我调控的矛盾

青年自我调控的矛盾主要体现在理性与感性两方面。青年随着知识与生活阅历的增加，遇到问题会考虑社会的现实性以及客观条件的限制、自身的素质及条件等因素，但有时候对事物的变化表现出急促的反应，遇事不够冷静，容易冲动，感情用事，看问题偏激和表面化。

二、青年自我意识矛盾的成因

（一）心理失衡

在青年期之前，个体面临的发展任务相对比较简单，主要任务是搞好学习，处理好与父母、教师的关系，掌握一定的社会规范。但进入青年期之后，个体的发展任务不仅涉及个人，也涉及家庭、社会，比较繁杂。青年在自己有专长的发展任务方面，可以保持优势，心态比较阳光，情绪比较稳定。当面对很多新的发展任务时，如面对就业的压力，处理学习、工作、婚恋的关系与矛盾，人际关系的建立和交往技能的掌握等问题，心理优势受到挑战，容易产生心理冲突，出现焦虑、烦躁、自责、抱怨等不良心理与情绪，导致心理失衡。

（二）环境应激

个体在进入青年期之前的生活环境比较封闭，其自我意识在很大程度上是在父母、教师等重要他人的影响或约束下被动发展。进入青年期的个体开始走进大学或社会，生活相对独立。面对全新的环境，青年心里比较敏感和紧张，内心动荡不安，情绪体验更强烈且错综复杂。

（三）经济依赖

青年生理的发育成熟、心理的相对独立，使青年有了成人感，而且自主意识增强，渴望人格独立并获得他人的尊重，在涉及人生的一些重大问题上能够独立地进行抉择。但因为青年在经济上的非独立状态，导致青年人格独立的渴求受到一定的干预，使他们强烈地感受到理想的我和现实的我之间的距离，使得自我意识出现矛盾。

（四）就业压力

青年缺乏丰富的生活经验，挫折体验较少，对就业抱有较高的期待。他们没有现

[1] 韩丕国.大学生自卑心理：基于社会比较的研究[J].中国成人教育，2014(12)：122.

实基础的职业规划和雄心壮志，在就业压力的现实面前，往往感到无能为力，不知所措。如果体会到严重的心理冲突，会使其就业行为出现偏差，产生幻想、偏执、自卑、虚伪等心理问题。

扩展阅读

青年自我意识的整合类型

青年经过自我认识、自我体验、自我调控三方面的相互作用，逐渐完成自我意识的整合，但并不一定意味着青年自我意识的健康成熟，其整合结果具有以下几种类型。

1.自我肯定。青年经过多角度、客观地认识自我，以及对自我进行及时有效的调控，协调理想自我与现实自我的关系，最终成为一个尊重客观现实、积极主动生活、遵循社会规范的人，这标志着青年自我意识的健康成熟。

2.自我否定。青年经过自我认识，也可能在社会现实面前退缩，不能接纳自我，认为自己是没有多大价值的人，导致胸无大志、悲观绝望，甚至抑郁，放弃生活。

3.自我夸大。青年也可能将自我意识形成虚假的统一，使自己的定位脱离客观实际，盲目自尊，产生唯我的自我意识，夸大自己的价值，不可一世，唯我独尊，导致自我意识的虚幻。

4.自我冲突。自我冲突型的青年，其自我意识实际上没有完成整合，而是始终处于矛盾分化状态，难以统一。在心理与行为上表现为两面性，对自我的认识、体验和调控自相矛盾，导致内心苦闷，无所适从，遇事犹豫不决。

复习巩固

1.青年自我意识的矛盾主要体现在哪些方面？

2.青年自我意识矛盾的成因主要有哪些？

第四节　青年自我意识的完善

青年自我意识的发展虽然会经历痛苦和迷茫，但只要青年能够客观地认识自我，就会逐渐形成成熟和正确的自我意识。青年如何才能完善自我意识呢？下面着重阐述一些对策。

一、要具备健康的自我意识

青年自我意识的完善首先要解决的是具备健康的自我意识问题。美国心理学家马斯洛（A. H. Maslow）和密特尔曼（Bela Mittelmann）提出了心理健康的十条标准，其核心就是个体要具有健康的自我意识，认为心理健康的个体能够充分了解自己，评价恰当，理想自我和现实自我符合实际，自我意识和谐统一、情绪表达适当，能在规范的标准内发挥自己的个性、满足自己的需求。

美国心理学家库姆斯（Arthur W. Combs）认为心理健康的个体具有四种特质：积极的自我、对他人有适当的认同、敢于接受和面对现实、有丰富的应对经验。其核心依然是自我意识的健康，个体应有积极的自我认知和评价，能恰当处理与他人和现实的关系。

从自我意识的结构来看，青年健康的自我意识应包含以下三方面。

1.自我认知准确，自我评价客观。如果青年的自我认知不准确，自我评价片面主观，就会导致盲目自大或盲目自卑。

2.自我体验积极、适度。积极适度的情绪、情感能激发青年的行动，提高学习或工作效率，促进身心和谐。消极的自我体验会使青年丧失行动的动力。自我体验的过度化也会使青年过于悲观或盲目乐观。

3.自我调控有效。有效的自我调控包含两方面：一是青年需要对过去的自我和现在的自我有统一感，二是青年需要对理想的自我和现实的自我有统一感。如果青年无法建立这种统一感，则会与社会现实脱节，只能生活在虚幻的世界中。

总之，青年健康的自我意识，意味着自我意识结构和功能的一致、协调、整合和完整。

二、通过他人对自己的态度来认识自我

青年想要正确认识自己，不是一件容易的事情。美国心理学家约瑟夫·拉夫特（Joseph Luft）和哈林顿·英厄姆（Harrington Ingham）于1955年提出了一种方法，用

来帮助个体更好地认识自己，理解自己与他人的关系。该方法以两人的名字命名，称作乔韩窗口理论(Johari Window)，也被称作自我意识的发现——反馈模型(见表5—1)。

表5-1 自我意识的发现——反馈模型

	自己知道的	自己不知道的
他人知道的	公开区 A(公开自我)	盲区 B(盲目自我)
他人不知道的	隐秘区 C(隐秘自我)	未知区 D(未知自我)

从表5-1可见，公开区A(公开自我)，是个体自己和他人清楚认识到的自我部分；隐秘区C(隐秘自我)，是个体自己和他人都没有认识到的自我部分；盲区B(盲目自我)，是他人知晓，但个体自己不知晓的自我部分；未知区D(未知自我)，是个体自己与他人均不知晓的自我部分。乔韩窗口理论认为，如果个体能够把隐秘的自我转变为公开的自我，且能够对未知的自我有更深刻的了解和认识，就会促使个体更好地了解自己、认识自己，扬长避短，真正发挥自己的潜力。

俗话说："旁观者清，当事者迷。"如同人要看到自己的相貌，需要借助镜子一样，青年要真正认识自己，也需要借助镜子——他人。如果青年能把他人对自己的态度当作一面镜子，有助于认清自己是怎样一个人。比如，教师委托某个大学生担任一些工作，说明这个大学生受到教师的重视，具有某方面的能力。青年要特别注意从教师、父母、同学的批评中来认识自己。人的天性往往是喜欢听表扬、赞美的话，喜欢夸大、宣传自己的优点、成绩、功劳，而不愿意听批评意见，揭露自己的缺点和过错。青年要做到以他人批评作为改正自己的一面镜子，就需要超越戴"高帽子"和不喜欢揭短的天性，把批评看成是"良药苦口利于病，忠言逆耳利于行"。只有从内心深处真正接受他人的批评，才能勇于改正自己的缺点和过错，不断取得进步。当然，他人的态度并非完全正确，关键是要重视那些与青年接触比较多的人的异口同声的评价，因为它更能真实地反映青年的真实情况，对青年认识自己有更大的价值。

三、通过与他人的正确比较来认识自我

青年总是在与他人的比较中来认识自己的美与丑、优点与缺点、先进与落后、进步的快慢、能力的高低，但比较的结果常因比较方式的不同而大相径庭。

首先，青年要与自己地位、条件相似的同学、同事进行比较，以便找到自己的发展坐标，对自我有恰当的认识与定位。但要防止以与同学、同事过多地比较家庭的经济情况、容貌身材、穿着打扮、物质条件是否优越等来作为认识自我的依据，应该和同学、同事比志气、比贡献、比责任、比知识与能力、比学习勤奋等。青年在选择参照他人时，

应切合自己的实际情况，比较自己与他人相比身上可以变化的因素，如知识、学问、能力、修养等，而不能比较家世出身等不可变化的因素。

其次，青年要与历史上和当今社会的贤人、英雄、学者、先进人物进行比较。值得注意的是，青年在与这些优秀人物进行比较时，比较的应该是他们立身的准则、处世的态度、认真治学及治事的精神、不屈于困难或逆境的勇气等优秀个性品质，而不是他们的丰功伟业。若是将两者的轻重颠倒过来，将会失去比较的意义。因为青年无论在智慧、品德方面都有待提高，还不是那么出类拔萃，如果拿优秀人物的丰功伟业来衡量青年，不少青年会自惭形秽，把自己看成是失败者。

四、尝试不同的经验来正确认识自我

青年对外界的反映与参与活动，可以使自身的体力、智力、品德、兴趣、能力等内部世界更为具体化，并把它们表现出来。所以，青年要积极参加各种实践活动，尝试不同的经验，这是青年正确认识自我、完善自我的途径之一。例如，青年通过参加大学的社团活动和竞赛活动，能够认识自己的能力水平，丰富自己的实践经验，从中知道自己的兴趣、才能，发现自己的长处与不足，对自己有更清晰的认识和了解，找到适合自己的发展方向。

五、学会采用内省法反思自我

青年已具有相对成熟的思维，应该学会每日三省己身，对自我进行客观的反思。青年可以采用反思日志的形式，对自己定期进行积极主动的检查、审视，注意收集和虚心接受他人的意见，对自我再认识、再思考。青年要通过内省法，对客观的我、他人心目中的我、理想的自我有全面的认识，要理解理想的我与现实我的差距，立足社会现实，设定理想自我，并在实践活动中对自我进行不断的检验和修正。青年要用发展和辩证的眼光，看待自己的成长和不足，对自我进行综合的全面分析，才能形成客观的自我认识。

六、丰富自我体验，对自我进行调控

青年正处于求知欲和探索欲旺盛的时期，可以通过大量阅读人文社科类书籍，学习和借鉴他人的生活经验，丰富和完善自己的自我体验，逐步形成自己的生活哲学观，形成积极的自我体验，学会适当表达自己的情绪情感。青年要通过与他人的交往与沟通，来建构积极的自我情感支持体系，这也有助于青年发展积极的自我体验。同时，青年要不断培养自己正确的人生观和积极的人生态度，从而保持积极自我体验的动力作用。

青年遇事不够冷静，容易冲动，这就需要多学习和借鉴，要遵循“理想要现实，行动要计划，意志要健全”的原则对自我进行一定的调控。青年应该加强锻炼自己面对困难和挫折不气馁、不畏缩、勇于探索的意志品质，从而激励自己形成稳定的自我调控机制，不断进取，开拓创新。

复习巩固

1.青年健康的自我意识包括哪些内容？

2.青年如何通过正确的与人比较来认识自我？

3.青年应该如何反思自我，丰富自我的体验？

要点小结

1.自我意识是个体对自我、周围世界，以及自我与周围世界关系的意识反映。关于自我意识的心理学理论有很多，较为经典的有詹姆斯的自我论、哈特曼的自我心理学、埃里克森的同一性理论。

2.自我意识是一种多维度、多层次的心理系统。对其结构，心理学界有几种不同的观点。弗洛伊德将自我划分为本我、自我和超我。我国心理学家提出自我意识的发展要经历生理自我、社会自我、心理自我三个阶段。另外，从知、情、意三个层次来看，可以将自我意识划分为自我认识、自我体验和自我调控。

3.青年自我意识形成的信息来源：内省、社会比较、他人的信息反馈。青年自我意识发展的特点是自我认识有较大提高，自我体验矛盾而丰富，自我调控能力增强，但青年的自我意识还有待成熟与完善。

4.自我同一性是指个体关于自己是谁，在社会上应占什么样的地位，将来准备成为什么样的人以及怎样努力成为理想中的人等一系列的感觉。如果自我同一性不能建立，会导致个体社会角色的混乱，甚至出现自我同一性扩散症候群。

5.青年自我意识矛盾体现为自我认识的矛盾、自我体验的矛盾和自我调控的矛盾，其根源为心理失衡、环境应激、经济依赖、就业压力。

6.青年可通过以下途径完善自我意识：要具备健康的自我意识，通过他人对自己的态度来认识自我，通过与他人的正确比较来认识自我，尝试不同的经验来正确认识自我，学会采用内省法反思自我，丰富自我体验，对自我进行调控。

关键术语

自我意识	self-consciousness
自我认识	self-knowledge
自我体验	self-experience
自我调控	self-regulation
自我同一性	self-identity

复习题

一、单项选择题

1.个体对自己的身体、衣服、财物、家人、家庭等的意识属于(　　)。

A.生理自我　B.物质自我　C.社会自我　D.精神自我

2. 埃里克森认为,20～29岁青年的社会心理危机主要是(　　)。

A.主动性对内疚感　B.亲密对孤独

C.勤奋对自卑　D.自主对羞怯、怀疑

3.超我,是泛道德、伦理角度的“我”,代表着(　　)。

A.社会规范的个体的良心　B.潜意识

C.非理性心理能量　D.意识

4.个体通过对自己的观察,进行分析综合,认识到自己的本质特点,形成对自己各个方面的价值判断,这是(　　)。

A.自我体验　B.自我调控　C.自我认识　D.自我提高

5.个体对自己的理想、职业、人际关系等一系列问题能够认识思考,有了确定和积极的看法,这是属于(　　)。

A.同一性混乱　B.同一性排斥　C.同一性获得　D.同一性延缓

二、多项选择题

1. 奥地利心理学家哈特曼自我心理学的观点有(　　)。

A.个体的自我发展并非必须在本我和超我的冲突与防御中发展

B.无冲突的自我领域是存在的

C.自我是个体所拥有的一切的总和

D.本我与自我均来自于遗传

2.青年自我意识形成的信息来源主要有(　　)。

A.他人的监督　B.社会比较　C.内省　D.他人的信息反馈

3.美国临床和发展心理学家詹姆斯·E.马西亚认为,个体自我同一性发展可能要经历的不同阶段有(　　)。

A.自我同一性扩散期　B.自我同一性解离

C.自我同一性闭锁期　D.自我同一性中止期

4.青年自我意识的整合结果有多种类型,包括(　　)。

A.自我肯定　B.自我否定　C.自我夸大　D.自我冲突

5.青年自我意识矛盾的成因有(　　)。

A.心理失衡　B.环境应激　C.经济依赖　D.心理压力

三、判断对错题

1.青年自我同一性不能建立,将导致人格分裂。(　　)

2.自我意识是意识发展的高级阶段,被视作人与动物的心理分界线。(　　)

3.自我同一性扩散症候群个体会产生自我高估、自我骄傲、自我怀疑。(　　)

4.青年非常有必要建立与他人的亲密关系,这是青年适应社会,健康成长的生活基础。(　　)

5.青年要通过与他人的正确比较和尝试不同的经验来认识自我。(　　)

第六章　青年的道德价值观与教育

本章你要学习什么？

在各种文化思潮泛滥、价值多元的社会，道德价值观对青年的社会适应和生存发展具有重要的意义。本章将带你了解青年道德价值观的含义及意义，认识道德价值观的理论，分析青年道德价值观的特点及影响因素，探讨青年道德价值观的培养途径和教育策略。通过本章的学习，你将能够把握正确的道德航向，建立正确的道德价值观，并能用正确的道德价值观为自己的发展保驾护航。

第一节 概 述

道德价值观是青年道德社会化的主要内容，影响着青年道德境界的高低。作为处在时代发展前沿的青年，应该树立正确的道德价值观，才能在现代社会立足，得到更大的发展。

一、道德价值观的含义

道德价值观(moral values)是价值观的一种。价值观(values)是个体对事物的重要程度、偏好程度的评断与看法，是一种独特、持久的信念。道德价值观是个体根据自己的道德需要对各种社会现象是否具有道德价值做出判断时所持有的内在尺度，是个体坚信不疑的各种道德规范所构成的道德信念的总和[1]。

二、道德价值观的分类

学术界对道德价值观的分类不尽相同。

第一种是把道德价值观分为做人与做事两个层面：(1)做人层面，例如，宽恕、诚信、忠贞、睦邻、礼节、孝悌、良心、正义、知耻、仁爱、和平、节俭、廉洁、谦虚、容忍、毅力及勇敢等；(2)做事层面，例如，守法、服从、合作、团结、负责、有恒、服务、整洁及安分守己等。

第二种是把道德价值观分为公德与私德两个领域：(1)公德，指存在于社会群体中的道德，例如，和平、爱国、睦邻、服务、团结、正义、助人等；(2)私德，指存在于私人生活中的道德，例如，良心、宽恕、真诚、礼节、孝顺、友爱、诚恳、知耻、守信、守法、谦虚、仁爱、廉洁、节俭、勇敢、负责、有毅力等。

第三种是就道德价值观的规范对象而言，分为三个层面：(1)规范自己与非特定对象，例如，公正、正义、助人、和平、博爱、宽恕、礼节及服务等；(2)规范自己与特定对象，例如，友爱、合作、守法、孝顺、信实、爱国、睦邻、团结、忠贞及容忍等；(3)规范自己，例如，良心、知耻、负责、勇敢、节俭、勤学、服从、谦虚、毅力及廉洁等。

三、道德价值观对青年发展的意义

2001 年 10 月，我国颁布了《公民道德建设实施纲要》，提出了“爱国守法、明礼诚

---

[1] 黄希庭，张进辅，李红等.当代中国青年的价值感与教育[M].成都：四川教育出版社，1994：147.

信、团结友善、勤俭自强、敬业奉献”的基本道德规范，以及“文明礼貌、助人为乐、爱护公物、保护环境、遵纪守法”的社会公德，“爱岗敬业、诚实守信、办事公道、服务群众、奉献社会”的职业道德，“尊老爱幼、男女平等、夫妻和睦、勤俭持家、邻里团结”的家庭美德。2012 年，党的十八大报告用 24 个字概括了社会主义核心价值观，从国家层面看，是“富强、民主、文明、和谐”；从社会层面看，是“自由、平等、公正、法治”；从公民个人层面看，是“爱国、敬业、诚信、友善”。这些核心价值观涵盖了社会生活的各个领域，适用于不同社会群体，是每个公民都应该遵守的行为准则，也是青年道德价值观发展的目标和方向。

青年期是道德价值观发展的时期，良好的道德价值观对青年的身心发展起到调节和促进作用。首先，良好的道德价值观有助于青年遵循社会主义道德规范，掌握道德准则，消除陈规陋习，培养良好的道德品质，符合社会主义精神文明的要求；其次，良好的道德价值观可以使青年正确认识自我、改造自我、促进自我意识均衡发展，达到积极统一；最后，良好的道德价值观有利于青年端正认知和行为动机，培养高尚、健康的兴趣，形成积极的性格。

四、道德价值观的测量

（一）重要性排序法

该方法要求被试从量表所提供的多项道德价值中，选择多个项目并依其重要性作出排序。例如，在美国心理学家罗克奇（M. Rokeach）的价值量表中，道德价值内涵包括整洁、勇敢、宽恕、服务、真诚、亲爱、服从、礼节及负责九个项目，被试依自己的想法，将每一项目依其重要性排列等级，以此显示每个价值项目的相对重要性，并据此推知被试的价值体系。在“社会道德反应测验”中，包括信守诺言、不说谎、反对偷窃、助人、拯救生命、遵守法规、履行职责等道德价值观，要求被试进行重要性选择排序，尽可能详细地解释排序及选择的理由，然后研究者对他们的回答进行分析与研究。

（二）道德两难情境法

该方法主要由美国著名心理学家科尔伯格（L. Kohlberg）创造。要求被试对两难的道德情境做出道德判断，并阐明判断的理由。研究者可以通过信效度比较高的道德两难问卷，探究被试做出道德判断的理由，从而推论被试的道德认知阶段与道德发展情形；或者自编道德判断问卷，对被试进行个别访谈，以了解被试道德判断能力的高低；也可以给被试提供道德反应的背景情境，要求他们做出道德抉择，并阐明抉择的理由。

(三)李克特量表法

该方法是研究者先确定道德价值观量表的构想,根据构想编制简短的语句,要求被试根据其重要性或符合性作答。例如,"在公交车上青年人不给老年人让座是一种可耻的行为,你的意见是以下哪一个选项?"要求被试从"非常赞同、赞同、不知道、不赞同、非常不赞同"五个等级中选出一个认同的选项。

上述各种测量道德价值观的方法各有利弊。重要性排序法可以看出被试重视或不重视的道德价值项目,但不宜呈现过多项目,否则容易因被试缺乏耐心乱填而失去信度;道德两难情境法能够深入探究被试做出道德判断的理由,但因访谈人员需要经过专业训练、访谈花费的时间及人力较多,解释不易,较少为一般研究者使用;李克特量表法的优点是适合团体施测、经济省力,但可能无法测量被试真实的感受与当时评定的理由。所以,在测量道德价值观时,要考虑使用多种方法,以便取长补短。

复习巩固

1.什么是道德价值观?它对青年的发展有何意义?

2.道德价值观的测量方法有哪些?

第二节　道德价值观的理论

对于道德价值观的研究，许多研究者提出了自己的理论。这些理论从不同的角度探讨了道德价值观的形成，对青年更好地认识和理解道德价值观具有启发作用。

一、班杜拉的社会学习理论

美国著名心理学家班杜拉（Bandura，1977）的社会学习理论（social learning theory）强调环境、个人与行为三者的交互影响关系，认为个体可以通过观察和模仿从而习得道德行为，获得正确的道德价值观。

班杜拉认为观察学习由四个阶段构成：(1)注意阶段。这是观察学习的起始环节，示范者行动本身的特征、观察者的认知特征以及观察者和示范者之间的关系等诸多因素影响着学习的效果。(2)保持阶段。在这一阶段，示范者虽然不再出现，但其行为仍给观察者以影响。要使示范行为保持在观察者的记忆中，需要把示范行为进行言语编码并加工为表象，以便示范行为能够保持在观察者的长时记忆中。(3)动作复现阶段。这一阶段是把记忆中的符号和表象转换成适当的行为，即再现以前所观察到的示范行为。这一过程涉及运动再现的认知组织，根据信息反馈对行为进行调整等一系列认知和行为操作。(4)动机阶段。观察者是否能够经常表现出示范行为要受到行为结果因素的影响。行为结果包括通过外部因素对观察者行为的直接强化，也包括观察者看到榜样受到强化，使自己倾向于做出相同榜样行为的替代性强化，以及当人们达到了自己制订的标准时，以自己能够控制的奖赏来加强和维持自己行动过程的自我强化。班杜拉把直接强化、替代性强化、自我强化看成是学习者再现示范行为的动机力量。

班杜拉根据观察学习的原理提出了一套建立良好的道德行为、改正不良的道德行为的方法，即利用道德榜样的力量，使学习者能够抑制不良行为，增加道德行为，建立较实际的自我道德评价标准，培养自我道德控制能力。

1.在观察学习方面，个体的道德行为和道德价值观的形成是通过对父母、师长、同伴等榜样的观察与模仿学习而来。道德教育应重视提供良好的榜样，善于利用榜样来教育观察者。

2.在示范作用方面，道德行为的示范作用能传递给观察者行为的信息，如什么样的行为会带来什么样的后果，道德判断的选择条件等。此外，道德行为的示范作用也能引发或助长观察者已具备却受到抑制的道德行为，激发观察者的道德感并使其形成稳定的道德价值观。因此，道德教育应尽量使榜样的示范作用发挥最大效力。

3.在强化作用方面，许多道德行为都因强化而保留或持续。道德教育应适时提供外在强化、替代性强化以及自我强化，使得个体形成正确的道德价值观并持续表现已有或已习得的道德行为。

4.在自我调节方面，个体因为能进行自我调节，所以可以察觉到环境中对自己具有吸引力的各种诱因，并能通过预期自己行为可能产生的后果来调节并控制自己的行为。道德教育应重视引导个体发展自我评价和自我反省能力，才能使其形成正确的道德价值观并自觉调节道德行为。

二、科尔伯格的道德发展阶段论

美国著名心理学家科尔伯格（L. Kohlberg，1977）在皮亚杰的研究基础上，采用“海因兹偷药”的道德两难故事，研究了青少年的道德判断，提出了道德发展阶段论。

扩展阅读

科尔伯格的道德两难研究——海因兹偷药的故事

科尔伯格对道德认知发展的研究方法最初直接来源于瑞士著名的心理学家皮亚杰的对偶故事法，即通过向被试讲解故事的方法让他们判断研究者所设计的行为问题类型，从被试对特定行为的评价中去分析他们的道德认知。科尔伯格把皮亚杰的对偶故事法改成道德两难故事。道德两难故事保留了对偶故事法的简洁故事形式和冲突性特点，其中最典型、最为人熟知的便是“海因兹偷药”的故事。

故事情节是：欧洲有个妇女患了癌症，生命垂危。医生认为只有镭化剂这种药才能救她的命。一个药剂师发明了镭化剂，而他竟将这种药索价为 2 000 元。病妇的丈夫海因兹到处向熟人借钱，总共才借到 1 000 元，只够药费的一半。海因兹不得已，只好告诉药剂师，他的妻子快要死了，请求药剂师便宜一点儿把药卖给他，或者允许他赊欠。但药剂师说：“不成！我发明该药就是为了赚钱。”海因兹走投无路，在夜晚竟撬开药店的问题门，为妻子偷来了药。

研究者问儿童被试的是：(1)海因兹应该偷药吗？为什么？(2)他偷药是对还是错？为什么？(3)海因兹有责任或义务去偷药吗？为什么？(4)人们竭尽所能去挽救另一个人的生命是不是很重要？为什么？(5)海因兹偷药是违法的。他偷药在道义上是否错误？为什么？(6)仔细回想故事中的困境，你认为海因兹最负责任的行为应该是什么？为什么？

科尔伯格所关心的并不是被试对这些两难问题回答"是"或"否"，而是他们回答问题时如何推理。研究者在与被试的交谈的过程中还可以提出新问题来帮助理解他们的推理，并注意他们回答背后的推理，根据被试对这些问题的反应划分出个体道德判断的发展阶段。

科尔伯格认为，道德发展的基础是道德推理。道德发展具有固定顺序的阶段，即由低级阶段进入高级阶段。它不是通过直接的生物成熟，也不是通过直接的学习经验，而是通过机体与环境相互作用的心理结构的重新组织过程而实现的。道德价值观教育的基本目的是促进这些阶段的发展。科尔伯格通过研究把青少年的道德判断分为三级水平六个阶段(见表 6-1)。

表 6-1　科尔伯格道德判断的三级水平六个阶段

道德判断水平	道德判断阶段	对海因兹偷药故事的反应
第一级，前习俗水平 根据行为的直接后果和自身的利害关系判断好坏是非。	阶段 1，服从和惩罚定向 评定行为好坏着重于行为结果，服从权威，受赞扬的行为是好的，反之则是坏的。	赞成者认为，海因兹偷药是因为他先提出请求，没偷大的东西，不该受罚；反对者认为，海因兹偷药会受到惩罚。
	阶段 2，朴素利己主义定向 评定行为的好坏，主要看是否符合自己的要求和利益。	赞成者认为，海因兹妻子需要药，他要与妻子生活；反对者认为，海因兹妻子在他出狱前可能会死，偷药没好处。
第二级，习俗水平 着眼于社会的希望和要求，依据行为是否有利于维持习俗秩序，是否符合他人愿望进行道德判断。	阶段 3，好孩子定向 凡取悦、帮助别人以满足他人愿望的行为是好的，否则是坏的。	赞成者认为，海因兹做了好丈夫应做的事；反对者认为，海因兹的做法会给家庭带来苦恼和丧失名誉。
	阶段 4，维护权威和社会秩序的定向 正确的行为是尽到个人责任，尊重权威，维护社会秩序，否则是错误。	赞成者认为，海因兹不该这么做，他要为妻子的死负责；反对者认为，海因兹救妻子的命是自然的，但偷东西犯法。

续表

道德判断水平	道德判断阶段	对海因兹偷药故事的反应
第三级,后习俗水平 开始考虑全人类的正义和个人的尊严,认识到法律的人为性,着重根据个人自愿选择标准进行道德判断。	阶段5,社会契约定向 法律的道德准则是大家商量约定的,可以改变,不能以不变的规则去衡量人。	赞成者认为,法律没有考虑海因兹的具体情况;反对者认为,海因兹无论情况多么危险,不能采用偷的手段。
	阶段6,普遍的伦理原则定向 考虑到他人具体情况,关心他人幸福,认为个人依据自己选定的道德原则去做是正确的。	赞成者认为,尊重生命、保存生命的原则高于一切;反对者认为,别人是否存在海因兹妻子急需这种药的情况,要考虑所有人生命的价值。

科尔伯格认为,青年的道德判断一般处于第三至第五阶段,后习俗水平经常在大学生中产生。在实际生活中一些青年达不到后习俗水平,他们的道德判断未超越第三或第四阶段。

三、吉利根与诺丁斯的关怀伦理学

关怀伦理学(care ethics)最早始于美国女性主义心理学家吉利根(C. Gilligan),她针对传统偏执于男性的道德心理学盲点提出质疑,接着美国的诺丁斯(N. Noddings)从哲学的立场指出关怀应是道德的重要成分。吉利根与诺丁斯均认为道德的认知应该在真实的脉络中作灵活的判断,不能受制于孤立抽象的原则。其差异在于吉利根从心理学的角度切入,诺丁斯则采用哲学的观点认为人类的道德发展是在母性自然的关怀天性中逐渐发展而成。

(一)吉利根的女性道德发展思想

吉利根指出,在道德发展研究的理论建构时期,女性是被排除在外的。吉利根同意男女有别的事实,但却不认为可以对这些差别赋予价值判断。传统的道德理论总是先对"善"做界定,要求女性要符合男性发展观点规范下"善"的角色,然后再依照男性的道德判断标准认定女性在道德发展阶段上属于较低层级。然而女性的道德发展确实有别于男性,包括对人际关系、男女关系及两性与子女关系的认识都与男性有所不同。

吉利根将女性道德发展分为三个阶段及两个过渡时期。

1.自我生存的道德阶段。该阶段的道德发展是自我生存的自利导向,个体以自我生存为主要考虑因素,选择什么是实际的,是对自己最好的,会遵从规则以获得奖赏并避免惩罚,只有在自身的需求有冲突时才会产生道德的问题。

在进入第二阶段时会经历第一个过渡期，此过渡期是由自私转变为责任的时期。个体把自身界定在与他人的互动接触范围内，个人的意愿与对他人的责任之间的冲突可视为“愿意做”与“必须做”之间的冲突。

2.自我牺牲的道德阶段。该阶段的道德判断来自社会规范与社会认同，主要考虑他人的需求以及对自己的期许。个体相信为了成为他人眼中的好人并为他人所赞许，必须牺牲自己的需求以满足他人的需求。

第二阶段到第三阶段间将出现第二个过渡期，这一过渡期是由“善”转变到真理的时期。女性开始懂得关怀的道德，包括对自己与他人的关怀，认为行为的情境、意图与后果重于对他人的评价，将“善”界定为自我牺牲与和谐的关系。但自我牺牲是手段，其目的仍在于满足自己与他人的需求。

3.不伤害的道德阶段，这是道德发展的最高层次。个体视自己的需求与他人的需求同样重要，由牺牲自己以取悦他人的想法转而认为团体要尽可能地满足每个人的需求。当不同个体的需求无法全部获得满足时，就需要所有人共同牺牲。个体不会诉诸暴力，认为故意伤害自己与他人是不对的，关怀成为普遍的道德义务与责任，个体与他人需求间的平衡是透过和谐与不伤害的原则来解决的。

生活中的心理学

案例：2013感动中国十大人物——最美女教师张丽莉

张丽莉，女，28岁，黑龙江省佳木斯市第十九中学初三(3)班的青年班主任。2012年5月8日放学时分，张丽莉在路旁疏导学生。一辆停在路旁的客车，因驾驶员误碰操纵杆失控，撞向学生。危急时刻，张丽莉向前一扑，将车前的学生用力推到一边，自己却被撞倒了。车轮从张丽莉的大腿辗压过去，肉都翻卷起来，路面满是鲜血，惨不忍睹。被轧伤后她有时清醒有时昏迷，在送医院的途中，还对大家说：“要先救学生。”昏迷多天后，张丽莉醒来的第一句话是：“那几个孩子没事吧？”

经过抢救，张丽莉被迫高位截肢。她的亲人和医护人员都不敢想象她知道真相的后果会是怎样，但张丽莉很快接受了事实，还反过来安慰父亲说：“当时车祸的场景我还记得，很幸运，如果车轮从我的头碾过去，你们就看不到我了，我救了学生，也保住了命，今后一定会幸福的。”有人问张丽莉，“你后悔吗？”她回答：“不后悔。这样做是我的本能。我已经28岁了，我已和父母度过28年的快乐时光。那些孩子还小，他们的快乐人生刚刚开始。”

(二)诺丁斯的关怀伦理学

诺丁斯以女性经验为基础,强调女性经验有其独特性,甚至有其优越性。大多数女性并不把道德问题当成是原则、推理及判断的问题,相反,女性透过对情境中具体因素的考察,用关怀的态度来对待自己与他人。

诺丁斯主张关怀是人性共同的天性潜能,是男女都应发挥的人性与道德之善。它是一组爱的情感,在关系中产生,也在完满的关怀关系中通过助人与自我实现来完成,且通过后天的经验(特别是接受关怀鼓励与启发)会发展得更广。对他人的关怀并不是用普遍化的法则去等同所有人,而是把自我与他人的关系纳入类似母性关系的关怀情境中,要特别重视他人在不同情境的不同需求。重视他人表现在人际脉络中发自内心的珍视他人的情感、想法、需求并给予恰当的回应,是在人际互动中的专注与关怀,不同于诉诸不带情感或是用公平原则来分配的普遍法则。

由吉利根与诺丁斯所开创的关怀伦理学是女性主义重要的伦理学基础,它在道德哲学上提出相对于男性精神的女性精神,相对于道德推理的道德态度,以及相对于父系语言的母系语言。关怀伦理学主张道德源于关怀,源于人最深刻的感受,而感受则根植于接纳、关系与回应中。此外,关怀伦理重视人的情感和意志,重视具体他人与特殊的关系情境,强调实践与责任;关怀伦理学相对于传统道德认知理论关注"何谓道德"的问题,更为重视"如何道德地与他人相遇"。关怀伦理不仅彰显了女性的道德意识,也引起了哲学界、心理学界,甚至是其他女性主义学者的思考。

复习巩固

1.班杜拉的观察学习分为哪几个阶段,对道德教育有何启示?

2.科尔伯格的道德发展阶段理论的要点有哪些?

第三节　青年道德价值观的特点

自改革开放以来，我国青年的道德价值观发生了很大的变化，表现出自己的一些特点。本节将从青年道德价值观的一般特点和阶段性特点进行分析。

一、青年道德价值观的一般特点

进入青年期之后，个体一项重要的发展是以整体的道德价值观来取代儿童少年期的道德观念，行为也更有自制，不再像以前那样经常需要父母、教师的限制与管教。青年必须承担起先前父母、教师所承担的自制任务，要对以前习得的某些道德观念加以评价和修改。

（一）青年道德观念的特点

青年对父母、教师所认为的“是非”观念，不再像儿童少年期一样毫不迟疑地一概接受，而是以过去建立的道德观念为基础，建立自己的道德意识，以合乎更成熟的标准。

我国陈欣银(1987)对大学生的道德判断进行了调查研究，结果表明，在大学生心目中的道德判断的重要性从大到小依次是：真诚、平等、利他、尊老、集体、责任、报答、律己[1]。寇彧(2002)对不同青少年的价值取向所做的研究发现：大学生对“接受权威”的评价最低，并呈现出随大学生年级增高而评价降低的趋势。大学生将“个人主义”的价值取向放在第一位，将“平等”的价值取向放在第二位，而对”接受权威”的价值取向最不重视[2]。这些研究表明，对大学生来说，集体观念和权威观念的价值比中小学生降低了，而个人主义和需要表达、真诚、平等、利他等观念被看得更重。总之，青年的道德观念已有较大的发展变化，但仍然不完备。

（二）青年道德判断的特点

1.道德判断的深刻性

青年智力上的成熟、思维能力的发展，以及自我意识的形成，促使他们形成真正道德意义上的道德判断。逻辑思维能力是道德判断的主要条件。儿童的思维只是对具体事物直观的认识，表现在判断上只是一种肤浅的简单判断。例如，儿童能判断：“偷

[1]　陈欣银.德性结构的基本成分及其发展初探[J].心理科学通讯，1987(2)：23—30.

[2]　寇彧.青少年道德判断、价值取向发展及其与道德观念影响源之关系[J].应用心理研究，2002(14)：151—187.

东西是坏孩子”“帮助同学，应该表扬”，等等。这些判断命题对青年来说，就需要从多方面来深刻分析“为什么会偷东西？偷了什么东西？是否偷到？”然后才能做出道德上的判断。

我国张将星(2011)调查分析了大众媒体对青少年道德价值观的影响，指出大学生对媒体的道德价值观影响已经具有一定的判断能力，对媒体的道德价值观传播是选择性接受。绝大多数大学生能够正确持有媒体参与过程中的道德价值观，对侵犯别人隐私和权利的做法表示反对。大学生上网更倾向于选择阅读和观看新闻、电影题材作品，更倾向于接纳媒体的责任、宽容、感恩等道德价值教育。60%以上的大学生能够理性对待网络游戏附着的价值观影响，对游戏中含有的攻击、自私、浪费等负面内容能够正确认识[1]。可见，青年的道德判断要比儿童少年深刻得多，考察人的行为价值已经深入内心世界，要兼顾个人与周围世界广泛的联系。

2.道德判断的矛盾性

主要表现为青年对自我评价过高或过低。例如，青年对自己的评价有时比较自信，有时又妄自菲薄。在青年对他人的社会评价中，一方面，青年的自我意识产生了独立批判性、不盲从性；另一方面，青年的自我意识在坚持独立性时，也会产生盲目性，表现为有时把正确的东西都一概否定。我国邱玲、龚春明(2004)对江西大学生道德价值观的研究指出，76.9%的学生认为“人应该讲信用”，78.5%和73.8%的学生反对考试舞弊、论文抄袭等非诚信行为，但同时有46.1%的学生有过不守诺言的事实。大学生不守信用、不重承诺现象时有发生，考试舞弊现象屡禁不止[2]。李晓冉、韦亚星(2010)对高职院校大学生的研究也发现，他们一方面希望人格高尚、获得幸福以及内心平静，另一方面并不排斥追逐金钱、升官晋级和明哲保身[3]。这种矛盾性说明了青年对社会道德现象的认识还不够深刻、成熟，也是判断能力不强的表现。

（三）青年良心的特点

良心(conscience)是个体在同他人和社会关系上对自己的行为负有道德责任的自觉意识，通常是捍卫一定的道德内容，维护社会生活中巩固下来的道德价值体系。良心作为一种自觉的道德意识，最敏锐地表达了道德满足或不满足的感觉，是个人道德自我意识和自我觉知的表现，是理性意识和感性体验的特殊混合物。良心既包含对自己行为是非善恶的认识，又包括责任感、同情感、羞耻感、罪疚感等道德情感，还涉及在

---

[1] 张将星.大众媒体对青少年道德价值观影响调查分析[J].教育研究，2011(4)：105—110.

[2] 邱玲，龚春明.当代大学生道德价值观调查报告[J].成都教育学院学报，2004(9)：38—40.

[3] 李晓冉，韦亚星.高职院校学生道德价值观现状调查分析与启示[J].继续教育研究，2010(6)：139—141.

一定道德认识和情感的推动下的道德意志和行为，是道德的知、情、意、行诸多心理因素的综合统一。

良心对青年道德的作用主要表现在：在行为之前，良心能帮助青年进行行为选择；在行为中，良心是青年行为的监督和调节者；在行为之后，良心能对青年的自我评价产生作用。因此，人们形象地把良心比作“道德的卫士”“内心的道德法庭”或“内在法庭的审判官”是有一定道理的。但良心对青年个人行为究竟起多大作用，最终要靠社会实践来检验。

在青年期，人际关系的和谐融洽是青年最希望达到的效果（李晓冉、韦亚星，2016）。社会期望青年能有控制行为的动机，从而促使青年良心的发展。在青年良心的发展过程中，被群体所接受的行为，伴随的是愉快的情感体验；而不受群体赞赏的行为，伴随的是不愉快的情感体验，由此产生罪疚感与羞耻感。罪疚感是一种内在的控制，其功能是当青年觉察到自己的行为不合乎社会的要求时，随即产生不良的情感反应。羞耻感是当青年知道别人对自己的行为有不良评价时产生的不良情感反应。罪疚感受到“内在的指引”（inner directed），羞耻感则受到“外在其他因素的指引”（other directed）。这两种道德情感对青年行为的控制，都具有极大的重要性。良心谴责会给青年带来痛苦，并能达到持久和强烈的程度，使其感到内疚和羞耻，阻止非道德行为的产生，促进道德行为的实现。

二、青年道德价值观的阶段性特点

青年道德价值观的发展具有明显的阶段性，要经历从不完善向完善、不稳定向稳定、不平衡向平衡、不成熟向成熟的发展过程。青年期道德价值观的发展包括以下三个阶段。

（一）青年早期道德价值观的特点

随着青年认知能力、自我意识的发展和生活经验的增加，其早期的道德观念有了较大的发展，对道德概念的理解更加深刻，道德判断有了明确的独立性和批判性；道德情感的体验更加丰富；道德意志的坚持性及道德行为的目的性、主动性、持久性都有了长足发展。但由于知识经验的局限，思维发展的不平衡，尤其是实践锻炼的缺乏，青年早期道德概念的掌握仍停留在对现象的认识上，容易产生偏激。所以青年的道德判断常带有一定的简单盲目性；道德情感易受具体情境的影响，理智性还不太强；道德行为常受情绪影响，道德认识与道德行为常出现脱节的情况，有时存在言行不一、动机与效果相悖、理通情不达等现象。这一时期的青年道德价值观还未成体系。

(二)青年中期道德价值观的特点

青年中期对道德概念的把握更加广泛深刻,道德信念初步形成,能对一些复杂的道德现象做出正确的判断;道德情感开始与重大的社会问题、人生问题和理论问题相联系,表现出了明显的原则性和理智性;道德行为的自控能力和平衡性大为增强。青年道德价值观的体系结构已具雏形。但由于社会实践和人生经历还不够广泛深入,青年中期对一些复杂的道德现象和道德关系仍看不透、摸不准,道德信念尚不稳定,道德认知与道德行为的不平衡仍比较明显。道德价值观虽然有了进一步的发展,但还不够成熟和完善。

(三)青年晚期道德价值观的特点

青年晚期的辩证逻辑思维能力迅速发展,实践经验也丰富起来,对社会、人生,特别是人与人的关系有了深刻的认识和理解,世界观、人生观、价值观都已形成。因而青年对许多复杂的道德现象和道德关系有着独立的深刻认识,形成了稳定的道德观念,而且道德情感具有稳定性,道德行为表现出理智性和平衡性。多数青年的道德价值观在这一阶段日臻成熟和完善。

复习巩固

1.青年道德价值观的一般特点是什么?

2.青年道德价值观的阶段性特点有哪些?

第四节 青年道德价值观的影响因素

青年道德价值观的形成是一个系统工程，受多种因素的影响，个人、家庭、学校、社会等因素都对青年道德价值观的形成起到重要的作用。

一、青年的个人因素

一些研究发现，青年的年龄、性别、智力等因素都会对其道德价值观产生重要影响。

(一)年龄

青年期是儿童少年向成熟的成人期过渡的重要转折期，我国社会转型的高速度及各种不稳定、消极的因素，使青年的道德价值观呈现出不稳定性与矛盾性的特点。有研究发现，青年时期道德认知水平和道德判断能力的发展对其道德价值取向具有明显的制约作用。一些青年的价值意识明显表现为利己主义和个人主义占上风，突出地表现在对学业成功的自我关注和物质金钱观上，在价值观上带有公私融合、注重个人的特点。

(二)性别

性别对青年道德价值观的发展也会产生影响。我国杨韶刚、万增奎(2012)对青少年的研究发现：男性在“信”和“耻”的认同上高于女性，而在“忠”上，女性的认同高于男性。这是因为男人不讲信用、失去羞耻心，就会被他人戳脊梁骨。而女人更易受传统伦理的影响，更看重对父母、家庭的忠心，不可背叛家庭伦理。另外，女性对平等和责任的认同高于男性，男性在“团结”“荣耻心”的认同上比女性排序靠前。在对嫖娼的态度上，男性的宽容性要高于女性，但在对离婚的态度上，女性的宽容性则高于男性。在对不孝敬父母、见死不救、性自由上，男性显得更为宽容[1]。

(三)智力

智力作为一般认知能力对道德判断的发展也有影响。美国心理学家赫胥和欣德朗(Hirschi & Hindelang，1997)的研究表明，智商与犯罪之间存在着间接的因果关系，即低智商导致青年学业成绩差，继而对学校产生消极的态度，最后转向从事犯罪行为；而高智商的青年学业成绩好，对学校持积极态度，更容易接纳和内化传统价值观和

[1] 樊浩.中国伦理道德报告[M].北京：中国社会科学出版社，2012：156－190.

行为规范，也就不太可能从事犯罪行为。美国心理学家克罗克和霍金斯(Crocker & Hodgins)对30岁之前的青年进行研究并指出，智力迟缓的青年在学校读书时被安插到一些特殊班级中，更容易因犯罪而被判刑。但高智商并不能保证个体具有较高水平的道德意识和道德行为，缺乏社会经验、父母教养方式不良、求学经验不足等同样会影响个体的道德意识和道德行为[1]。可见，智力是道德价值观发展的一个必要条件，而不是充分条件。

二、青年的家庭因素

家庭对青年道德价值观的发展所产生的影响是最早、最深远、最持久的。我国台湾王令瑩(2001)、吴明清(1983)等人从对不同家庭背景的研究对象中发现，父母的教育程度、职业、家庭状况、管教方式等会影响青年的道德价值取向。下面主要从家庭氛围和家庭教养方式进行阐述。

(一)家庭氛围

家庭氛围指的是家庭成员之间交往互动时发生的某种情绪和所采用的方式。家庭氛围会影响青年形成不同的道德价值观。家庭笼罩着权力与强制，家庭情感处于霸道与无理性之中，在这种氛围中成长的子女容易滋生任性、自私、无同情心或者是暴虐、退缩的情感与行为。在家庭缺少情感交流和心灵沟通气氛中成长的子女，易患现代社会"道德冷漠综合症"，表现出事不关己、无动于衷、自我封闭等问题。在相互关心、相互支持的家庭气氛中长大的子女能形成自尊自爱、关心他人、关爱家庭和关注社会的情感与行为。郭俊伟等人(2008)利用家庭环境量表对青年暴力罪犯(实验组)和某学校青年职工(对照组)比较研究表明，青年暴力罪犯组的家庭亲密度、情感表达、娱乐性、组织性明显低于对照组。青年暴力犯罪组的家庭气氛不融洽、家庭成员间经常表现出愤怒、敌意和攻击性，家庭文化娱乐活动较少，家庭生活没有秩序，这些都会影响青年道德价值观的形成并导致青年暴力犯罪行为的产生[2]。

(二)父母教养方式

心理学家采用不同的方法对父母的教养行为进行研究后一致认为，"接受—拒绝"和"限制—容许"是父母教养方式的两个主要维度。父母是尊重子女的选择、肯定子女的积极品质，还是在道德教育中以喋喋不休代替严格要求，对子女不放手、不放心、过

---

[1] [美]巴特尔等.犯罪心理学(第七版)[M].杨波，李林等译.北京：中国轻工业出版社，2009：55－57.

[2] 郭俊伟，杨德兰等.青年暴力罪犯人格与家庭环境、父母教养方式的相关性研究[J].重庆医科大学学报，2008(3)：349－351.

多包干包揽，或者很少向子女提要求，也不强调家庭礼仪，听之任之，亲子关系冷淡，这对子女道德情感的培养和道德价值观的形成都会产生不可低估的作用。郭俊伟等人(2008)对青年暴力罪犯的父母教养方式的研究结果表明，父母给予子女情感温暖和理解越少以及过分干涉和保护越多，子女越可能多地表现出孤独、冷漠、残忍、敌意、有攻击性、倔强和难以适应外部环境等精神质特点。青年暴力罪犯的父母教养方式表现出低情感温暖、低理解、高严厉惩罚、高拒绝否认和过分偏爱的特点，使这些子女几乎没有体验到温暖支持的父母教养方式。

三、青年的学校因素

学校是青年进行正规教育的场所，是对青年实施德育的主阵地。由于我国一些学校长期以来未从根本上摆脱应试教育模式的困扰，学校德育实施不力，德育工作难以落到实处，因而青年的德育效果不是很理想。学校对青年道德价值观的影响主要表现在以下几个方面。

(一)教学目标、内容和方法

传统的教学思想以传授知识为宗旨，以教师和课堂为中心，把学生放在被动的地位，重智育、轻德育，不重视他们的全面发展。有的教育者认为学校思想道德说起来重要，实际工作中不重要，忙起来就可以不要，因此只注重对学生知识和技能的培养，忽视学生身心的和谐发展，造成学生道德观念的淡薄。

随着时代的发展，许多道德观念和教材内容急需补充新的内涵，否则会离现实生活太远，难以被学生接受和认同。同时，传统的以灌输为主的道德说教，缺乏情感体验和道德实践能力的旧德育模式，很难使学生真正把道德知识内化，并用道德规范来约束自己的行为。

(二)师德

师德是教师和一切教育工作者在从事教育活动中必须遵守的道德规范和行为准则，以及与之相适应的道德观念、情操和品质。教师与学生的关系十分密切，而师德是教师素质的核心。爱岗敬业、教书育人和为人师表形成师德的一个有机整体，三方面缺一不可。教师只有在社会实践中进行师德修养，才能依靠师德风范去潜移默化地影响学生。教师以高尚的道德为人师表，对学生的道德价值观会产生积极的影响。

(三)同伴群体

青年尤其是大学生最喜欢以同伴群体为交流对象。同伴之间的相互作用，能提高群体中多数成员的道德水平。同伴群体主要作为道德行为的控制者、强化者、道德价值观的影响者而起作用。同伴群体对青年的道德发展究竟起促进作用，还是造成道德阻碍，或使道德倒退，取决于同伴群体的性质。处在积极同伴群体中的青年，交际范围越广泛，与周围生活的联系越丰富，深入社会关系的范围越大，其内心世界就越丰富，个性发展越全面，道德价值观相对较完善。而处在消极或破坏型同伴群体中的青年则相反。巴特尔(Curt R. Bartol)在所著的《犯罪心理学》中指出，同伴交往是青年犯罪的一个最主要、最稳定的因素，有严重犯罪行为的青年身边总有一群有犯罪行为的同伴。约翰逊(Richard Johnson)和他的同事的研究也发现，同伴对青年吸毒的种类和频率有着重要的影响[1]。

(四)校园文化

校园文化的灵魂核心就是校园精神。校园精神是深层次的群体意识，是群体内的凝聚力，是校园群体共同的价值取向、心理特征、行为方式。校园文化是师生共建的一种文化，不同的学校有不同的校园文化。校园文化是师生共同价值观念的表现，在客观上对学生的道德观念和行为必然产生一种规范和约束的作用，影响其道德价值观的形成，所以学校要充分利用橱窗、板报、刊物、网络、影视等宣传积极健康的校园文化，引导青年形成正确的道德价值观。

四、青年的社会因素

(一)社会转型变化

我国正处在社会转型变化期，各种文化思潮和价值观念并存，而青年正处于人生观、价值观形成的时期，容易受社会的不良文化和风气影响。社会上物欲横流，欺骗、敲诈、行贿、腐败、盗窃等案件不断发生，给社会带来不稳定因素，给青年道德价值观的形成带来负面影响。社会媒体中的暴力、淫秽、色情等不良内容在腐蚀着青年的心灵。青年由于血气方刚、好奇心强、思想单纯，容易因模仿而出现行为问题。例如，我国河南平舆县的罪犯黄勇，出生于 1974 年，2003 年 12 月被枪决。黄勇从 2001 至 2003 年，以资助上学、提高成绩、外出游玩和介绍工作为诱饵，先后将 17 名青少年骗至家中，捆绑灌醉，然后用布条勒死，并将受害人埋在家中。据其供述，犯罪动机竟然是 12 岁时看过一部凶杀片《自由人》，感觉杀手很酷，很想体验成为一名杀手的感觉[2]。

(二)道德舆论

道德舆论的形成最经常和直接的是人们的评论和舆论，其传播手段包括报刊、书

[1] [美]巴特尔等.犯罪心理学(第七版)[M].杨波，李林等译.北京：中国轻工业出版社，2009：46.

[2] 李玫瑾.犯罪心理研究——在犯罪防控中的作用[M].北京：中国人民公安大学出版社，2010：178－185.

籍、广播、电影、电视、互联网、会议等。道德舆论是一种精神力量，是对社会上人与人之间道德关系的主观评价和反映。正确的道德舆论在促进个体道德内化过程中具有重要意义，它能倡导或谴责、赞赏或反对、鼓励或鞭笞各种道德观念和道德行为，对培养青年的道德品质具有很大的作用。道德舆论的形成可以增强青年正确的道德信念，培养青年的善恶观念和道德责任感，促使青年内心的矛盾斗争，提高青年对行为善恶的自我评价能力；同样，青年道德责任感的增强，又会促进道德舆论的形成，使道德舆论能够发挥更大的力量。例如，毛泽东同志“向雷锋同志学习”的亲笔题词，影响了我国几代年轻人。值得注意的是，随着互联网的迅速发展和对外交流的进一步加深，一种以个人为中心的价值观念正在青年中盛行。杜坤林、诸凤娟(2012)对上千名“90后”大学生的道德价值取向的研究指出，71%的大学生反对先公后私、毫不利己的道德规范[1]。因此，我们要向青年大力倡导社会主义核心价值观，以此来促进青年形成正确的道德价值观。

复习巩固

1.影响青年道德价值观形成的因素有哪些？

2.如何营造正确的道德舆论，来帮助青年形成正确的道德价值观？

[1] 杜坤林，诸凤娟.“90后”大学生道德价值取向实证分析与研究[J].中国青年研究，2012(3)：53－56.

第五节 青年道德价值观的教育

青年道德价值观的教育是一项庞大的社会系统工程，不仅需要家庭、学校、社会等多方的合作配合，还需要选择相应的策略才能完成目标。

一、青年道德价值观的培养途径

针对青年道德价值观形成过程中各种因素的影响，可以从以下几方面进行培养。

（一）坚持集体主义的道德价值导向

集体主义是社会主义道德和价值导向的基本原则。因此，要引导青年更好地把国家、集体和个人利益三者有机地结合起来，成为青年自觉践履的价值取向目标，并把集体主义原则渗透到青年的各项教育活动中去。然后在青年当中广泛开展集体竞赛活动，培养青年的参与意识和集体荣誉感，形成青年自觉的行为规范和标准，促进青年集体主义道德价值观的形成。

（二）构建学校、家庭和社会相结合的道德价值教育体系

一是要进一步发挥学校在青年道德价值教育的主渠道作用。不断改进和完善学校教育，大力加强对青年的品德教育与正确的道德价值观教育，将社会现实问题贯穿于教学之中，并结合课堂教学开展课外实践活动，引导青年认识和了解我国国情，认清社会，进行思考。二是要进一步重视家庭教育在青年思想道德建设中的重要作用。父母等长辈要以良好的道德修养成为子女的表率，通过自己的言行感染和引导青年养成正确的道德规范和生活方式。三是要进一步依靠社会教育的长期性作用。通过政府、社区等机构大力宣扬社会公德和家庭美德，构建合理高效"三位一体"的青年道德价值观教育体系。

（三）重视文化对青年的浸染作用

首先，要弘扬道德文化主旋律，重视道德舆论号召力，建立代表时代发展要求和社会前进方向、与社会主义市场经济相适应、与中华民族的传统美德相承接的德育体系，用先进文化感染青年。其次，要严格规范各类文化娱乐场所，加大对网吧的监管力度，取缔有害青年身心健康的非法场所。要充分发挥影视和网络的教育作用，为青年提供更多的精神食粮。最后，要净化青年成长的周围环境。切实加强对黄、赌、毒等危害青年身心健康的丑恶现象的查处力度，防止奢靡生活和精神污染的滋生蔓延，坚决抵制一切社会不稳定因素对青年产生的消极影响。

（四）教师要发挥榜样的示范教育作用

教师职业的特殊性，决定了教师在青年道德价值观教育中具有举足轻重的作用。教师必须加强师德修养，完善自己的人格，以身作则、为人师表，真正发挥其道德形象的榜样作用，既对青年有“言”的感染力，又有对青年“行”的感召力，无形中给青年学生形成示范，真正在广大青年学生心中树立起崇高的道德形象。

（五）限制和消除大众传媒的负面效应

大众传媒对青年道德价值取向的导向功能，既有积极的正面导向，也有消极的负面导向，这就要求我们必须对大众传媒的负面价值导向加以限制和消除。在加强监管的同时，必须制定相应的法规和政策，强化对大众媒介犯罪的打击力度，保护青年的身心健康。同时，要加强媒体从业人员的职业道德教育和艺术修养，提高他们的专业水准，增强其社会责任感，使他们热爱工作、忠于职守、全心全意为人民服务。只有这样，才能从源头上限制和消除大众传媒信息中那些不利于青年身心健康的东西。

（六）加强青年的社会道德实践

社会道德实践是青年道德价值观形成的有效途径。学校和社区要增加青年社会道德实践的机会，让青年融入社会之中。大学生在校期间要有计划、有组织地参加社会调查、社会实践和志愿者服务工作，例如，主题团日活动，党员实践活动，“三下乡”活动，到养老院、孤儿院做义工，协助交警维持秩序，等等。通过这些实践活动可以加深青年对道德的理解，形成社会责任感，提高青年的道德修养，促进青年良好道德价值观的形成。

二、青年道德价值观的教育策略

青年道德价值观的教育策略常见的主要有以下几种。

（一）榜样教育策略

榜样教育是教育者根据教育目的和青年的身心发展特点，选择相应的榜样，启发、引导青年模仿、学习榜样的行为习惯、知识技能、思想品德的过程和方法。

第一，选择榜样。教育者要根据道德教育的目标选择合适的榜样。选择的榜样要使青年觉得可亲、可敬、可信、可学。第二，提出学习榜样的要求。让青年明确学习榜样的目的，端正学习态度，制订学习目标。第三，宣传榜样事迹。对榜样的事迹进行总结梳理，使其系统化、形象化、生动化，通过报告会、故事会、参观展览、访问榜样、阅读榜样传记等形式宣传榜样。第四，创设模仿情境。引导青年模仿榜样的行为，经过模仿，榜样的优秀品德就会在青年身上逐渐形成。第五，定期总结评价。引导青年将自己的行为和榜样的行为做比较、找差距，了解自己的成绩和不足，明确今后的努力方向。

(二)课程训练策略

台湾学者许易萍(2010)指出品德教育的课程模式可分为三种，一是属于科目中心课程模式的正式课程；二是广域课程模式或科际整合模式的融入式课程，以及机会教育的道德随机课程。

李琪明(2009)提出品德教育融入学校课程的方法，可从三方面着手[1]。(1)正式课程：重于认知层面，可单独设置课程或融入各学科学习领域，有系统、有组织地进行完整的品德教育。例如，政治课可以采用道德两难讨论，中文课可以采用文学鉴赏来启发道德思维等。(2)非正式课程：侧重行动层面，重点在校园的各种活动与学校制度，如社团活动、班会、校规校纪与学生自治组织等，让青年表达意见，彰显民主参与的品德教育精神。此外，走出校园的社区服务学习，也是提供给青年品德实践的绝佳机会。(3)潜在课程：重在情感层面，包括学校软硬件环境的周全规划与精心考量、校园道德气氛、师生良好互动关系，使校园文化蕴含正义、关怀、尊重与自律的精神，强化品德教育的成效。

(三)行为矫正策略

行为主义者认为，人类的社会行为大多是在条件反射基础上建立起来的，通过改变外部条件能够消除或纠正为社会所不允许的行为，建立良好行为。行为矫正技术对改变或纠正青年的打架斗殴、盗窃、不遵守课堂纪律等不良行为十分有效。

在行为矫正过程中，教育者要从青年的身心发展特点出发，合理运用奖惩手段，做到正确公正。正确是指教育者给予的奖惩既要考虑青年行为的动机，又要注意他们的行为表现。公正是指教育者应抛弃自己的偏见和偏爱，对于青年出现的良好行为及时予以表扬并巩固。在奖惩过程中，教育者要讲明奖惩的依据，合理提出期望，使青年体验到教育者的关心和尊重，促使其取得进步。

(四)价值澄清策略

价值澄清法的主要提倡者有美国的瑞斯(Louise Raths)、哈明(Merrill Harmin)、西蒙(Sidmay B. Simon)以及基尔申鲍姆(Howard Kirschenbaum)等人。相对于传统品格教育直接、说教式的道德教学，价值澄清法要求教育者应保持价值中立，避免"道

---

[1] 李琪明.台湾品德教育之反思与前瞻[J].学生辅导季刊(全方位品德教育专刊),2009(107):6－20.

德化、批评、传授价值或评价”[1]以及将价值强加于青年。价值澄清法的倡导者相信价值概念是植根于人类潜能之上，人类有智力及自我指导行为的能力。因此，价值澄清法是通过客观的教学策略，帮助青年澄清自我的价值观，厘清自身的价值概念。其操作步骤如下（见表 6-2）：

表 6-2　价值澄清法的三个阶段七个步骤

阶段	步骤
选择	1.自由地选择
	2.从许多项目中来选择
	3.对每个选项的结果都深思熟虑后选择
珍视	4.珍爱喜欢所做的选择
	5.具有足够的意愿来公开肯定地表示所做的选择
行动	6.以自己的选择采取行动
	7.在某些生活形式中重复地行动

在实际教学中，教育者和青年需要进行一系列的厘清价值的理性思考教学活动，主要包含对话、填写价值表、团体讨论等活动。在价值观澄清法的运用中，全靠青年个人去对价值观做出选择，并进行反思，然后公开表示自己选择的价值，并通过不断实践来确信价值。该方法强调的是青年通过思考不同的选择来形成自己的价值体系，有助于青年个体道德观的发展。

生活中的心理学

道德价值观缺失惹祸端

2006 年 4 月 21 日晚 10 时，24 岁的许霆来到广州天河区黄埔大道某银行的 ATM 取款机取款。当他输入卡号密码和 100 元的取款额并按下确认键之后，取款机却不能回应。于是他重新输入，按了 1，0 键之后，又不小心按了“00”键，却取消不了，可当他按下确认键之后，取款机却吐出来 1000 元人民币。他惊讶地发现银行卡账户里只被扣了 1 元，狂喜之下，许霆连续取款 5.4 万元。许霆回到住处，

[1] Raths, Harmin, L · & Simon, M · S. Values And Teaching (Second Edition). Columbus, Ohio: Merrill, 1978: 12.

将此事告诉了同伴郭安山。两人随即再次前往提款,之后反复操作多次。许霆先后取款171笔,合计17.5万元;郭安山取款1.8万元。事后,二人各携赃款潜逃。

同年11月7日,郭安山向公安机关投案自首,并全额退还赃款1.8万元。经广州天河区法院审理后,法院认定其构成盗窃罪,但考虑到其自首并主动退赃,故对其判处有期徒刑一年,并处罚金1000元。而潜逃一年的许霆,17.5万元赃款因投资失败而挥霍一空,2007年5月在陕西宝鸡火车站被警方抓获。2007年12月,广州市中院审理后认为,被告许霆以非法侵占为目的,伙同同案人采用秘密手段,盗窃金融机构,数额特别巨大,其行为已构成盗窃罪,遂判处无期徒刑,剥夺政治权利终身,并处没收个人全部财产。许霆随后提出上诉。2008年3月,广州中院认定许霆犯盗窃罪,判处有期徒刑5年。许霆再度上诉,2008年5月,广东省高院二审驳回上诉,维持原判。2010年7月30日,因表现好,许霆被提前假释出狱。

(五)公正团体策略

公正团体策略(just community strategy)是美国心理学家科尔伯格提出来的。它主要通过师生的民主参与活动,创造一种公正的集体氛围,实现道德责任和履行道德行为,促进个人的道德发展。

公正团体方法在实施中有一定的组织结构,主要包括议事委员会、顾问小组、集体会议和纪律委员会。公正团体要求参加的学生人数不能太多,然后加上教师,共同构成团体的规模。公正团体的主要活动是集体会议,集体会议要制订有关的规则和纪律,计划集体活动和政策,处理违纪事件。其核心思想是民主参与,不管是教师还是学生,大家对问题的表决都是每人一票。对会议涉及的问题,顾问小组要进行审议,拒绝权威或官僚主义的解决问题方式。纪律委员会要劝告和引导违纪者以后遵守纪律,只有在确认合适的情况下,才给予惩罚。如果对惩罚不服,可以向更高级的议事委员会申诉。实施公正团体模式的方案不是一成不变的,在具体条件下,它有具体的内容。但这种方法作为一种具体的道德教育模式,在实践上较难操作。

(六)关怀伦理教育策略

根据关怀伦理学的观点,对青年进行道德教育的目的是培养青年成为一个具有关怀理想与关怀能力的人,让青年拥有去关怀的实践机会与被关怀的学习经验。青年要学会关怀自己、关怀亲密之人、关怀周遭熟识之人、关怀远方不相识之人、关怀动植物及自然环境、关怀人文环境以及关怀理念等。关怀伦理教育具体包括以下四项内容。

1.身教(modeling),教育者与青年的关系是关怀者与被关怀者的关系。教育者要成为一个关怀者，成为青年的榜样，青年只有在教育者的关怀中，才能学会关怀他人。

2.对话(dialogue)，教育者要关注青年，倾听青年的立场，理解青年的需求，接纳青年的感受；青年要检视自己的生活，接受教育者的鼓励去探讨重大的人生问题。对话的重心不在于争论是非对错，而是使参与者体察关怀自己与他人的重要。这样的体验胜过道德论辩中的是非争论。

3.实践(practice)，强调从活动的实践过程中发展关怀的品德，提倡社区服务及关怀伦理的合作学习模式，并认为青年可以从中学会关怀他人。

4.认可(confirmation)，关怀者肯定并激励被关怀者的表现，关怀者和被关怀者能相互体察对方的需求，从而给予鼓励与肯定。

复习巩固

1.培养青年道德价值观的途径有哪些？

2.培养青年道德价值观的教育策略有哪些？

要点小结

1.道德价值观是主体根据自己的道德需要对各种社会现象是否具有道德价值做出判断时所持有的内在尺度，是个体坚信不疑的各种道德规范所构成的道德信念的总和。

2.道德价值观有不同的分类。道德价值观的测量包括重要性排序法、道德两难情境法、李克特量表法。

3.道德价值观的理论主要有班杜拉的社会学习理论、科尔伯格的道德发展阶段论、吉利根与诺丁斯的关怀伦理学。

4.青年道德价值观的特点包括一般特点和阶段性特点。一般特点主要包括青年的道德观念、道德判断和良心。阶段性特点包括青年早期、中期和晚期的特点。青年道德价值观的形成是一个系统工程，受个人、家庭、学校和社会等因素的影响。

5.青年道德价值观的教育途径主要有坚持集体主义的道德价值导向，构建学校、家庭和社会相结合的道德价值教育体系，重视文化对青年的浸染作用，教师要发挥榜样的示范教育作用，限制和消除大众传媒的负面效应，加强青年的社会道德实践。

6.青年道德价值观的教育策略主要有榜样教育策略、课程训练策略、行为矫正策略、价值澄清策略、公正团体策略、关怀伦理教育策略。

关键术语

价值观	values
道德价值观	moral values
社会学习理论	social learning theory
道德发展阶段论	stage theory of moral development
关怀伦理学	care ethic
良心	conscience

复习题

一、单项选择题

1.主体根据自己的道德需要对各种社会现象是否具有道德价值做出判断时所持有的内在尺度,是个体坚信不疑的各种道德规范所构成的道德信念的总和,称之为(　　)。

A.道德　　B.价值观　　C.道德价值观　　D.品德

2. 好孩子定向阶段属于道德发展阶段论中的哪一个水平?(　　)

A.前习俗水平　　B.习俗水平　　C.后习俗水平　　D.以上都不是

3.人们对自己的行为,在同他人和社会关系上负有道德责任的自觉意识,称之为(　　)。

A.道德判断　　B.良心　　C.道德意志　　D.道德推理

4.道德发展阶段论是以下哪位心理学家提出来的?(　　)

A.班杜拉　　B.斯滕伯格　　C.科尔伯格　　D.华生

5.提出品德教育的整合模式的是(　　)。

A.里可纳　　B.班杜拉　　C.科尔伯格　　D.皮亚杰

二、多项选择题

1. 班杜拉认为观察学习由以下哪几个阶段构成(　　)。

A.注意阶段　　B.保持阶段　　C.动作复现阶段　　D.强化和动机阶段

2.科尔伯格认为,青年的道德判断一般处于哪几个阶段(　　)。

A.二　　B. 三　　C. 四　　D.五

3.关怀伦理学的代表人物是(　　)。

A.班杜拉　　B.斯金纳　　C.吉利根　　D.科尔伯格　　E.诺丁斯

4.课程训练策略可从以下哪几方面着手(　　)。

A.正式课程　　B. 非正式课程　C.潜在课程　　D.随机课程

5.青年道德价值观的形成是一个系统工程,受多种因素影响,这些因素包括(　　)。

A.个人　　B.家庭　　C.学校　　D.社会

三、判断对错题

1.道德价值观是个体偏好某种道德行为方式的持久性信念。(　　)

2.美国心理学家科尔伯格提出了社会学习理论。(　　)

3.对青年道德价值观的教育需要采取多方面的途径及方法。(　　)

4.智力是道德价值观发展的充分条件。(　　)

5.青年道德价值观的发展具有明显的阶段性。(　　)

第七章　青年的成就与培养

你对自己在学业和工作上的表现满意吗？你觉得自己的表现与其他人有什么差异？你对自己的未来是如何规划的？成就对于青年的发展至关重要。本章将与你一起关注青年的成就，了解青年学业和职业成就的特点，分析影响青年学业和职业成就的因素，探索提高青年学业和职业成就的措施。通过这些学习，能够帮助你了解青年成就的重要性，并努力取得成就。

第一节　概　述

青年期是为进入社会生活、承担社会角色做准备的时期。青年的学业和职业成就如何，对一生的影响很大。为此，许多研究者进行了探讨。通过青年成就的研究，可以帮助青年早日取得成就，促进青年更好地发展。

一、成就的含义

成就(achievement)一词，我国《辞海》解释为取得的成绩或业绩。从广义上看，成就指的是同接受评估情境中的表现有关的动机、能力、兴趣以及行为方面的发展[1]；狭义上指人们在学习和工作上的表现，以及对于将来学业和职业生涯的期望和规划。本章中，青年的成就主要是指青年在学习和工作中的表现，以及与之有关的动机、学习和工作能力等各方面的发展。

二、成就的理论

(一)成就需要理论

成就需要理论(achievement need theory)是由美国哈佛大学著名心理学家戴维·麦克里兰(David McClelland)通过对人的需求进行研究，于20世纪50年代提出来的。麦克里兰认为，人在生存需要基本得到满足的前提下，最主要的有成就需要。成就需要是争取在学业和职业上取得成功、追求优越感，希望做得最好的需要。麦克里兰将具有高成就需要的人总结为以下特点：(1)能对任务进行分析，并通过对自我的认识，主动为自己设定具有一定挑战性的目标；(2)在自主确定目标时，总会挑选难度适中的任务，不会避难就易，也不会自不量力；(3)喜欢通过自己的努力解决问题，不依赖偶然机遇坐享成功；(4)要求立即得到反馈信息，清楚任务结果。

(二)成就动机理论

最早研究成就动机的是美国哈佛大学心理学家墨里(H.A.Murry)。墨里将成就动机解释为：一种努力克服障碍、施展才能、力求尽可能又快又好地完成某事的愿望或趋势。美国心理学家麦克里兰和阿特金森(J.K.Atkinson)接受了墨里的思想，并将其发展为成就动机理论。

---

[1] [美]约翰·桑特洛克.青少年心理学[M].北京：人民邮电出版社，2013：512.

麦克里兰认为，成就动机高的人倾向于独自承担责任，并在完成任务中获得满足感。同时，成就动机的高低影响个体对职业的选择。成就动机高的人倾向于选择具有开创性的职业，而成就动机低的人倾向于选择风险小的职业。

阿特金森将麦克里兰的理论进一步深化。他认为，个体的成就动机包含两部分，一是追求成功的动机，即人们追求成功和由成功带来的积极情感；二是避免失败的动机，即人们避免失败和由失败带来的消极情感。

根据这两部分动机在成就动机中所占的强度不同，可以把个体分为追求成功者和避免失败者。研究表明，追求成功者往往会选择成功概率约为 50% 的任务，因为这种任务能给他们提供现实的挑战。反之，避免失败者会倾向于选择容易或困难的任务。因为选择容易的任务可以免遭失败，选择艰难的任务，可以借口任务太难而逃避失败带来的负面情绪。

扩展阅读

成就动机的测量方法主要分为两大类：一类为投射测验，另一类为问卷测验。

投射测验中最常用的是主题统觉测验(Thematic Apperception Test)。这种测验是呈现给被试一系列图片，要求被试就每张图片进行说明或编写一个故事。故事内容包括图片中发生了什么事、图片中的人物是谁、在想什么、将来会发生什么等。使用主题统觉测验测量成就动机时，研究者要根据故事中所表达的成就信息进行评分。

由于主题统觉测验使用起来比较麻烦，加之评分的主观性使测验的信度受到影响。因此，从 20 世纪 50 年代末开始，研究者开始设计问卷来测量成就动机。其中影响较大的是挪威心理学家杰西姆(Gjesme.T.)和尼加德(Nygard.R.)于 1970 年编制的成就动机量表(Achievement Motivation Scale)。该量表有 30 个题项组合，每题从不符合到完全符合共五个等级计分。其中文版本为我国心理学教授叶仁敏和挪威黑格维特(Hegtvet.K.A.)合作译制，在我国得到了广泛的应用。

(三)成就目标理论

成就目标理论(achievement goal theory)是美国心理学家德维克(Dweck)综合对成就的研究成果，于 20 世纪 80 年代提出来的。德维克认为，人们对能力持有不同的内隐观念，主要有：(1)能力实体观(entity view of ability)，即认为能力是稳定、不可改变的特质，一些人会比另一些人更聪明，但是能力的量是固定的；(2)能力增长观(incremental view of ability)，即认为能力是不稳定、可以控制的，可以随着知识学习和技能培养增强。通过努力工作、学习，知识能够得到增长，能力也将得到提高。每个人持有不同的能力观，而不同能力观会培养出不同类型的目标及学习者(见表7-1)。

表7-1 不同能力观的目标及学习者类型

维度	类型	特征
目标类型	表现目标	持能力实体观，避免他人看不起，选择成功可能性大的任务以展现自身的天资聪颖，倾向于将成败归因于自身的能力
	掌握目标	持能力增长观，寻求真正锻炼自我的能力，专注于当前任务，有效地运用深层加工策略，保持积极的情绪，努力不懈
学习者类型	自我卷入型	持能力实体观，关心是否能向他人证明自身的能力
	任务卷入型	持能力增长观，关心能否掌握任务

根据德维克的成就目标理论，应根据青年所持能力观的不同对青年进行引导和教育，因材施教，运用多种方法帮助青年提高能力，促进其在学业和职业上表现得更好，帮助提高其成就水平。

(四)成就归因理论

成就归因理论(attribution theory)由美国心理学家海德(F. Heider)提出。他认为，人们具有理解世界和控制环境的两种需要，满足这两种需要的基本手段就是了解人们行动的原因，并预言人们将如何行动。人们做完一项工作后，往往喜欢寻找自己或他人之所以成功或失败的原因。美国心理学家韦纳(B. Weiner)在海德研究的基础上认为，人们在分析成功或失败的原因时，一般归结为以下六个方面：(1)能力，个体评估自己对某项工作是否胜任；(2)努力，个体反省检讨自己在工作中是否尽力而为；(3)工作难度，个体凭经验判定某项工作的困难程度；(4)运气，个体认为工作成败是否与运气有关；(5)身心状况，个体的身心状况是否影响工作成效；(6)其他，指有关的人与事对成败的影响，如他人帮助、是否公正等。韦纳将它们归入三个维度：因素来源——当事人认为其成败因素的来源；稳定性——当事人认为影响成败的因素在性质上是否稳定；可控制性——当事人认为影响成败的因素是否能够由个人意愿所决定(见表7-2)。

表 7-2　韦纳的成败归因理论

归因类别	因素来源		稳定性		控制性	
	内在	外在	稳定	不稳定	能控制	不能控制
能力	√		√			√
努力	√			√	√	
工作难度		√	√			√
运气		√		√		√
身心状况	√			√		√
其他		√		√		√

根据成就归因理论，应引导青年进行积极归因，将成就归因于内在、可控的因素，以此激励青年不断努力，继续取得成就。

三、青年成就研究的意义

（一）现代社会的发展要求对青年的成就进行研究

青年是国家发展的希望，是社会的中流砥柱。青年的成就关系到国家的兴旺发达，影响着社会的进步。麦克里兰认为，在现代社会中，个体的成就、竞争和成功显得尤为重要。一个人所接受的教育以及所从事的职业，作为成就的两个重要指标为其自我概念的形成，以及在他人眼中的形象奠定了基础。取得成就已经成为当代青年的共识。成就较高的青年更能肩负国家和民族赋予的使命，不畏艰难，努力拼搏，为自己的理想事业奋斗，为社会和国家创造财富和价值。因此，对青年成就的研究是现代社会发展的要求。

（二）青年的众多选择促使对青年的成就进行研究

当代青年一般在 25 岁之前需要面对形形色色的学业和职业方面的选择。不只是要选择从事何种职业，是否继续学业等基本问题，更涉及许多具体问题。如在职业领域中究竟从事何种具体工作？为了更好的工作，继续深造多少年合适？如何完成从学校到工作的过渡？又比如，对想要从事教师职业的青年来说，是主修教育学专业好，还是主修专门学科好，有无必要读研究生进行深造？这些问题都需要青年做出选择。青年的成就与其选择密切相关。青年会根据自己已取得的成就对自己的未来做出判断，并根据自己对职业的规划做出选择。研究青年如何才能取得成就，可以帮助青年进行更好的选择，促进青年早日成才。

（三）青年的成就差异，需要对青年成就进行研究

许多青年在高中所表现出来的学业成就能促进其在大学继续深造，但也有不少青年不能如愿进入大学继续学习。即使进入大学学习的青年在学业成就方面也存在较大的差异。有研究发现，在智力水平相同的情况下，个性外向稳定的大学生比情绪不稳定、焦虑易怒的大学生学业成就要高。即使青年能够顺利完成学业并找到一份工作，青年之间的收入、地位以及对工作的满意度等也有差异。通过对青年成就的研究，可以探索造成青年成就差异的原因，并提出相应的对策，对缩小青年间的成就差距、推动青年更好地发展具有重要作用。

复习巩固

1.什么是成就？关于成就的理论有哪些？

2.青年成就的研究有什么意义？

第二节　青年的成就动机

青年为了取得成就而付出的努力是不同的，这种努力程度实际上反映的是青年在成就动机方面的差异。青年的成就动机在成就过程中具有重要的作用。

一、成就动机的含义

成就动机是青年的一种重要的内部动机。成就动机(achievement motivation)是青年在成就需要基础上产生，激励青年对认为有价值的或重要的任务乐意去做并且力求成功的一种内在驱动力。成就动机能够说明青年为什么努力学习和工作的原因，能够激发青年的潜力，使其在学习或工作中表现出高涨的热情、认真的态度、坚强的毅力，能够经受成败的考验，最终取得成就。

二、青年成就动机的特点

青年富有朝气与激情，渴望在社会中有所成就。大量研究发现，青年的成就动机在不同性别、不同专业、不同学校上存在不同的特点。

(一)青年成就动机的性别差异

我国景怀斌、肖志玲(1997，2003)等人的研究发现，男生追求成功的动机高于女生，而女生在避免失败的动机上则高于男生。黄甜(2009)的研究也发现，男女生在追求成功的动机水平上存在显著差异，女生对成功的追求不及男生，但与男生相比，女生对失败的顾忌较少[1]。这是因为社会对男生往往寄予较高期望，希望他们树立远大志向，在事业上自强不息，成为家庭与社会的顶梁柱，而对女生的期望大多是在婚姻上有好归宿。因此，男生追求成功的动机比女生要高。

(二)青年成就动机的专业差异

张兴伟、冯维(2010)对免费师范生成就动机的研究发现，免费师范理科生的成就动机显著高于文科生[2]。肖志玲、石晓勇(2003，2006)的研究发现，理科大学生避免失败的动机要高于文科大学生，这是因为理科大学生所学的专业相对复杂与困难，他们必须把大部分的时间用于专业学习，而忽视了对自己其他能力的培养，因此他们对

[1] 黄甜.当代大学生成就动机的特点研究[J].湘潭师范学院学报，2009(2)：235.

[2] 张兴伟，冯维.西南大学免费师范生成就动机的调查研究[J].重庆电子工程职业学院学报，2010(6)：74.

失败表现出更多的担心[1]。佟丽君、张守臣的研究得出,文科专业的青年教师比理工科专业的青年教师成就动机水平要高[2]。这说明青年的成就动机具有专业方面的差异。

(三)青年成就动机的学校差异

青年时期所受的教育以及所读的高校对青年的成就动机具有重要的影响。马单单(2013)的研究表明,专科生在追求成功和回避失败两个维度上得分高于本科生,说明专科生有更强的追求成功、避免失败的动机。但总体上,本科生的成就动机水平较高[3]。有研究发现,在避免失败的动机上,师范大学生显著低于医学、理工的大学生[4],可能是师范院校注重对师范大学生各方面能力的培养,加之教师职业声望及工资待遇得到了较大改善,师范大学生在成为一名教师方面有得天独厚的优势,因此,他们对失败的逃避较少。也有研究发现,体育院校大学生的成就动机高于普通院校大学生,可能是体育专业的大学生大多经历过长期刻苦且目标明确的训练生涯,经常在剧烈的运动情境里拼搏,无数成功的经历和体验促成了其求胜的信念和决心,因而他们的成就动机较高[5]。

三、青年成就动机的意义

(一)影响青年奋斗目标的确立

奋斗目标是青年行动的指南和动力,合理的奋斗目标对青年成就的取得十分重要。成就动机高的青年往往具有较强的奋斗目标,能实事求是地评价自己,并通过实际行动向着自己的奋斗目标不断前进,最终取得成功。而成就动机低的青年往往态度消极,不能正确认识自我,对自身发展及规划不清晰,奋斗目标较弱,未能提出适合自己的奋斗目标,不利于自己的发展。

(二)影响青年价值观的形成

价值观是对于某类事物是否具有价值,以及具有何种价值的根本看法。正确的价值观能够促进青年发展。孟红(2003)通过对青年成就动机与价值观关系的研究发现,

---

[1] 石晓勇.大学生性别角色与成就动机的关系研究[D].苏州:苏州大学,2006:35.

[2] 佟丽君,张守臣.高校青年教师成就动机研究[J].心理科学,2008(3):863.

[3] 马单单.大学生学业拖延、成就动机和时间管理倾向的关系研究[D].烟台:鲁东大学,2013:18.

[4] 黄甜.北京地区大学生成就动机的特点研究[J].四川教育学院学报,2009(5):6.

[5] 杨勇,魏丕来.体育院校与普通院校大学生成就动机发展特点的比较研究[J].沈阳体育学院学报,2003(3):50—52.

成就动机较高的青年较遵从社会规范[1]。由此可见，成就动机对青年形成正确的价值观具有影响。正确的价值观对青年自我价值的实现和有效发挥有促进作用。

(3)影响青年对困难的态度和潜能的发挥

高成就动机的青年在学习和工作中往往持积极态度，面对困难时能认真分析困难的性质，不轻易放弃，困难越大，越有挑战性，越能激发其上进心，促使其想方设法解决困难。而低成就动机的青年对外界环境持消极态度，面对困难容易放弃或消极应对，将困难归咎于环境和非人力可以控制的因素，在困难面前束手无策。美国弗伦奇和托马斯(E. G. French & F. Thomas)曾让不同成就动机的被试解决复杂的问题，结果发现，高成就动机者比低成就动机者学习积极性高，解决问题的毅力更强。韦纳的研究发现，成就动机高的被试在执行某项任务失败以后，比成就动机低的被试有较大热情，有更多完成任务的信心及行动努力。

(五)影响青年健康人格的发展

我国韩琴(2012)的研究发现，青年的成就动机与内外倾人格之间有显著的正相关，与人格的神经质、精神质有显著的负相关。孟雁鹏(2012)的研究发现，大学生追求成功的成就动机与积极人格特质呈显著正相关，避免失败的成就动机与积极人格特质呈显著负相关[2]。一般来说，高成就动机青年活动积极性高，善于探索，其潜能得以充分发挥，能取得较高的教育和职业成就，形成较强的自信心和自我效能感，有利于其健康人格的发展。

四、青年成就动机的激发

(一)青年要树立远大的理想，明确恰当的奋斗目标

理想是人们对未来社会和自身发展的向往与追求，是合理的想象或希望。远大的理想有利于青年明确自己的追求和奋斗目标，为青年的前进提供动力，激发青年不断努力的动机，最终取得成功。目标是青年学习和工作的结果，是奋斗的方向。恰当的目标指学习和工作目标的难度要适合青年的能力，是青年通过努力可以达到的。学习和工作目标只有细化为具体的目标后，才对青年有激励作用。所以，青年要明确恰当的奋斗目标，使之能够激发自己的成就动机。

(二)培养青年的好奇心与求知欲

青年正处于求知的黄金时期，求知欲与好奇心能激发青年的成就动机。教育实践

[1] 孟红.青少年的价值观与成就动机的关系研究[J].湖南工业职业技术学院学报，2003(4)：38.

[2] 孟雁鹏.大学生积极人格特质与成就动机的关系研究[D].重庆：重庆师范大学，2012：45.

表明，创设问题情境是激发青年求知欲和好奇心的一种有效教学方式。创设问题情境是指教师提供的学习材料、条件、实践和操作能使青年产生疑问，渴望通过活动探究问题的答案。有效的教学在于形成一种使青年似懂非懂、不确定的情境，由此产生的矛盾、疑惑最能引起青年的求知欲和学习兴趣，使其产生学习的愿望。同时应鼓励青年大胆质疑。青年时期是喜欢质疑、探索的时期，青年对新事物、新知识极为敏感，教师应利用这种敏感性，启发青年发现疑问，引导其进行科学的解疑，激发青年的求知欲。

（三）正确使用奖惩手段，提高青年的成就动机

奖励与惩罚是常用的强化方式。青年的需要往往是多种多样的，因此应结合青年情况，机智地考虑多种强化方式，以激发青年的成就动机。要注意奖励的分寸，过度的奖励非但不能激发青年的成就动机，反而会产生不良影响。正确的做法是：奖惩必须坚持实事求是、客观公正的原则，避免负作用的产生；要多用奖励、慎用惩罚；奖惩要考虑青年的个别差异以及具体情况，有针对性；要及时反馈青年的学习和工作结果，使青年及时知道自己在学习和工作上的情况，取得了哪些成就，存在哪些问题，是否达到了目标，从而进一步激发青年的成就动机。

（四）鼓励青年参与适当的竞争活动

竞争是激发青年成就动机的重要手段。竞争能唤起青年的高昂斗志，促使青年积极投入学习和工作之中，克服困难，获得优异成绩。竞争也是青年之间互相学习与交往联系的形式。通过竞争，青年能够发现自己的局限性和尚未显示出来的潜力，减轻学习与工作的单调感，增强学习与工作乐趣。但频繁的竞争，会加重青年的学习与工作负担，导致紧张、焦虑、敌对、报复等心理问题的产生，甚至引起能力差的青年的不胜任感，降低他们在集体中的地位，形成自卑感；使胜利者骄傲自满，目中无人，或为了保住第一，循规蹈矩，不敢创新。因此，要教育青年认识竞争的利弊，教给青年公平竞争的方法，使其学会正确竞争。

复习巩固

1.为什么青年需要成就动机？青年的成就动机有何特点？

2.如何激发青年的成就动机？有哪些主要的途径或方法？

第三节　青年的学业成就

学业成就是青年在学校教育阶段所取得的主要成果，也是青年在学生时期发展的重要目标。作为青年成就的重要部分，青年的学业成就关系到青年未来的发展。因此，对青年学业成就的关注十分必要。

一、学业成就的含义

学者们通过对学业成就（academic achievement）的研究，对学业成就有不同的解释。我国著名心理学家朱智贤（2010）将学业成就定义为，个人通过学习和训练所获得的知识、学识和技能。美国尼茨尔（M.T.Nietzel）指出，学业成就是指通过学习和训练所习得的知识和技能[1]；我国心理学家郑日昌（2009）认为，学业成就指的是经过一定的教学或训练所学到的，是在一个比较明确、相对限定的范围内的学习效果。吴明清（2009）认为学业成就是学生在学校教育中的主要成果，也是学生发展的重要目标，不仅包括学生的课业成绩与学习习惯等知识学习状况，而且包括思想行为与学校集体生活情况。也有学者认为，学业成就是指个体在学业领域所具有的知识、技能或取得的成绩水平。在本章中，青年的学业成就指的是青年通过学习所获得的知识、技能和能力。

二、青年学业成就的特点

（一）准备性

青年期的学业成就一般是在大学获得的。在大学，青年可以通过系统的学习、参加各种实践活动提高自身的知识和技能。同时，大学的各种教育影响使青年逐渐形成对待事物的情感、态度和价值观。处于大学阶段的青年需要在学业方面做出许多努力，为未来的发展打下坚实的基础。这一时期的学业成就直接影响到青年发展的前途，为青年进入社会做准备。

（二）差异性

虽然从小学开始，个体在学业成就上的差异就已经表现出来，但这些差异在青年期才被个体强烈地意识到。随着青年自我意识的发展和自我概念的形成，青年以自己的能力、才华以及周围人的评价为参照，以此来评估自己在学业方面的成就，并为未来

[1] 杨达莉.影响初中生物理学习成就的课堂因素初步研究[D].南宁：广西师范大学，2007：9.

做出规划。青年期不同个体所获得的学业成就往往具有较大的差异，对其发展影响很大。例如，在著名大学就读的青年，其学业成就往往高于普通大学的青年，这些对他们以后的就业、工作和婚恋等方面都会产生较大的影响。

（三）决定性

在青年期，个体的身心发展较为成熟，需要在学业方面做出一系列的决定。青年一般可以自由地选择想要读的大学、学习的专业、选修的课程，也能自己决定未来的发展方向。这些决定影响着青年在学业上的表现以及未来的发展。例如，青年选择医学专业，在一定程度上决定了其未来的职业是医生。由此可见，青年期的学业成就具有决定未来发展的作用。

（四）累积性

青年所获得的学业成就的高低，会受到一系列复杂因素的影响。如潜能较好、勤奋努力的青年，学业成就较高；家庭经济条件较好的青年，能够得到更多受教育的机会，学业成就较高等。另外，学业成就较高的青年往往能够得到社会、他人更多的支持和鼓励。如接受比同龄人更长时间的受教育年限，继续深造等。青年的学业成就能使他们在劳动力市场中处于有利地位，找到更好的工作，促进其在职业生涯上取得较高的成就。

生活中的心理学

案例：邓亚萍十年求学获博士学位

我国乒乓球界传奇人物邓亚萍 2008 年在英国剑桥大学被正式授予经济学博士学位，圆了她的博士梦想。她表示拿到博士学位的激动心情不亚于夺得奥运会金牌。

邓亚萍 1997 年结束运动员生涯后开始了 11 年的求学之路，分别在清华大学、英国诺丁汉大学和剑桥大学学习，先后获得英语专业学士学位、中国当代研究专业硕士学位和经济学博士学位。

从只会说中文，到如今英文达到母语水平，并用英文完成博士论文，邓亚萍付出了艰苦的努力。邓亚萍说："我曾有一个想到剑桥读博士的梦想，但觉得自己可能没有这个机会。后来真的在剑桥读博士，确实付出了非常多的代价。回过头来想，是非常值得的。对 11 年的求学生涯做个总结，我觉得只要敢想，并且脚踏实地去做，是可以成功的。"

三、影响青年学业成就的因素

（一）社会环境因素

1.城乡教育的差异

城乡教育差异对青年学业成就具有重要影响。研究发现，城市青年的学业成就明显高于农村青年。这是由我国城乡教育发展的较大差别所致。我国城市学校较之于农村学校有更好的学习条件和资源，有更强的师资力量和教学水平，而且城市的发展水平比农村要高，能为城市青年提供更多、更好的学习机会和资源，利于城市青年学习潜能的发挥和能力的提升。我国农村青年多数是留守儿童，父母对他们的关心和帮助较少，对学业方面的指导帮助不够。蒋国河、闫广芬（2006）的研究表明，城镇青年在学业上能获得更多家庭经济、文化和社会资本的支持，农村家庭青年相对处于劣势地位，并因此在学业成就上与前者形成差距[1]。

2.同伴的影响

青年成长过程中的大部分时间是跟同伴在一起的，因此同伴对青年的学业成就具有重要影响。杨渝川等（2003）的研究表明，绝大多数青年都有自己的同伴。同伴在学业成就上有很高的同质性，而同伴对青年学业成就的影响，取决于同龄人群体的学习倾向性。成绩较好并希望积极上进的同伴能够提升青年的学业成就，而成绩较差并不看重成功的同伴则对青年的学业成就不利。一项对同伴的研究发现，随着时间推移，青年会因受同伴学业成就的影响有所变化。拥有高学业成就同伴的青年，其学业成就可能会有所提升。

（二）学校环境的因素

1.校园文化的作用

青年成长的大部分时间是在学校度过的，因此学校是青年成长的重要地方。校园文化作为一种无形的教育力量，具有隐性教育作用，对青年的学业成就具有重要影响。整洁优美的校园可以为青年提供良好的学习环境，图书馆可以为青年探索新知识提供便利，名人雕塑可以激励青年对科学知识的探索，这些都在不同程度上满足青年的需要，激发青年的求知欲，对青年的学业成就具有重要作用。另外，良好的学校教育制度、校风可以陶冶青年的情操，引导他们树立正确的学习目标；学校的宣传栏可以宣传各种科学文化知识；丰富的校园文化活动，能够拓展青年的知识和能力。鲍振宙等人

[1] 蒋国河，闫广芬.家庭资本与城乡学业成就差异——基于实证调查基础上的相关分析[J].青年研究，2006(6)：33.

(2013)的研究发现,校园氛围对青少年的学业成就具有正向预测作用[1]。也有研究表明,校园氛围会影响学生的学习能力以及学业成就。当学生在校园中体验到安全感,受到他人关怀以及适当的支持时,会推动他们去学习,提高学业成就。

2.教师的作用

美国威廉(William)的研究发现,教师期望影响教师对学生学习成绩的评定,导致了不同学生的分数与他们的成绩差异。美国伊莱亚斯(Elias,1974)的研究表明,教师期望比性别差异、种族差异对学生的学业成就的影响更大。他们指出,在某种情况下,教师抱有高期待或者低期待,会使同一水平上的学生成绩出现一个标准差的浮动[2]。台湾学者的研究发现,教师对学生的期待、喜爱与学生学业成就有显著正相关。在教师期望组中,内控学生的学业成就显著高于外控学生的学业成就;教师的民主式领导行为有利于学生学业成就的提高,教师的权威式和放任式行为无助于或不利于学生学业成就的提高;教师的温暖关心对男生的学业成就作用大,教师的惩罚严厉对女生的学业成就作用大;教师对学生能力的期望会影响女生追求成就的倾向,影响男生逃避失败的倾向[3]。魏翠翠(2008)的研究也发现,教师期望与学生学业成就呈显著正相关。教师对学生学习、生活及工作各方面的指导和鼓励对提高学生的学习表现具有促进作用,能帮助学生树立正确目标,制订合理的学业规划,提高学生的学业成就水平。

(三)家庭环境因素

1.家庭社会经济地位

家庭社会经济地位是青年学业成就强有力的影响因素。我国张晓、陈会昌、张银娜和孙炳海(2009)的研究发现,家庭社会经济地位能够显著预测学生的学业成就,较低的家庭社会经济地位会在一定程度上损害学生的学业成绩。美国珍克斯(Jencks)的研究发现,家庭的社会经济地位比学校因素更能说明学生的学业成就差异。斯维尔(Swell)和霍瑟(Hauser,1976)的研究也提出,家庭社会经济地位与学生的学习成绩有很强的正相关。列文尼(1996)认为不同社会阶层家庭会为子女创造不同环境[4]。中产阶级家庭选择住在最好学校的附近或把孩子送到最好的学校,因此中产阶级家庭的孩子会或多或少地为好的学习成绩做准备。

---

[1] 鲍振宙等.校园氛围与青少年学业成就的关系:一个有调节的中介模型[J].心理发展与教育,2013;(1):61.

[2] 王蕾.教师期望效应最优化的策略[J].宁波大学学报:教育科学版,1999(4):12—16.

[3] 魏翠翠.教师期望对初中生学业成就、创造力的影响[D].济南:山东师范大学,2008:14.

[4] [美]约翰·桑特洛克.青少年心理学[M].寇彧,译.北京:人民邮电出版社,2013:523.

2.父母教养方式

父母教养方式是父母在抚养和教育子女过程中采取的手段和方法。社会学家桑得福·多恩布什(Sanford Dornbusch,1987)和其同事的一项研究表明,民主型的父母教养方式对子女学业成就的影响好于其他类型的父母教养方式,而父母教养方式变化不定的子女的学业成就水平更低。张新劳(2008)的研究发现,民主型父母的教养方式最有利于子女的学业成就,而放纵型父母的教养方式对子女的学业成就最为不利[1]。陆亚男(2004)的研究发现,学业成就良好的学生中,父亲的教养方式属于温暖理解的比例高于其他类型;采用积极教养方式的家庭中,学生获得高学业成就的可能性较大。一些研究还发现,专制型、溺爱型和忽视型的父母教养方式与子女学业成就呈负相关,民主型的父母教养方式与子女学业成就呈正相关。

3.父母期望

父母期望是父母心中子女的成长模式、发展轨迹和目标。父母期望对子女的学业成就具有重要影响。庞维国等人(2013)的研究发现,父母期望对子女的学习成就有显著影响。父母对子女期望越高,子女的学业成就越好。美国塞维尔(Sewell,1986)和豪舍(Hauser,1987)提出,尽管社会经济地位与子女的学习成就在统计学上相关,但社会经济地位的影响不是简单和直接的,而往往是父母期望等许多参与变量发挥中介作用的结果。他们的研究发现,父母期望等社会心理变量解释了 60%～80%的阶层背景和其子女学习成就之间的关系,表明了父母期望对子女学习成就的重要性。美国戴驰尔·劳瑞(Datcher·Loury,2001)的研究也发现,父母具有较高的教育期望对子女学习成就有显著和长期的影响。

(四)青年个体的因素

1.青年的性别差异

性别差异对青年学业成就具有重大影响。一方面,两性生理功能存在差异,导致其气质、性格等方面存在差异,影响其学业成就;另一方面,社会传统观念对男女社会角色的认知存在差异,导致其在学习成就上存在差异。有研究(2003)认为,女性的成熟早于男性,使得女性更易于形成良好的学习习惯,造成女性学业成就高于男性。男生与女生相比,比较外向,朋友多、好动,而女生相对安静、不善交际,对道德价值看得较重,多愁善感、多烦恼、易激动,这种男女生之间的个性特征差别可能是导致其学业成就差异的重要原因。姚本先、陶龙泽(2004)的研究表明,男女大学生在学业成就,尤其是学习成绩方面存在显著差异,这主要与男女间智力因素(如记忆力、观察力等)、非

[1] 张新劳.家庭因素对学生学业成就影响的调查研究[D].苏州:苏州大学,2008:4.

智力因素(如成就动机、兴趣等)的差异有关。王舒(2012)的研究发现,不同性别的学生在学业成就中的知识收获、能力收获和自我概念发展收获上存在差异,男生在知识的涉猎能力、批判思维能力和合作能力上较为优秀;女生在专业知识技能、口头表达能力、书面表达能力、组织领导能力、信息技术能力、自主学习能力和认识自我上较为优秀[1]。

2.青年的人格特质

青年的人格特质,如气质、能力、性格等会制约青年的学业成就。青年往往根据自身人格特质对学业进行选择,并根据自身需要进行规划。不同人格特质的青年在学习中表现不同,对其学业成就具有重要的影响。姚慧等人(1999)的研究发现,在智力水平相同的情况下,个性外向稳定的人比情绪不稳定、焦虑易怒的人学业成就高。因为过度内向的人无法化解自我与环境的矛盾,从而影响学业成就。我国赵小云(2007)的研究表明,学生的宜人性、谨慎性和开放性人格特质与其学业成就存在着显著的正相关,其中开放性和宜人性人格特质能有效预测其学业成就。不同学业成就的学生在宜人性、开放性和谨慎性人格特质上存在显著差异。

3.青年的成就动机

成就动机对青年的学业成就具有一定的预测作用。曹守莲、石沙泉(2006)的研究发现,军校大学生追求成功的动机与学业成绩呈显著正相关,避免失败的动机与学业成绩呈显著负相关;在追求成功的动机上,学业优良的军校大学生明显高于学业一般和较差的大学生;在避免失败的动机上,学业优良的军校大学生明显低于学业较差的大学生[2]。王静(2012)的研究表明,高职生成就动机及其各维度,与学业成绩呈显著正相关,成就动机对学习成绩具有正向预测作用[3]。陈权(2007)对大学生的成就动机与学业成就的研究指出,成就动机过强导致压力过大,不利于取得高的学业成就;而过度避免失败,对学业漠然置之,甚至退缩、逃避,也无法达到高的学业成就。只有当成就动机处于最佳水平时,才会使学习活动产生最佳效果。

四、青年学业成就的促进

(一)加强对青年的立志教育,激发青年的成就动机

远大的理想和志向可以推动青年不断努力学习和进步,取得学业成就。通过立志

---

[1] 王舒.基于自我报告的大学生学业成就差异研究——以广西大学为例[D].南宁:广西大学,2012:1.

[2] 曹守莲,石沙泉.军校大学生成就动机与学业成绩关系的调查与分析[J].中国健康心理学杂志,2006(1):78.

[3] 徐学绥.高职生学习成就动机、学业延迟满足与学业成绩的关系研究[D].广州:广州大学,2012:31.

教育能够帮助青年认识到学习的意义，把自己的奋斗理想和祖国的繁荣富强联系起来，增强青年的责任感与使命感，启发青年自觉勤奋学习。成就动机是在一定社会、教育条件下形成，并通过一定训练培养和提高的。要加强对青年的立志教育，通过成就动机的训练可以提高青年在学业上的表现，提升能力。成就动机训练一般分为以下几个步骤。

表 7-4 成就动机的训练步骤

阶段	训练内容
意识化	通过对青年的讲授、谈话、讨论，使他们意识到成就动机的重要性，注意到与成就动机有关的行为
概念化	通过多种方法，使青年理解和成就动机有关的概念，如目标、风险、努力、勤奋、挫折等，并了解这些概念与成功之间的关系
体验化	通过体验活动，使青年体验成功，获得成就的经验和感受
练习	通过多次练习重复，不断加深青年对成功的理解和体验
迁移	促进青年将学到的对成就动机的理解、体验、行为策略应用到其他场合，能够举一反三，触类旁通
内化	青年将成就动机转化为自身的需要，逐渐成为自己价值观的一部分，能够指导自己的学习和工作，知道如何获得成功

（二）父母要采取正确的教养方式，创造良好的家庭氛围

父母的教养方式对青年学业成就具有重要影响。专制型父母的教养方式要求子女按家长意愿做事，束缚子女的发展空间，降低了子女的学业成就；溺爱型父母的教养方式使子女在父母庇护下成长，当子女遇到困难时往往求助于父母，造成子女的学业成就不高；忽视型父母的教养方式对子女的教育不闻不问，子女在成长过程中遭遇困难无人帮助，因而学业成就较低；民主型父母的教养方式给予子女充分自由，对子女成就有较为合理的期望，必要时给予指导帮助，尊重子女，重视对子女独立能力的培养，因此子女的学业成就较高。所以，父母要努力为子女营造一个和谐平等的家庭环境，使子女感受到父母的关爱。父母应当以积极的心态面对生活中的压力，并具备高度的家庭责任感，展现出积极、乐观的人生态度和自强不息的精神风貌，这样子女才能情绪稳定、意志坚定，具有较高的成就动机，才能更好地促进学业成就的发展。

（三）教师要关心爱护学生，营造良好的校园文化

教师的关心和爱护对青年学业的发展具有十分重要的作用。教师应采取正确的教育教学方式，加强与学生的沟通，激发学生的学习兴趣，充分调动学生的学习积极

性。教师对所有的学生要一视同仁，要关心爱护学生，得到学生的信任和真心，引导学生相信自己的能力，培养学生的自尊心、自信心和独立自主意识，让学生了解自己的长处，激发其成就动机。此外，学校还应开展丰富多彩、积极向上的活动，为学生营造良好的校园文化，帮助学生形成积极的心理品质，树立远大理想，促进学生取得学业成就。

复习巩固

1.青年学业成就有哪些特点？
2.影响青年学业成就的因素主要有哪些？
3.如何促进青年的学业成就？

第四节　青年的职业成就

职业生活在人的整个生涯中占有重要的位置。青年期是职业生活开始和不断发展的时期，青年的职业成就决定着青年职业生涯的发展前途。

一、职业成就的含义

关于职业成就（professional achievements），不同的学者有不同的解释。英国学者斯顿夫（S.A. Stumpf，1982）将职业成就解释为一个人在其工作经历中所累积起来的积极的、心理上的或是与工作相关的成果或成就[1]。美国赛贝尔（Seibert，1999）等人认为，职业成就指的是个体在工作经历中逐渐积累和获得的心理感受及与工作相关的表现水平[2]。本章中，青年的职业成就是青年在工作过程中积累和获得的客观物质财富和地位声望，以及产生的主观心理感受。

二、青年职业成就的特点

（一）青年所获得的客观职业成就不同

客观的职业成就（objective careers）指的是从外部的视角采用可观察的指标来描述个体职业生涯状况，这种描述往往来自于社会的标准。客观职业成就可以用报酬、晋升次数、可支配的权力、拥有财富的多少等外部尺度来衡量。美国奈杰尔·尼科尔（Nigel Nicholson，2005）等人对客观职业成就的标准做了深入探讨，认为客观成就由职业旅途中所取得的可证实的、可观察到的价值成果构成，包括地位和头衔（等级位置），物质成功（财富、财产、收入能力），社会声誉与尊敬、威望、影响力，知识与技能，友谊、社交网络，健康与幸福等标准[3]。

我国刘庆（2007）的研究发现，高校青年教师的工作生活质量普遍较高，但多数青年教师不满足于现状，而将学习和深造作为今后努力的方向，以期能进一步提高工作生活质量。罗鸿超（2012）的研究发现，青年护士工作变化、自我成长及人际互动得分在中等水平以上，而升迁制度、工作福利、工作保障、环境支持、参与决策则低于中等水平，其中升迁制度、工作福利得分最低。

---

[1] London，M. & Stumpf，S. A.(1982). Managing Careers Reading，M A：Addison － Wesley，34.

[2] Seibert,S.E，Crant,J.M，& Kraimer,M.L.(1999). Proactive personality and career success.Journal of applied Psychology,84(3),416.

[3] Nigel Nicholson，Wendy De Waal Andrews.(2005). Playing to Win：Biological Imperatives，Self－regulation，and Trade－offs in the Game of Career Success. Journal of Organizational Behavior，(26),51.

（二）青年所获得的主观职业成就不同

主观的职业成就（subjective careers）指的是个体对其职业的不同方面做出的主观认识和评价，这种认识和评价往往来自于个体的主观感受。青年有不同的职业渴望，对收入、就业保障、工作地点、地位、工作进步、学习机会、工作和家庭平衡等重视程度不同，主观的职业成就也就不同。大多数情况下，主观职业成就表现为工作或职业的满意度。美国贾奇（Judge，1997）认为工作满意度是衡量主观职业成就最有效的指标[1]。博得瑞（Boudrean，2001）、赛贝尔（Seibert，2001）认为职业满意度是衡量主观职业成就的最有效标准[2]。亚瑟（Arthur）指出主观职业成就包括对于取得的成就感到骄傲、内在的工作满意度、自尊、对工作角色或者制度承诺、恪守相互关系、精神上感到满足等[3]。赫斯林（Heslin，2005）则认为一个人对自己实际的和期望的成就的心理感受不只是一时的工作满意度，而应包括更多内容，如自我认同、目标的实现、工作与生活的平衡等。

在这里，我们着重讨论青年的工作满意度和职业满意度的问题。工作满意度是指青年对工作内容、工作性质、工作的条件等工作要素的一种心理感受和态度。职业满意度是指青年对所从事的职业整体的满意评价。研究发现，从事不同职业青年的工作满意度和职业满意度是不同的。叶先宝等人（2011）的研究发现，青年乡镇基层干部的工作满意度相对较低[4]。胡月星、李建良（2011）的研究发现，青年基层干部的工作满意度在个人发展维度上显著高于其他年龄段的基层干部[5]。刘海兵（2011）的研究发现，青年武装文职干部的工作成就感不强，工作待遇相对较低，薪酬待遇满意度不高，但在升迁发展维度上满意度较高。董峰（2012）的研究发现，高校青年教师的整体职业满意度水平较高，他们对职业满意度各因素的满意状况由高到低依次是：工作认同、自我实现、物理环境、人际关系、人职匹配、制度环境、工作收入、工作压力[6]。翟福方（2012）的研究发现，青年公务员的整体工作满意度较低，他们对工作满意度各因素满

---

[1] Judge，T.A.，Loche，E.A.，& Durham，C.C.(1997).The dispositional causes of job satisfaction：Acore—evaluation app roach.Research in Organizational Behavior，19(2)，151—188.

[2]]Boudreau，J. W.，Boswell，WR.，& Judge，T. A.(2001). Effects of personality on executive career success In the United States and Europe.Jounral of Vocational Behavior，58(1)，53—81.

[3] Arthur，M. B，Svetlana N. Khapova，& Celeste，P. M.(2005). Wilderom，Career Success in a Boundaryless Career World. Journal of Organizational Behavior，(26)，78

[4] 叶先宝，蔡吴玮，苏皓.乡镇干部工作满意度的实证研究——基于对 238 名乡镇干部的问卷调查分析[J].人力资源管理，2011(5)：53.

[5] 胡月星，李建良.不同地区基层党政干部工作满意度实证调查[J].中国浦东干部学院学报，2011(1)：85.

[6] 董峰.江西省高校青年教师职业满意度研究 H 大学为例[D].南昌：江西师范大学，2012：53.

意程度由高到低依次为：同事关系、上级、管理制度、工作本身、自我发展、工作条件、工资福利[1]。童夷的研究发现，中小型民营企业青年员工的工作内部满意度较高，而工作外部满意度较低。青年员工对中小型民营企业的薪酬制度不满意[2]。刘春华(2011)的研究发现，大学生村官对工作的满意度整体较低，其中对工作回报、自身发展满意度较低，对领导管理、工作本身满意度呈中等偏下水平，对人际关系满意度呈中等偏上水平[3]。

三、影响青年职业成就的因素

(一)青年的人力资本

人力资本(human capital)是指劳动者受到教育、培训、实践经验、迁移、保健等方面的投资而获得的知识和技能的积累。贾奇(Judge，2001)等的研究发现，人力资本与主客观职业成就呈显著正相关，拥有硕士学位、主修工商或法律、就读于名校的青年能获得较高的薪酬而拥有国际工作经历、工作经验较丰富的青年会获得较多升迁机会；工科专业、名校毕业的青年的职业满意度较高，工作经验较丰富、非名校毕业的青年的职业满意度较低。也有研究表明，青年所读学校的综合水平可正面预测主观职业成就。奈杰尔·尼科尔(Nigel Nicholson，2005)等人的分析表明，工作时数、工作投入、工作任期、工作经验、转换工作意向、教育程度、职业生涯规划、政治知识与技能等人力资本因素对薪资水平等客观职业成就因素有着显著的正向预测作用。美国哈山(Hassan，2007)的研究显示，人力资本变量，包括教育水平、工作投资、工作经验及工作时间与职业成就存在显著正相关[4]。

(二)组织对青年的支持

组织支持(organizational support)是指组织对于员工的帮助和指导，以协助员工达成职业成就。组织支持资源包括职业支持、上级支持、教育培训或技能发展的机会等。由于激烈的市场竞争，组织为了持续发展的需要，会对青年员工进行投资，但是这种培训机会对于每个青年员工来说并不是均等的。那些获得较多上司支持、有机会接

[1] 翟福芳.青年公务员工作价值观、工作满意度及其关系研究[D].济南：山东大学，2012:56.

[2] 童夷.中小型民营企业青年员工组织公平感、心理契约和工作满意度的关系研究[D].福州：福建师范大学，2012:51.

[3] 刘春华.大学生村官工作满意度提升策略研究——以许昌、平顶山为例[D].重庆：重庆大学，2011:42.

[4] Hassan ,I. & Ballout. (2007). Career success: The effects of human capital, person－environment fit and organizational support. Journal of Managerial Psychology , 22 (8),741－765.

受技能培训的青年员工，较易获得职业成就。

奈杰尔·尼科尔(Nigel Nicholson，2005)等人的研究发现，职业支持、上级支持、教育培训或技能发展的机会和组织资源与薪资水平呈显著相关；职业支持和教育培训或技能发展的机会与晋升弱相关；职业支持、上级支持和教育培训或技能发展的机会与职业满意度呈显著正相关。

(三)青年的性别、婚姻状况

青年的性别、婚姻状况等也是影响其职业成就的重要因素。我国翟福芳(2012)的研究表明，与女青年公务员相比，男青年公务员对上级领导的满意度较高，未婚青年公务员对同事关系的满意程度高于已婚者[1]。童夷(2012)的研究发现，中小型民营企业中，女青年员工的工作满意度高于男青年员工，已婚青年员工的工作满意度高于未婚青年员工，差异显著[2]。美国依伯比亚(Igbaria，1990)的研究发现，在对年龄、工作经验、职位这些变量进行控制的情况下，女性的薪资水平比男性低[3]，可能是女性在人们心中的刻板印象是低效率、容易离职，所以女性往往任职于组织中的低层工作岗位，薪资水平低。已婚的员工获得较高的报酬而且晋升次数也多，但他们的工作满意度却并不高。

(五)青年的个性特征

个性特征与职业成就存在密切联系。贾奇(Judge，1999)的研究发现，责任心能够很好地预测主客观职业成就，那些责任心比较强的人更容易获得职业上的满足感、较高的薪酬以及晋升到更高的职位。而神经质对于职业成就的影响是负向的，外倾性与主观职业成就并不存在相关性，但却对客观职业有显著的正向影响。也有研究发现，宜人性与客观职业成就呈负相关，与主观职业成就呈中度正相关。开放性与薪资水平呈弱正相关，与晋升次数不相关，与职业满意度呈中度正相关。由此可见，青年的职业成就也受到个性特征的影响。

---

[1] 翟福芳.青年公务员工作价值观、工作满意度及其关系研究[D].济南：山东大学，2012：56.

[2] 童夷.中小型民营企业组织青年员工公平感、心理契约和工作满意度的关系研究[D].福州：福建师范大学，2012：51.

[3] Igbariam，& Chidambaraml.(1997). The impact of gender on career success of information system professionals: A human capital perspective. Information Technology & People， 10(1)，63 — 86.

案例：马云：来自"草根"的商业精英

1999年，一个中国年轻人在美国硅谷融资被拒绝了20多次。他有点沮丧地来到一家餐厅吃饭，突然问女服务员，知不知道"阿里巴巴"是什么意思。服务员说，知道啊，芝麻开门嘛！他兴奋地跑到街上，又问了差不多20个人。人们以为他疯了。其实，他只是想给自己未来的跨国公司起个全世界都懂的名字。

15年后的9月19日，一家名叫阿里巴巴、被誉为"中国经济重量级选手"的企业，正式登陆美国纽约证券交易所(New York stock exchange)，发行价68美元，股票代码BABA。阿里巴巴以218亿美元的融资额创造了美股史上的最大规模的首次公开募股(Initial Public Offerings)。这家企业的掌门人，就是当年那个不少人眼里天马行空甚至有点"疯狂"的中国年轻人———马云。

与中国互联网多数"海归派""技术派"的风云人物不同，马云的教育背景相当一般。他就读于一所很普通的小学，虽然成绩在班上是最好的，但全校没有一个人考上重点中学。高考失利后，因为家里没有背景，马云被警校、肯德基快餐店甚至一家酒店的洗衣坊拒绝。他曾经做过一名运送杂志的三轮车夫。如果说马云跟其他"草根"有什么不一样的话，那就是马云总是在别人还在抱怨时，已经跑去想办法改变现状了。

"无背景、无资金、无人脉"，多数人认为，在中国做生意，如果是这种"三无"条件，实在太难。马云"下海"之初也体味到了这一点。1992年，马云辞掉英语老师的工作开始经商。做生意远比他想象的难得多，开翻译社、贩卖义乌小商品，都没能挣几个钱。他不停地寻找心目中新鲜、带劲的项目。终于有一天，他知道了"互联网"这个东西，于是马云当机立断创办了中国黄页。他骑着自行车把半个杭州城老板的门都敲了一遍去拉广告，多数人都把他当成骗子。

也许，面对这种情况，99%的人都可能选择放弃，但马云却萌生了一个想法：既然做生意这么难，我就自己办一家企业，"让天下没有难做的生意"。

10年前，很少有人相信马云可以成功。因为，中国没有征信体系、没有配套物流，不具备电子商务的社会基础，甚至马云创办淘宝网后，也有很长一段时间有流量没交易，因为没人相信陌生人。在各种条件都欠缺的中国市场夹缝中，阿里巴巴逐渐发展壮大，创造了经济奇迹。

四、青年职业成就的提高

(一)组织要加强对青年的关心与支持

组织对青年的关心与支持,对青年职业成就的提高具有重要影响。组织要加强对青年职业成就的关注,为青年提供良好的工作条件、提供职业发展信息、开展职业生涯管理活动等激发青年的职业兴趣、职业坚定性和职业发展愿望,提高青年的适应和创新能力。组织要对青年获得的成就及时给予支持、鼓励与表扬,给青年提供公平、公正的竞争环境,帮助青年制订职业生涯发展规划、逐步实现职业成就目标。同时,组织要关心青年的各种需要,关心青年的生活情况,满足青年的合理需要,促进青年努力工作,帮助青年取得更高的职业成就。

(二)培养青年的工作责任心

工作责任心是个体在工作中认识到工作职责,并将职责内化成自己应该履行的义务,主动为职责承担相应后果的稳定的心理特质。青年的工作责任心对提高职业成就具有积极意义。培养青年的工作责任心至关重要。有关部门应对青年进行鼓励和肯定,使青年获得对工作的归属感,加强青年对工作的认同;使青年认识并明确自己的工作职责,认识到工作的重要性,唤起工作责任感。要多与青年沟通,了解青年的工作情况及工作中遇到的困难,帮助青年提高职业成就。

(三)提升青年的工作执行力,加强对青年的教育培训

工作执行力是个体在工作中理解、贯彻、落实、执行决策的能力。较强的工作执行力可以提高青年的职业成就。无论青年从事何种工作,都需要有工作执行力。没有工作执行力的青年最终都会被工作岗位抛弃。因此,提升青年的工作执行力十分必要。此外,要加强对青年的教育培训。当前社会发展快速,青年要适应职场中的变化只有通过不断学习才能达到。知识和技能是青年生存和发展的资本,有知识和技能的青年才有能力承担工作岗位赋予的责任,创造更大的工作价值,取得更大的职业成就。要不断提高青年对工作技能的掌握水平,提升其业务能力,发掘青年的潜力和价值,引导其发挥自身优势;要培养青年积极进取、脚踏实地、开拓创新的精神,充分发挥其主观能动性,使青年能够创造性地开展工作;要进一步完善对青年的激励机制和监督约束机制,激发青年对工作的积极性和创新性,督促青年对工作任务的执行,提升其工作执行力,提升青年的职业成就。

复习巩固

1.青年职业成就有哪些特点？

2.影响青年职业成就的因素有哪些？

3.如何提高青年的职业成就？

要点小结

1.青年的成就指的是个人在青年时期的学习、工作表现，和与之有关的动机、能力、情感以及行为等各方面的发展。成就的理论主要有成就需要理论、成就动机理论、成就目标理论、成就归因理论等。

2.青年成就研究的意义在于：现代社会的发展要求对青年的成就进行研究；青年的众多选择促人们使对青年的成就进行研究；青年的成就差异需要人们对青年成就进行研究。

3.成就动机是青年在成就需要基础上产生，激励青年认为有价值的或重要的任务乐意去做并且力求成功的一种内在驱动力。青年的成就动机在不同性别、不同专业和不同学校等方面存在差异。

4.激发青年的成就动机应做到：青年要树立远大的理想，明确恰当的奋斗目标；培养青年的好奇心与求知欲；正确使用奖惩手段，提高青年的成就动机；鼓励青年参与适当的竞争活动。

5.青年的学业成就指的是青年通过学习训练所获得的知识技能、能力以及情感态度和价值观等各方面的发展水平。青年的学业成就具有准备性、差异性、决定性、累积性的特点。

6.提高青年的学业成就应做到：加强对青年的立志教育，激发青年的成就动机；父母要采取正确的教养方式，创造健康的家庭氛围；教师要关心爱护学生，营造良好的校园文化氛围。

7.青年的职业成就是青年在工作过程中积累和获得的客观物质财富和地位声望等（即工作生活质量）以及产生的主观心理感受。提高青年的职业成就应做到：加强组织对青年的关心与支持；培养青年的工作责任心；提升青年的工作执行力，加强对青年的教育培训。

关键术语

成就	achievement
成就理论	achievement theory
成就动机	achievement motivation
学业成就	academic achievement
职业成就	professional achievements

复习题

一、单项选择题

1.个人在青年时期的学习和工作表现,以及与之有关的动机、能力、情感以及行为等各方面的发展称之为青年的(　　)。

A.动机　B.成就　C.发展　D.前途

2.成就需要理论是由下列哪位美国著名心理学家提出来的(　　)。

A.麦克里兰　B.阿特金森　C.默里　D.韦纳

3.在成就需要基础上产生,激励青年认为有价值的或重要的任务乐意去做并且力求成功的一种内在驱动力称为青年的(　　)。

A.任务动机　B.归属动机　C.内部动机　D.成就动机

4.成就目标理论的提出者是美国心理学家(　　)。

A.德维克　B.阿特金森　C.韦纳　D.默里

5.青年通过学习训练所获得的知识技能、能力以及情感态度和价值观等各方面的发展水平称为(　　)。

A.工作成就　B.职业成就　C.学业成就　D.知识成就

二、多项选择题

1.研究青年成就的意义在于(　　)。

A.现代社会强调对青年成就的研究

B.青年的个人发展要求对青年的成就进行研究

C.青年的众多选择要求对青年的成就进行研究

D.青年的成就差异需要对青年的成就进行研究。

2.青年的成就动机具有以下特点(　　)。

A.性别差异显著　　　　　B.专业差异显著

C.学校差异显著　　　　　D.地区差异显著

3.激发青年的成就动机应做到(　　)。

A.青年要树立远大的理想,明确适当的奋斗目标

B.要培养青年的好奇心与求知欲

C.正确使用奖惩手段,提高青年的成就动机

D.鼓励青年参与适当的竞争活动

4.青年的学业成就具有(　　)。

A.准备性　　B.差异性　　C.决定性　　D.累积性

5.提高青年的职业成就应做到(　　)。

A.加强组织对青年的关心与支持　B.培养青年的工作责任心

C.提升青年的工作执行力　　　　D.加强对青年的教育培训

三、判断对错题

1.青年的成就动机对其积极人格具有重要影响。(　　)

2.青年的学业成就只受社会、家庭、学校三个方面影响。(　　)

3.培养青年的工作责任心对青年职业成就提高具有重要作用。(　　)

4.韦纳的成败归因理论认为,能力是外在不稳定的因素。(　　)

5.加强立志教育,激发青年的成就动机可以提高青年的学业成就。(　　)

第八章　青年的人际关系与改善

本章你要学习什么?

人际关系不仅是青年日常生活的润滑剂,也是青年事业成功的催化剂。正处于青春年华的青年,对人际交往的需求尤为强烈。哪些人际关系对青年的影响更为重要而长久?青年应该如何营造并维系良好的人际关系?本章将对这些问题进行阐释。希望通过本章的学习,能让人们认识到青年人际关系的重要性,并学会如何更好地处理人际关系。

第一节　概　述

每个青年都不是孤立地生活在社会上，总要在社会生活中与他人结成各种关系、发生各种联系。青年是否具有良好的人际关系直接影响到自身的成长成才。青年只有处理好人际关系，才能更好地生存和发展。

一、人际关系的含义

人际关系(interpersonal relation)的概念是在20世纪初由美国人事管理协会最先提出来的。青年的人际关系是为了满足某种需要，通过交往而形成的彼此间比较稳定的心理关系。从这个定义可以看出，青年的人际关系以需要为基础，其发展变化取决于双方需要满足的程度。同时，青年的人际关系以情感为纽带，以交往为手段，交往频率越高，人际关系越容易向纵深发展。

二、人际关系的类型

人际关系的错综复杂使得心理学家对人际关系的分类众说纷纭，也因此把人际关系划分为不同的类型。

(一)按人际关系的媒介分类

主要有：(1) 血缘人际关系，指因血缘联系而形成的人际关系，如亲子关系、夫妻关系、婆媳关系等；(2)地缘人际关系，指人们因共同的生活空间而形成的人际关系，如邻居关系、老乡关系、校友关系等；(3) 业缘人际关系，指人们在职业、行业、专业、事业的基础上建立的人际关系，如同事关系、上下级关系、合作关系等；(4)趣缘人际关系，指人们因情趣爱好相投建立的人际关系，如喜爱旅游形成的人际关系、喜爱体育或文艺活动而形成的人际关系等。

(二)按人际关系的性质分类

主要有：(1) 主从型人际关系，指在交往双方中，一方处于主导和支配地位，另一方则处于服从或被支配地位；(2) 合作型人际关系，指交往双方为了达到共同的目标而达成的互相配合、互相帮助的人际关系；(3) 竞争型人际关系；指交往双方为了各自的目标而互相竞赛、互相排斥的人际关系。

(三)按个体与他人关系的表现形式分类

主要有：(1) 谦让型人际关系，其特征是“朝向他人”，在人际交往中考虑他人的感受，希望得到他人的认同和接纳；(2)进取型人际关系，其特征是“对抗他人”，在人际交往中想知道他人力量的大小，及是否对自己有用，而且对地位高于自己的人容易趋炎附势，对地位不如自己的人则会“横眉冷对”；(3)分离型人际关系，其特征是“疏离他人”，这类人常想到的是他人是否会打扰自己的生活，尽量避免和他人有过多的接触。

除上述分类外，还可以根据人际关系的构成基础将其分为一对一、多方一对、多方多对、群体复合的人际关系；根据人际关系的联结方向分为横向和纵向的人际关系；根据人际关系心理联结的性质分为以感情或利害为基础的人际关系、或陌路的人际关系；根据人际关系情感融合的相对程度，分为轻度卷入、中度卷入和深度卷入的人际关系；根据人际交往的固定程度分为固定和非固定的人际关系；根据人际关系的影响程度分为利害和非利害的人际关系，等等。

三、人际关系的理论

人们为什么需要人际关系？人际关系是如何形成的？心理学家从多方面进行了不同的诠释。

(一)本能论

这种理论认为，需要人际关系是人类的一种本能，是人类生物进化的自然选择。因为人类的祖先生活在恶劣的自然环境中，必须依靠群体的力量来共同面对和抵御自然灾害、毒蛇猛兽等的侵害，才能生存下来。因此，人类形成了合群的习性，并通过遗传基因传递给后人。人类有交往，渴望得到别人的接纳认同。人类通过人际关系才能够获得归属感、安全感。人类有亲合动机，即希望与家人、朋友等建立亲密联系，保持来往，获得爱情、亲情和友谊的需要，与群体保持一致的需要。心理学家通过研究发现，许多动物，如鱼、蚂蚁、蜜蜂、大象、猴子等也有合群的本能。为了证实这种理论，心理学家进行了大量实验。例如美国心理学家哈洛(H · Harlow)等人以恒河猴为例做过一个著名的“社交剥夺”实验。他们将实验的恒河猴关在一个不锈钢的笼子里，其喂养工作全部自动化，隔绝这些恒河猴与其他猴子的沟通。结果显示，与有正常沟通的恒河猴相比，缺乏沟通经验的恒河猴明显缺乏安全感，不能与同类进行正常交往。将这些恒河猴与正常喂养的猴子放在一起，它们总是蜷缩在笼子的一角，表现出极大的惊恐，甚至一些本能的行为也受到严重的影响。猴子尚且如此，更何况是生活在社会中的人类。所以，渴望人际关系是人类的一种本能需要。

(二)人际需要的三维理论

美国社会心理学家舒茨(W.Schutz)提出的人际需要三维理论包括两方面，一是提出了三种基本的人际需要，即包容需要、支配需要和情感需要；二是根据个体在表现上述三种基本人际需要时的主动性和被动性，将人的社会行为划分为六种人际关系的行为模式（见表8-1）。个体与社会情境之间的联系是由这三种人际需要决定的，如果这些需要得不到满足，就可能会出现心理障碍，影响心理健康。

表8-1 人际关系行为倾向表

需要种类	行为倾向	
	主动性	被动性
包容需要	主动与他人交往	期待与他人交往
支配需要	支配他人	期待他人支配
情感需要	主动表示友好	期待他人情感表达

（三）社会交换理论

美国社会学家霍曼斯(G.C.Homans)采用行为主义的强化原理和经济学的原理来解释人际关系，提出了社会交换理论。他认为人际交往活动具有社会性。当个体做出某种交往行为时，必定会引起交往对方相应的行为，所以人际交往活动实际上是一种交换活动。在人际交往中，人们需要付出精神与物质上的交往成本，如对他人的关心、帮助、支持、送礼、金钱等。人们通过付出交往的成本而得到回报，即得到物质和精神方面的利益。人们总是希望交往双方保持账目平衡，能够获得更多的利益。

社会交换理论暗含着人际交往中的“分配公平”的原则。在人际交往中，个体如果发现自己获得的利益与付出的成本，与交往对方的这一比例大致相同，则认为实现了“公平分配”，心理上是平衡的，人际交往可能进一步持续下去。如果个体发现自己的利益与投入之比低于交往对方，则感觉到心理不平衡，产生抱怨情绪，从而中断原来的人际交往。这个理论能够解释社会上部分的人际关系情况，但不能解释全部复杂的人际关系现状。它把人际关系看成是赤裸裸的交换关系，忽视了人与人之间的无私奉献，甚至为了帮助他人勇于献身的行为，这是其缺陷。

（四）人际交往分析理论

美国心理学家伯恩(Eric. Berne)经过大量实践分析，提出了一种人际相互作用的心理分析理论。他认为，每个人都有三种意识形成的三种人格角色，即父母意识支配下的“父母角色 P(Parent)”，成人意识支配下的“成人角色 A(Adult)”，孩童意识支配下的“孩童角色 C(Child)”。

父母角色以权威和优越感为标志，表现为统治人、训斥人等权威式的作风。当个体的人格结构中 P 成分占优势时，其行为表现为凭主观印象办事，独断专行，滥用权威。成人角色表现为客观与理智，其行为表现为待人接物冷静、慎思明断，对自己负责、对他人尊重。孩童角色有儿童式的冲动，表现为服从、任人摆布、喜怒无常、感情用事、不负责任、遇事无主见、逃避、退缩、自我中心。

在P、A、C三种人格成分中，P、C具有盲目性、被动性和两面性，而A具有理智性、自觉性、客观性，致力于了解事物真相，能够站在别人的角度审视自己，具有反省能力。在人际交往中，成人角色的心理状态是解决问题的主要途径。成人的交往刺激往往引起对方做出成人的反应，使人际互助的关系持续下去。所以，在人际交往中人们应摆脱P的专断和C的冲动。

生活中的心理学

案例：如何测量人际关系？

人际关系常用的测量方法主要有社会测量法和参照测量法。

社会测量法是由美国心理学家莫雷诺(J.L.Moreno)于1934年创立的一种用来测量和评估社会人际关系的方法。这种方法是通过提出一些人际选择性的问题，让被测群体内的成员对相互关系进行判断和选择，然后把人们互相选择的结果通过图表或统计数据的形式反映出来，揭示出该群体的人际关系状况。

社会测量法可以测量以下内容：(1)个体在群体中的地位，如哪个人能够得到大家的接纳和喜欢；(2)揭示人们相互之间的关系，如谁与谁的关系亲密，谁同谁的关系疏远；(3)发现群体内的亚群结构，如哪些人在群体内结成紧密联系的小团体等；(4)把握人际关系整体结构的性质、类型和层次，如整体的凝聚力的强弱、和谐程度的高低等。该方法的实施要求明确测量的主题体、制作问卷、实施测量、结果处理等步骤。社会测量法具有广泛的适用性，可以测量不同类型的团体的人际关系，尤其对于松散的群体更为有效。

参照测量法是苏联心理学家彼得罗夫斯基创立的方法，这是一种测量群体中最能发挥作用和最有影响力人物的一种方法。

该测量方法的步骤如下：(1)群体成员之间相互进行书面评价；(2)为每位成员准备一个信封，将其他成员对他的评价全部集中放入信封；(3)允许成员自由选择看群体中10%的人对自己的评价。参照测量法的优点是隐去了测量的真实目的，被试在不知不觉中反映了自己的真实动机，从而揭示出个人重视的人物。缺点是测量的群体人数较多时，评价较难，费时较长，因此一般应用于人数较少的团体测量中。

四、人际关系对青年的重要性

(一)满足青年归属与爱的需求

良好的人际关系不仅能给青年以心理的满足与愉悦,而且还会带给青年极大的安全感,消除他们的孤独、寂寞与不安情绪。美国著名心理学家马斯洛(Maslow)认为,人类有生理需要、安全需要、归属与爱的需要、自尊需要和自我实现的需要。其中第三层次的归属与爱的需要来自个体之外的他人和群体,必须通过社会交往所形成的人际关系网络才能实现。在这种人际关系网中,青年使自己归属于家庭、同事、朋友和其他群体,并从中获得关爱、友情和其他慰藉。

(二)促进青年深化自我认识

青年是在一定的文化环境中,通过与他人的相互作用、相互影响而认识到自己的优缺点,以及与别人的差异,更好地了解自己、完善自己。通过人际关系,有助于青年弄清楚"我是谁"和"我在别人心中的地位及形象",找准自己的社会角色和发展方向。

(三)促进青年的社会化

人际交往是个体社会化的起点和必经之路。青年的社会化进程是伴随着人际交往逐渐实现的。青年无论是学习文化知识和技能,还是掌握并遵守社会规范,养成良好的习惯,都依赖于与社会和他人的持续交往。青年学会与人平等交往,才能立足于社会,在交往中获得更多的信息和知识,保持与社会的联系,不断接受社会的教育和引导,明确自己的社会责任,获得社会的认可,成为一个成熟的、合格的、社会化的人。

(四)有利于青年的心理健康

社会心理学家认为,人类心理疾病的产生大多是由于人际关系的不适应。能够建立和谐的人际关系是衡量青年交往能力和心理健康的重要标志。良好的人际关系,能使青年感到被人接纳尊重,不仅有助于青年提升自我价值感,还能使青年保持愉快的情绪,有益于身心健康。反之,青年的人际关系失调,就会产生消极的情绪,导致挫折感、心情沮丧、心理失调,产生心理疾病。因此,良好的人际关系能够促进青年的心理健康。

复习巩固

1.什么是青年的人际关系?人际关系的类型主要有哪些?

2.比较人际关系理论的异同。

3.简要阐述人际关系对青年的重要性。

第二节　青年与父母的关系

家庭是青年成长的重要场所，父母在青年的成长中扮演着重要的角色。青年对于独立自主的渴望尤为强烈，所以他们与父母的关系在该阶段也会呈现出一些新的特点。

一、青年与父母关系的含义

青年与父母的关系是指青年与其存在血缘关系并共同生活的父母之间互动所构成的人际关系。父母与子女的关系是青年成长过程中最早的人际关系，是所有人际关系中最稳定、交流时间最长、最频繁和最具有深远影响的关系。青年与父母之间关系的好坏，不但对家庭氛围、家长的教育效果有影响，对青年的人生观、价值观和世界观的形成，以及他们的身心发展、个性特征、行为处事方式、人际交往的健康发展都起着至关重要的作用。

二、青年与父母关系的特征

（一）具有持久性和不可替代性

青年与父母的关系是以血缘关系为基础的，只要亲子双方存在，这种关系就永远存在，这是同伴关系、师生关系等所不能替代的。正是由于这种关系的持久性和不可替代性，更加凸显了青年与父母关系的独特性和重要性。这也要求青年务必重视并认真对待，努力建立与父母良好的关系。

（二）对父母的依恋减少

随着生理、社会性与认知等方面发生明显的变化，青年开始强烈要求父母把自己当作成人看待，要求拥有自己的隐私权，并且希望在发型、着装、交友等方面拥有更大的自主权，不再像儿童时期那样完全接受父母的安排和控制。同时，对父母的依恋逐渐消失，从情感、行为、观点上逐渐脱离父母，渴望摆脱对父母的依赖，并与同伴建立起亲密联系。

（三）与父母的关系不断变化发展

青年与父母的关系随着年龄的变化而变化。青年在早、中、晚期与父母的关系呈现出不同的特点。在青年早期，亲子冲突不断增加，亲子双方都认为没有儿童期的亲子关系那么和谐，父母对子女的控制和限制日益减弱。Montemayor(1983)针对青少年发育的时间和状态与亲子冲突的研究后发现，父母与青少年冲突呈倒U形发展[1]。另有研究表明，青少年对父母的消极情感呈线性增加，在15～16岁之间达到最高，接着有所下降；而父母对青少年的消极情感则呈抛物线，最高峰是在15～16岁之间，接着有所下降(Kim，Conger，Lorenz，etal，2001)[2]。青年中期，他们追求独立，但仍希望父母是朋友或者参谋，能够在升学、就业等重大问题上提供帮助。青年晚期，他们开始了自己的职业生活和婚姻生活，越来越独立，表现出对父母日益强烈的尊敬和感谢。

三、父母对青年的影响

(一)父母教育观念对青年的影响

父母是家庭教育的组织者和实施者，父母的教育观念决定着家庭教育的具体内容、方法及其走向。观念是灵魂，是行动的先导，父母教育观念对青年的个性、心理、社交能力等都产生深远的影响。父母教育观念是指父母在抚育子女过程中，对子女发展的期望及对子女在教育方面所持有的看法和认识。它直接影响父母对子女的态度，对子女的教育期望，对子女教育的目标、途径、策略、方式及行为，并对子女的发展产生重要的影响。Van der Slik(1996)的研究表明，母亲有关子女发展的概念与子女的个性、认知发展和社会性发展之间有显著关系。武世龙(2002)、付昌辉(2004)认为父母的教育观念对子女形成健康的个性品质、健全的人格，促进其成长成才有着举足轻重的作用。

(二)父母教养方式对青年的影响

在家庭的各种因素中，父母教养方式对子女的性格发展等起着至关重要的作用。吴文春等(2010)的调查显示，大学生的自信心与父亲的情感温暖理解、母亲的情感温暖理解、父亲的拒绝否认、母亲的拒绝否认呈显著正相关，与父亲的偏爱、母亲的偏爱呈显著负相关[3]。单铭磊(2010)的研究发现，大学生羞怯的特点与父母教养方式关系密切，与父亲和母亲情感温暖理解相关最大，与父亲过分干涉、母亲偏爱的相关最

---

[1] Montemayor, R. (1983).Parents and adolescents in conflict: All families some of the time and some families most of time. Journal of early adolescence, 3, 83－103.

[2] Kim, K.J., Conger, R.D., Lorenz, F.O., & etal.(2001). Parent－adolescent reciprocity in negative affect and its relation to early adult social development. Developmental Psychology, 37(6), 775－790.

[3] 吴文春.大学生自信心与父母教养方式的关系研究——以韩山师范学院大学生为调查对象[J].韩山师范学院学报，2010(4)：80.

小[1]。张磊(2011)的研究表明,大学生的人际交往总体水平与父母良好的教养方式呈显著正相关,与父母不良的教养方式呈显著负相关[2]。陈咏梅等(1999)的研究表明,20～35岁的青年女性吸毒者的父母教养方式存在许多缺陷,是导致她们吸毒的重要原因[3]。

许多研究还表明,父母教养方式是影响大学生心理健康的重要因素,不同的父母教养方式对子女的心理健康有不同的影响。大学生父母教养方式对子女心理健康的影响存在着一致性。王玉洁(2005)的研究表明,接受父母拒绝否认、过分干涉、惩罚严厉的教养方式的大学生有不同类型的心理不健康表现[4]。王倩倩(2010)等对本科生的调查发现,父母教养方式和大学生的依恋是其抑郁的重要影响因素[5]。

(三)父母人格特征对青年的影响

Hafiner(1996)的研究发现,青少年抑郁症患者父母的人格有其特征性,这种独特的人格特征既可能通过遗传的方式,也可能通过人格特征所表现出来的不良行为方式作用于患者,从而成为青少年抑郁症发病的促发因素。曾玲芸(2007)等的研究发现,青少年社交焦虑障碍患者父母的人格特征具有内向、易安静、内省、离群、不喜欢接触人,人际交往困惑、抑郁、焦虑、恐怖和偏执等特征[6]。刘彩谊等(2011)的研究发现,父母的人格对男性青少年网络成瘾患者的人格特征有影响[7]。这些研究都说明,父母的人格特征对青年有很大的影响。

四、青年与父母的冲突

(一)青年与父母冲突的含义

"冲突"源于拉丁文 Conflictus 的字根,原意是互相投掷和攻击。后来"冲突"一词被引用于人际冲突和社会冲突等不同领域的研究,但学者们对冲突的理解各有差异。例如,Smetana(1988)认为冲突是针对日常的时间、问题以及情绪上的压力产生的,其

[1] 单铭磊.大学生羞怯的特点及其与父母教养方式关系的研究[J].山东省青年管理干部学院学报,2010(5):56—59.

[2] 张磊.父母教养方式与人际归因对大学生宿舍人际关系的影响[D].武汉:华中科技大学,2011:1—2.

[3] 陈咏梅等.武汉市310名女性吸毒者的家庭背景及教养方式[J].中国药物依赖性杂志,1999(4):300.

[4] 王玉洁.父母教养方式与大学生心理健康的关系[J].中国临床康复,2005(32):110—111.

[5] 王倩倩.父母教养方式_依恋和大学生抑郁关系的实证研究[J].中国健康心理学杂志,2010(9):1103—1105.

[6] 曾玲芸,肖融,张伟.社交焦虑障碍患者父母的人格特征和心理健康状况调查[J].精神医学杂志,2007(6):346.

[7] 刘彩谊.男性网络成瘾患者人格特点及其与家庭因素的关系[J].中国药物依赖性杂志,2011(4):288—291.

特征是争吵和不愉快。我国台湾学者张德锐(1994)认为冲突是两个以上的角色,或两个以上的人格,因意识、目标或利益的不一致所引起的思想矛盾、语言攻击、权利纷争或行为纷争的互动过程。

我们认为,青年与父母的冲突是青年和父母之间的一种对立性的互动过程,既包括行为上的对立,如争吵、争论、谩骂、身体上的攻击等,也包括心理上的不一致,如互相反感、情绪对立、沉默、冷战、漠不关心等。

(二)青年与父母冲突的类型

青年与父母冲突的类型可以分为两大类:一是隐性冲突。这类冲突是青年与父母在心理上的回避、阻断、排斥、隔阂、冷战,它没有明显激烈的外在表现,主要是一种心理上的相互拒绝。由于隐性冲突双方没有语言或情感上的沟通,潜伏期较长,所以何时爆发明显的冲突难以预测。二是显性冲突。这类冲突一般分为语言冲突和行为冲突两种。语言冲突主要是指青年与父母因在认识、情感、思想等方面的分歧和矛盾激化而采取的语言上的对抗,表现为相互争吵或恶语攻击。行为冲突表现为拳打脚踢、相互攻击,往往会造成出许多不可预料的后果。

(三)青年与父母冲突的成因

1.青年心理发展的特点

青年随着自我意识的觉醒及成人感和独立意识的增强,渴望能够得到父母的认同、理解与尊重,但他们更多的是关注自我,不善于从父母的角度思考问题,往往用自己的标准来衡量父母的行为表现。如父母管教太多,青年会认为父母缺乏对自己的信任和尊重,以消极的态度应对父母的管教,甚至以极端的对抗行为来反对父母的教育,继而产生矛盾和冲突。此外,青年的问题行为、不良心理健康状况也是导致亲子冲突增加的原因之一。

2. 家庭环境及父母方面的原因

家庭环境是影响青年与父母冲突的重要因素。Manha(2000)的研究表明,家庭氛围对亲子冲突的行为具有预测作用。Martha 和 Rand 的研究表明,在关怀、支持的家庭氛围中,亲子之间分歧较少;而在充满敌对、专制的家庭环境中,亲子之间往往缺乏沟通和交流,相互抱怨,冲突较多[1]。Sunivan 等的研究显示,离家读大学的青年比经常在家的青年与父母的关系更好、冲突较少[2]。

---

[1] 孔海燕.青少年亲子冲突的研究现状[J].心理科学,2004(3):696－700.

[2] Duren, H. & Johnson,(2000).Young Adults Peer Conflict Tactics: Associations with Interparental Conflict, Family Cohesiun,and Parent－Child Conflict Tactics. Journal of social Behavior&Personality,459－474.

父母的教养方式、思维习惯等也会引发青年与父母的冲突。在父母眼里，孩子永远长不大，觉得孩子永远都需要自己照顾，这种思维习惯让父母不由自主地将对子女的爱转化为一种控制。当子女的自我意识越来越强，父母的这种教育就变成一种约束，直接导致青年和父母之间的冲突。研究表明，通过改变父母的教养方式，干预亲子冲突以建设健康的亲子关系，效果显著。通过亲子教育训练后，亲子冲突大大降低(孔海燕，2004)。

3. 两代人之间的差异

青年与父母之间由于生活阅历、社会环境、成长经历、所受教育等各方面的差异，相互之间会发生思想、观念、价值观等方面的矛盾冲突，从而产生代沟。Fisher，Johnsen(1990)认为父母对子女不能提供情感性支持，对子女期望太高以及亲子在家庭和社会价值观上的差异容易引发亲子间的冲突。陈竹华(1992)认为两代之间的观点分歧常是不和谐亲子冲突的来源。黄德祥(1994)认为，父母和青年之间存在年龄差距，各自的生活体验不同，因此两代人之间的思想观念和价值态度的明显差异，是引发亲子冲突的主要原因。李介至(1999)指出亲子冲突是因父母在生活责任或是价值认知观点上与子女的差异，会导致子女感到不被尊重、不被信任，被过度期望和过度限制等。

4.亲子之间缺乏有效的沟通

我国父母的家长权威意识比较强烈，容易把子女视为自己的私人财产，自己的附属物，从而忽视了子女与父母的相互作用。父母更多关注子女的学习，而对子女的精神世界关注较少，造成双方心理上的沟通发生困难。另外，许多父母不善于表达爱，情感教育薄弱，在与子女的沟通中，反复用否定词来指导子女的行为，以致沟通双方难以进行。此外，子女渴望有一个不受干扰的个人空间，不愿意说出自己的真实想法，这也是造成青年与父母之间缺乏沟通的重要原因。

复习巩固

1.父母对青年的影响体现在哪些方面？

2.青年与父母的冲突表现在哪些方面？是如何形成的？

第三节　青年与同伴的关系

随着青年多方面的成长，青年与同龄人的交往日益密切。在青年时期，同伴关系将代替亲子关系成为最重要的一种人际关系。

一、青年与同伴关系的含义

青年的同伴关系(peer relationships)主要指同龄人之间或心理发展水平相当的个体之间在交往过程中建立和发展起来的一种人际关系。同伴关系对青年的学习、社会能力和心理健康诸多方面都有深刻的影响。良好的同伴关系能为青年提供心理支持，有助于青年克服学习或工作上的困难，发挥自己的潜力，更好地适应社会生活。同时，良好的同伴关系对青年肯定和接纳自我，形成积极的情绪和健康的人格、提高人际交往的能力有着极大地推动作用；而不良的同伴关系往往是青年产生自卑、孤僻、紧张、焦虑、冷漠、攻击性等不良个性和情绪的一个重要来源。

二、青年同伴关系的类型

根据青年同伴交往的情况分为：(1)互动的同伴关系，指一方的行为是对对方行为的刺激或反应；(2)二元的同伴关系，指彼此熟识的两个人之间的一系列互动，其核心在于关心双方，能使这一关系长久维持，更深刻和亲密；(3)同伴群体，指处于共同的兴趣或环境而自发形成的同伴关系。

根据青年同伴关系的相互吸引或排斥分为：(1)友好型的同伴关系。这是彼此心理相容、互相悦纳，愿意将心里话告诉同伴，相互知晓对方、坦诚交流的人际关系；(2)冲突型同伴关系。这是心理上不能相容，行为上不能合作，表现为摩擦、冲突或对抗的人际关系；(3) 疏离型同伴关系。这是彼此之间相互忽略、冷淡对方、若有若无的人际关系。

根据青年同伴交往的亲密度分为：(1)一般型同伴关系，指能与同伴友好相处，但没能与同伴建立特别密切的关系，被同伴接纳的程度处于一般水平的人际关系；(2)拒斥型同伴关系，指与同伴交往不利，存在攻击、退缩、敌意等不良行为，被大多数同伴回避甚至厌恶的人际关系；(3)密切型同伴关系，指与同伴建立良好关系，拥有亲密的友谊，获得大多数同伴积极评价的人际关系。

三、青年同伴关系的特点

(一)讲求平等互助

随着青年年龄、知识水平、阅历、独立意识和自尊心日益增强,对友谊的平等性要求越来越高。他们希望双方能够在心理上互相平等,彼此坦诚相见,任何一方都不要把自己的意志强加于人。青年喜欢结交比较能宽容他人、理解他人的同伴,渴望相互间理解、尊重和平等的相处。

(二)注重精神交流

青年的交友动机相比其他成人要单纯一些,功利意识较少。多数青年以满足精神需求、互相学习、共同参与活动为主要交往目的。同伴关系一般都比较重义轻利,比较注重精神领域的交流。青年择友的条件大多为性格相合、兴趣相投和感情相容。因此,青年之间的交往比较真诚、自然,较少虚伪和世故。

四、影响青年同伴关系的因素

(一)外表与特长

青年的长相、穿着、仪表、风度等因素会明显地影响交往双方的相互吸引。一般来说,外表英俊、衣着整洁、举止文明的青年,在同伴交往中会给对方留下良好的印象,评价相对较高。Brodsky 与 Lerner 的研究表明,拥有运动型身材的男青年特别受欢迎。Kennedy(1990)的研究发现,外貌吸引人的青年比外貌不够吸引人的青年更受欢迎。Boyatais 等(1998)的研究也发现,青年对长相好的同伴有较高的评价。

青年如果在能力与特长方面比较突出,使人们欣赏、钦佩其才华,在同伴交往中会有很强的吸引力。但有一个很有意思的现象,即十全十美的青年并不具有最大的吸引力,因为人们会觉得其高不可攀,会敬而远之;而那些才能卓越又有些小缺点或弱点的青年,反而更讨人喜欢。

(二)时空的邻近性

俗话说:"近水楼台先得月""远亲不如近邻"。这说明时空距离是形成密切人际关系的一个重要条件。因接近的机会多而相识,因相识而彼此吸引,最终建立友谊,形成较为密切的人际关系,是十分寻常的事情。青年由于年龄相当,或同在一所学校学习、同住一个寝室，或在一起工作，经常接触，容易有共同的经验、共同的话题、共同的体会，从而建立起较为密切的同伴关系。

美国社会心理学家费斯廷格(L.Festinger，1950)曾对美国麻省理工学院已婚大学生的人际关系进行调查，结果表明，住居越近者，交往次数越多，其关系越亲密。在同一层楼房中，紧邻户交往的概率为41%，隔一户交往的概率为22%，隔3户交往的概率为10%。之所以产生这种情况，是因为近邻更便于交往、相互了解和互相帮助，彼此能更快地熟悉，更有安全感的缘故。

(三)个性品质

大量研究表明，个体良好的个性品质是赢取同伴欢迎的重要因素。一项研究发现，在青年的友谊关系中，人际因素比成绩或物理特征都重要(Tedesco&Gaier，1998)。我国著名心理学家黄希庭曾研究了大学生的人际关系，发现人际关系良好的大学生具有尊重他人、关心他人、对人一视同仁、富有同情心、持重、耐心、忠厚老实、热心班级活动、对工作负责、热情、开朗、喜欢交往、待人真诚、聪颖、爱独立思考、成绩优良且乐于助人等良好的个性特质。

(四)相似与互补

人们对某种事物或事件具有相同或相似的态度，具有共同的理想、信念和价值观，感情上就容易产生共鸣，形成密切的人际关系。所谓“物以类聚，人以群分”就是这个道理。美国心理学家纽卡姆(T.M.Newcomb，1961)用实验法研究过大学生的态度相似性问题，结果发现，大学生在人际交往中更看重彼此之间的态度、价值观和个性特征是否相似，超过了空间距离的重要性。Kindermann(1995)的研究发现，学业动机上相似的青年会选择组成同伴团体。潘玉进(2009)的研究发现，大学生同伴团体在某些方面，如学业成绩、社会行为上具有很高的同质性。

研究还发现，当交往双方在个性需求、社会特征等方面既有一定差别，又能互相包容时，会产生强烈的吸引。如性格外向的青年喜欢与内向的青年交朋友，一个能力强、喜欢指点别人的青年容易和相对能力较差、希望受到别人指导的青年成为亲密伙伴。

(五)社会交往能力

青年能否与其他同伴友好相处，社会交往能力是主要的内在因素之一。Newcomb等(1993)的研究发现，受欢迎的青年是因为他们有更强的社会交往能力，而不受欢迎的青年往往缺乏社会性技能。青年怎样与他人进行交往是决定其社会地位高低的主要原因，社会交往能力强的青年，能迅速意识到在一个不熟悉的社会环境中可能发生的情况，并能相应地进行调整。桑伟林(2010)的研究发现，目前一些大学生的人际交往能力令人堪忧，应通过各种有效路径和策略培养大学生的人际交往能力，以期促进大学生的同伴交往，并不断提高其自身的综合素质[1]。

复习巩固

1.青年同伴关系的类型主要有哪些？

2.影响青年同伴关系的因素有哪些？

[1] 桑伟林.大学生人际交往能力培养研究以山东大学为例[D].济南：山东大学，2010：2—3.

第四节 青年与教师的关系

教师在青年的成长成才过程中,尤其是在大学生的学习与生活中扮演着极其重要的角色。师生关系是大学生最重要的一种社会关系。拥有什么样的师生关系直接关系到大学生的身心健康和学业状况。

一、青年与教师关系的含义

什么是师生关系?《中国大百科全书》将其界定为"教师和学生在教育教学过程中结成的相互关系,包括彼此处的地位、作用和相互对待的态度等"。黄希庭教授(2004)认为,师生关系是人际关系的一种类型,是指在教育系统中教师和学生因其各自地位、任务及规范行为不同所形成的一种相互关系。杨继平(2005)认为,师生关系主要包括以教学内容为媒介的教学关系、以社会道德规范为基础的社会伦理关系,以及以心理交往为基础的人际关系。

我们认为青年与教师的关系是指大学生和教师在共同的教育教学过程中,因其各自的地位、任务及规范行为的不同,通过相互影响和作用而形成并建立起来的一种特殊的人际关系。

二、青年与教师关系的特点

青年与教师的关系既有一般师生关系的特点,又有其特殊性。从一般师生关系的特点看:一是教育性。师生的交往和师生关系的形成,必须以教育教学任务的完成和教育教学目标的实现为出发点和归宿。师生交往是教育工作的神圣要求,教师应对所有大学生保持始终如一的热爱和关怀。二是普遍性。教师对所有大学生都负有同样的社会责任和义务,心中得装着所有的大学生,与所有大学生交往。

从青年与教师关系的特殊性看,主要表现为:(1)关系相对民主,大学生比高中生人格更独立,思维更具活跃性、独立性和批判性,遇事喜欢刨根问底和争论。因此,高校教师常采用探讨和交流的方式和大学生互动来满足他们的心理需要。这种交流模式使大学师生间的关系相对民主和自由;(2)具有共享性,共享是指师生在教育教学活动中摄取双方创造的经验和智慧。师生双方在教学、写论文、做实验、科研等活动中共同探讨,发现问题、解决问题,共同提高、共同受益、获得新知,教学相长明显。

三、教师对青年的影响

教师是大学生的良师益友，是学校活动的主要组织者，在大学生心目中具有崇高的地位，对大学生的成长成才无疑具有重要的作用。

（一）教师对青年学习的影响

《学记》中有句名言叫“亲其师而信其道”。可见教师对大学生的学习有着至关重要的作用。教师对大学生热情关怀，会使他们获得学习的自信心，更加热爱学习。教师渊博的知识会使大学生佩服，使他们乐于接受教师的教诲与指导，促进他们提高学习动机和学习兴趣。相反，如果教师对大学生漠不关心，上课照本宣科，大学生感受不到来自教师的关心与帮助，而且对呆板的教学感到厌烦，久而久之便会失去学习兴趣，进而荒废学业。王佳权(2007)的研究发现，师生关系与大学生学习动机的关系是相互的，师生关系不仅会对大学生的学习动机产生影响，而且大学生正确的学习动机也会促进良好师生关系的形成[1]。

（二）教师对青年个性发展的影响

教师在向大学生传授知识的同时，以自己的人格言传身教地影响着大学生。研究表明，好教师的人格特征内核是“促进”，包括理解别人、能与别人相处和了解自己三个方面(黄希庭、郭亨杰，1997)。理解别人是指教师能心胸豁达地摆脱对学生的先入之见，表现出灵活性、体察性；能敏锐地发现师生人际关系中的变化并及时做出反应，设身处地地考虑学生的情感。能与别人相处是指教师能在学生面前真诚而适度地表达自己的情感，对要求帮助的学生能积极相待；能自觉拒绝教师权威的诱惑而平等地对待学生，甚至允许学生犯错误、认识错误，鼓励他们跌倒了再爬起来。了解自己是指教师能了解自己的长处和短处，并以正确的态度对待自己的短处，能懂得爱学生才能为学生所爱，并把爱付诸实践。教师所具有的良好个性品质，如善于学习、为人谦逊、自信、严于律己等会潜移默化地在青年学生心目中树立模仿学习的榜样，对青年学生的个性发展产生深远的影响。

（三）对青年心理健康的影响

对于大学生来说，他们特别重视与教师的关系，甚至超过与父母的关系。如果教师接纳和信任大学生，与他们建立良好的师生关系，他们就能感受到师爱的温暖和情义，相信人世间的真诚和美好，从而感受到自己的价值，变得喜欢集体生活，对人生充

[1] 王佳权.大学生师生关系、学习动机及其关系研究[J].武汉：华中师范大学，2007：1.

满希望，培养自己善良、乐观、积极、自信、合作等良好的心理品质。有研究表明，贫困大学生的师生关系各因子对其心理健康各因子有较强的预测力[1]。由此可见，教师对青年学生的心理健康有重要的影响。

四、青年与教师关系的冲突

（一）师生冲突的含义

关于师生冲突，不同的研究者往往有不同的理解。沈振中(2000)认为，师生冲突是师生由于在目标、价值观、资源多寡等方面的差异而产生的对立、分歧和相互干扰的教学互动。白明亮(2001)认为，师生冲突即师生之间直接和公开的旨在遏止对方并实现自己目标的互动。我们认为，师生冲突是大学生与教师由于在目标、价值观、资源多寡等方面的差异而产生的，或内隐或公开，由此造成的相互干扰教育教学的互动过程。

（二）师生冲突的类型

从不同的角度来看，师生冲突可以分为多种不同类型。

1.根据师生之间的对立和对抗程度，分为一般性的师生冲突和对抗性的师生冲突。前者是指师生之间有对立或对抗行为的发生，但表现不严重，是在教师可以控制的范围之内。后者是指教师和学生之间发生激烈的对抗行为，教师失去了对参与冲突的学生行为控制的可能性，甚至失去了对自己行为的控制性。

2.根据师生冲突的表现形式，分为隐性的师生冲突和显性的师生冲突。前者是师生之间在价值观、兴趣爱好、对对方的要求等多方面存在一定的分歧与矛盾，但双方没有完全意识到这些差异，冲突只是隐性存在，没有激烈暴露出来。如有的大学生消极抵制或违反教师合理的要求，不遵守课堂纪律、不专心听课、不完成教师布置的任务等。后者表现师生之间强烈意识到各自的差异、分歧与矛盾，表现为各执一端、对抗、争吵、攻击或诋毁等。

3.根据师生冲突目的的不同，分为手段性师生冲突与目的性师生冲突。前者是对对方特定要求的实现受到挫折而产生的冲突，其目的是要获得预想的受挫目标。后者是互动双方为了发泄情绪、表达不满而产生的冲突行为，其目标就是冲突行为本身。

4.根据师生冲突对组织和群体的影响，可将其分为建设性师生冲突与破坏性师生冲突。前者是指这种冲突对师生的生存和发展，以及师生关系的构建具有促进作用。后者是指这种冲突对师生的生存和发展，以及师生关系的构建具有不利影响。

5.根据师生冲突的性质，可分为良性师生冲突与恶性师生冲突。前者指师生之间

---

[1] 臧运洪，韩淑华.贵州贫困大学生师生关系特征与心理健康的相关研究[J].兴义民族师范学院学报，2014(2):95－99.

虽然有矛盾，但没有根本性的对立，只是存在一些差异，而且这种差异可以通过解释和协商解决。后者指师生之间存在着根本性的、原则性的矛盾对立，双方的冲突难以通过协商解决。

(三)师生冲突的原因探析

1.师生缺乏有效的沟通

我国自1999年高校扩招以来，高校学生人数急剧增多，许多高校存在资源紧缺的情况，学校不得不安排大学生大班上课，致使师生在课堂的交流受到很大限制。加之高校缺乏完善的师生沟通机制，加强师生沟通的努力大多局限于软性的日头提倡，缺少硬性的制度保证[1]。由于师生之间沟通的机会少，沟通的质量不高，导致师生之间互相关心少或心存误解，长此以往就会引发师生冲突。

2.师生之间的差异

教师承担着教育大学生的职责，教师的权威性会在自觉与不自觉当中给大学生形成一种压力，让他们有一种难以接近的可敬而不可爱的感觉，使大学生对教师缺乏足够的信任，不会轻易向教师敞开心扉，从而妨碍了师生之间的交流与沟通。另外，大学生正处在社会化的过程中，各方面尚未定型，他们的世界观、价值观和人生观都不太成熟，并且思想活跃，极易受到社会上各种思潮的影响，这就容易与教师传授的思想观念、价值观看法不一致，产生矛盾，从而导致师生之间的冲突。

3.师生双方的个性缺陷

师生之间的冲突与双方的个性特征密切相关。现在的大学生多为独生子女，习惯于以自我为中心，遇事先考虑自己。遇到与别人意见不一致时，往往针锋相对，不够冷静，容易导致师生之间的冲突。有的大学生存在消极的心理，如自卑、退缩、不善于与人沟通交流、喜欢独来独往，对人冷漠、具有敌意，会造成教师无法与之沟通。有调查显示，经常与教师交往的大学生多是外向型的，占22.9%，而内向型的大学生仅占4.8%，内外性格兼有的大学生占7. 8%[2]。另外，有的教师对大学生的要求过于严厉、偏激、易怒、情绪化等个性特征会激发大学生的逆反心理，导致师生关系紧张，产生冲突。

复习巩固

1.教师对青年的影响表现在哪些方面？

2.师生之间产生冲突的原因主要有哪些？

---

[1] 王雯.我国大学师生冲突管理问题研究[D].青岛：青岛大学，2008:18.

[2] 李院莉.大学和谐师生关系的构建研究[D].南昌：江西师范大学，2007:30.

第五节　青年人际关系的改善

对于青年来说,学会改善自己的人际关系,提高自己赢得美好人际关系的能力,是人生中的一大重要任务。下面着重阐述青年改善人际关系的主要策略。

一、青年要善于设身处地、推己及人,具有宽容的心态。

人与人之间交往的基础是互相理解、信任,因此要学会多站在别人的角度上思考问题,换位思考。因为“人同此心,心同此理”。一个人善于设身处地,推己及人,才能理解他人,对他人表示尊重、关怀、爱护、同情和支持,避免人际之间的矛盾和冲突,建立和谐的人际关系。这不仅是处理好人际关系的重要的原则,也是为人处世的崇高境界。

青年在与他人发生冲突时,应学会控制自己的情绪,保持冷静克制,学会站在他人的立场来看待自己的观点和行为,体验他人的感受,尤其是要理解父母、教师的良苦用心。要学会尊重父母与教师,虚心接受他们的教诲,不要当面顶撞他们,避免没有意义的争辩,将问题扩大化,致使双方的关系恶化。青年要明白一个道理,父母、教师都不是完美无缺的人,青年发现他们的不足要持理解的态度,向他们提意见要语气委婉,选择恰当的时机与他们沟通,尤其是涉及一些敏感的问题,要待双方都心平气和再说。掌握这样的技巧,对于维护良好的亲子关系、师生关系至关重要。

宽容,是一种处理人际关系存在的差异、矛盾和冲突时所表现出的人生态度。宽容的心态则是对不同己见的思想与行为的包容和对人性弱点的容忍[1]。青年要保持宽容的心态,就意味着要正确对待和包容自己与父母、教师、同伴的差异性。当双方在交往中出现不同意见和看法时,要及时进行沟通,说出自己的不同看法以及产生这种想法的原因。沟通的目的是尊重差异或建立对话机制、达成共识。青年在与他人产生摩擦、矛盾时,应有“退一步,海阔天空;忍一时,风平浪静”的气度和胸襟。如果是自己的错误,要学会接受他人的批评,向他人道歉,这样就容易化干戈为玉帛,拥有宽松和谐的人际环境。

---

[1] 晏妮.高中生家庭教育中的代际冲突——基于巴中市四个家庭的研究[D].成都:四川师范大学,2009:67.

扩展阅读

如果你常和父母发生冲突怎么办？

如果你常和父母发生冲突，不妨尝试下面的方法，相信会对你有所帮助。

一是避免与父母争辩。抗争是沟通的毒药。愿意被子女说服，承认自己错误的父母比较少，纵使你的抗争获胜，结果也不会融洽，这不是沟通的原则。

二是付出和行为相配合。在与你的要求相关的事物上，做出令父母信任的行为。例如，你争取隐私权，不希望父母拆看你的信，你要表现正常，没有“神秘客”与你交往，没有“怪”电话找你，按时回家，这些都是令父母信任你的行为。在你做到这些之后，再要求隐私权，十之八九可以如愿以偿。

三是用沸腾的水泡茶。喜欢喝茶的人都知道，要泡一杯好茶，除了用上好茶叶外，一定要用沸腾的水。如果水不开，则茶叶不落，泡不出味道来。所以，泡茶时要用滚开的水，绝对不要“哪壶不开提哪壶”。沟通要应用这一泡茶原理，不要用“不开”的水去泡茶。什么是沸腾的水呢？就是“投其所好”，用父母喜欢的方式表达，你与父母的沟通就容易达成。

二、青年要打破心理封闭，适当的自我表露，克服自我中心

一些青年处于心理封闭状态，不愿意主动与人交往，对他人的心理防范程度比较高；但另一方面，又渴望他人能够接纳和理解自己，与他人尤其是同伴建立真挚的友谊。这是一种矛盾的心态。如果一个青年不主动迈出第一步，不向他人传达交往的意愿，要建立人际之间的友好关系显然是不现实的。

打破心理封闭的最有效的方法是抛弃冷漠的面孔，真诚地微笑，并主动与人交往。青年要想交到知心朋友，与他人建立真挚的友谊，就应该善于与人交心，袒露自己的心曲，进行恰当的自我表露。一个青年不敢自我表露的主要原因是害怕受到伤害，担心自己的弱点和缺点显露出来成为他人的笑柄。心理学的研究表明，适当地表露自己的真实感受和想法，不仅能缩小人与人之间的心理距离，改善人际关系，而且能够更好地看清自己，有助于自己的心理成长和成熟。

青年在自我表露心曲时，要选择恰当的时机，注意表露的分寸，因为过度的自我表露容易使他人产生口无遮难、反感的印象。同时，青年在人际交往中，要抛开自我中心的意识，好好想一想他人需要什么，他人对什么感兴趣，而不是自己需要什么，自己对什么感兴趣。要注意克服趾高气扬、夸夸其谈、自我吹嘘、自负自大的缺点，要善于谈论他人感兴趣的话题，善于倾听他人的感受和意见，鼓励他人谈论他们自己，这样才能建立良好的人际关系，获得真挚的友谊。

三、青年要加强自我修养，完善自己的人格品质

心理学的研究发现，具有良好个性特征的人往往拥有良好的人际关系。因为心地善良、胸怀坦荡、为人正派、对人诚实是做人的基本准则，也是能够与他人和睦相处的最基本的要求。在生活中，人们都不愿意与心术不正、老奸巨猾、两面三刀、工于心计的人打交道。因此，青年应通过学习加强自我修养，完善自己的人格品质，要乐于助人、与人为善、宽以待人，对人真诚平等，让人觉得你值得信赖。尤其是当朋友、父母、教师遇到困难时，要提供力所能及的同情、帮助和支持，要克服自私自利、虚伪、多愁善感、猜疑、孤僻、嫉妒、盘算等不良品质，做一个品德高尚、为人正派、积极向上、受他人接纳和喜欢的人。

生活中的心理学

案例：自尊的典范——鞋匠之子

第16届美国总统亚伯拉罕·林肯出身于一个鞋匠家庭，当时的美国社会非常看重门第。林肯竞选前夕，在参议院演说时，遭到了一个参议员的羞辱。那位参议员说："林肯先生，在你演讲之前，我希望你记住你是一个鞋匠的儿子。"

"我非常感谢你使我想起我的父亲，他已经过世了，我一定会永远记住你的忠告，我知道我做总统无法像我父亲做鞋匠做得那么好。"

参议院顿时陷入一片沉默，林肯转头对那个傲慢的参议员说："就我所知，我的父亲以前也为你的家人做过鞋子，如果你的鞋子不合脚，我可以帮你改正它。虽然我不是伟大的鞋匠，但我从小就跟随父亲学到了做鞋子的技术。"然后他又对所有参议员说："对参议院的任何人都一样，如果你们穿的那双鞋是我父亲做的，而它们需要修理或改善，我一定尽可能帮忙。但是有一件事是可以肯定的，我无法像他那么伟大，他的手艺是无人能比的。"说到这里，林肯留下了眼泪，所有的嘲笑都化成了真诚的掌声。后来，林肯如愿以偿地当上了美国总统。

作为一个出身卑微的人，林肯没有任何贵族社会的硬件，他唯一可以倚仗的只是自己出类拔萃的、能够扭转不利局面的才华，这是一个总统必备的素质。正是关键时的一次心灵燃烧使他赢得了别人包括那位傲慢的参议员的尊重，抵达了生命的辉煌。

王侯将相宁有种乎？出身并不决定你的一生，关键时不要自己瞧不起自己。不要否认，不要辩解，坦然面对这一切，这样才能赢得别人的尊重。

四、青年要评估自己的人际状况，提高人际交往技能

人际交往中的技能是人际关系的润滑剂，可以帮助人们在交往活动中加强彼此的沟通和了解，缩短心理距离，建立良好的人际关系。一些青年之所以存在人际交往的障碍，主要原因是没有完全掌握人际交往的技能。要改变这种情况，青年就需要评估自己的人际交往状况，评价自己的沟通方式到底存在哪些问题。然后在此基础上，提出改善人际关系的自我计划。

青年改善人际关系的自我计划应该包括四方面的内容。一是要发现自己需要改进的人际交往的问题在哪些方面。例如，是改变自己在社交方面的胆怯、退缩、害羞？还是扩大自己的人际交往圈子？抑或是改变自己与父母、教师、同伴的沟通方式？二是将选定的改善目标与实际生活相联系，并转变为具体的操作。如自己交往不够主动，规定自己必须定期与父母、教师沟通，主动向父母、教师谈谈自己的学习或工作收获或体会，向他们袒露自己对一些事情的观点与看法，汇报自己的情况。三是对计划的执行监督。青年要利用日记、周记等来记录自己人际关系的变化和执行的情况，评价分析自己在人际交往中的喜怒哀乐。四是对人际关系的改善情况进行自我强化。青年一旦改善了人际关系的情况，就可以鼓励自己，比如奖励自己看一场电影，或邀请朋友外出旅游来强化自己的成功感受，然后再接再厉。如果自己的人际关系改善不明显，就惩罚自己多做家务事、多学习等，同时要求同伴、父母、教师监督自己、提醒自己，使自己警醒，促进人际关系的改善。

复习巩固

1.青年改善人际关系的自我计划应包括哪些方面？

2.青年改善人际关系的主要策略有哪些？

要点小结

1.青年人际关系是指为了满足某种需要，通过交往而形成的彼此间比较稳定的心理关系。人际关系的理论主要有本能论、人际需要的三维理论、社会交换理论及人际交往分析理论。

2.人际关系对青年的重要性体现在:满足青年归属与爱的需求、促进青年深化自我认识、促进青年的社会化、有利于青年的心理健康四个方面。

3.青年与父母的关系是指青年同与其存在血缘关系并共同生活的父母之间互动所构成的人际关系。其特征是具有持久性和不可替代性、对父母的依恋减少、与父母的关系不断变化发展。父母在青年的成长过程中扮演着重要的角色,父母的教育观念、教养方式及人格特征对青年有重大的影响。

4.青年与父母的冲突是青年和父母之间的一种对立性的互动过程,既包括行为上的对立,也包括心理上的不一致。这一冲突主要有隐性冲突和显性冲突。青年与父母产生冲突的原因主要有:青年心理发展的特点、家庭环境及父母方面的原因、两代人之间的差异、亲子之间缺乏有效的沟通等。

5.青年的同伴关系主要指同龄人之间或心理发展水平相当的个体之间在交往过程中建立和发展起来的一种人际关系。它具有讲求平等互助、注重精神交流的特点。影响青年同伴关系的因素包括外表与特长、时空的邻近性、个性品质、相似与互补、社会交往能力等。

6.青年与教师的关系是指大学生和教师在共同的教育教学过程中,因其各自的地位、任务及规范行为的不同,通过相互影响和作用而形成并建立起来的一种特殊的人际关系。教师对青年的学习、个性发展、心理健康有重要的影响。

7.师生冲突是大学生与教师由于在目标、价值观、资源多寡等方面的差异而产生的,或内隐或公开的,由此造成的相互干扰教育教学的互动过程。它是由于师生缺乏有效的沟通、师生之间的差异及师生双方的个性缺陷造成的。

8.青年改善人际关系的主要策略有四种:善于设身处地,推己及人,具有宽容的心态;打破心理封闭,适当地自我表露,克服自我中心;加强自我修养,完善自己的人格品质;评估自己的人际状况,提高人际交往技能。

关键术语

人际关系	interpersonal relation
亲子关系	parent-child relationship
同伴关系	peer relationships
师生关系	the teacher-student's relationship

复习题

一、单项选择题

1.属于业缘人际关系的是(　　)。

A.亲子关系　B.老乡关系　C.同事关系　D.摄影协会

2.下面的哪种行为反映的是青年与父母之间的显性冲突(　　)。

A.回避　B.隔阂　C.冷战　D.争吵

3.调查显示,大学生的自信心与父母的情感温暖理解、父母的拒绝否认呈显著正相关,与父母的偏爱呈显著负相关。这是父母哪种因素对青年的影响(　　)。

A.教育观念　B.教养方式　C.人格特征　D.沟通特点

4.“物以类聚,人以群分”描述的是影响青年同伴交往的(　　)。

A.个性品质　B.时空的邻近性

C.社会交往能力　D.相似性

5.教师和学生之间发生激烈的对抗行为,教师失去了对参与冲突的学生行为控制的可能性,甚至失去了对自己行为的控制性。这是指(　　)。

A.一般性的师生冲突　B.对抗性的师生冲突

C.隐性的师生冲突　D.良性师生冲突

二、多项选择题

1.人际关系对青年的重要性体现在(　　)。

A.满足青年归属与爱的需求　B.促进青年深化自我认识

C.促进青年的社会化　D.有利于青年的心理健康

2.导致青年与父母发生冲突的原因有(　　)。

A.青年心理发展的特点　B.家庭环境及父母方面的原因

C.两代人之间的差异　D.亲子之间缺乏有效的沟通

3.影响青年同伴关系的因素有(　　)。

A.个性品质　B 相似与互补

C.时空的邻近性　D.社会交往能力

4.青年师生冲突的原因主要有(　　)。

A.师生缺乏有效的沟通　B.师生之间的差异

C.教师热爱学生　D.师生双方的个性缺陷

5.青年改善人际关系的主要策略有(　　)。

A.善于设身处地,推己及人,具有宽容的心态

B.打破心理封闭,适当地自我表露,克服自我中心

C.加强自我修养,完善自己的人格品质

D.评估自己的人际状况,提高人际交往技能

三、判断对错题

1.人际关系是人类的一种本能,是人类生物进化的自然选择。(　　)

2.随着多方面的发展,青年对父母的依恋逐渐减少。(　　)

3.父母的教育观念对于青年子女的成长成才没有直接的作用。(　　)

4.青年与同伴之间的关系讲求平等互助,并且注重精神交流。(　　)

5.教师对青年的学习、个性发展、心理健康等都有重要的影响。(　　)

第九章　青年的婚恋与调适

本章你要学习什么？

恋爱与婚姻是人类永恒的主题，是青年人生中的一个重要课题。青年如何认识和处理恋爱与婚姻问题，将影响其一生。本章将带人们认识爱情、婚姻的本质，了解青年恋爱的动机和特点，明白青年的择偶意向与方式，分析青年婚恋中存在的主要问题，并提出调适对策。通过本章的学习，能够帮助人们树立正确的婚恋观，正确处理好婚姻中遇到的一些问题。

第一节　概　述

青年时期是开始恋爱、拥有甜蜜的爱情和建立婚姻家庭的必要时期。青年是否能够找到心仪的对象，顺利地解决自己的恋爱问题，建立和睦的家庭，关系到青年一生的幸福。

一、爱情与婚姻的含义

爱情(love)一词，我国《辞海》解释为：男女相爱的感情。古希腊哲学家苏格拉底(Socrates)认为，爱情是爱一切的善，是一种动人的欲望。奥地利精神分析学家弗洛伊德(Sigmund Freud)认为，爱情是性本能的表达与升华。由此可见，爱情是在性爱基础上高度升华的人类崇高的社会性情感，是两性的一种特殊的社会关系。青年的爱情是一对男女基于一定的客观物质基础和共同的人生理想，在各自内心形成的对对方的真挚仰慕，并渴望对方成为自己终身伴侣的强烈、稳定的感情。

关于婚姻(marriage)，我国《辞海》解释为：因结婚而产生的夫妻关系。刘锋(2007)认为，婚姻是对人类性行为的制度性规范[1]。修艳玲(2007)认为婚姻是一种民事契约[2]。青年的婚姻是男女两性在爱情基础上的合法自由结合而形成的一种特殊社会关系。

二、爱情与婚姻的要素

爱情与婚姻的要素指构成爱情与婚姻必不可少的因素。美国著名心理学家斯腾伯格(Sternberg，1998)认为人类的爱情包括亲密、激情和承诺三种成分。亲密是指与伴侣间心灵相近、互相契合、互相归属的感觉，属于爱情的情感成分；激情是指强烈地渴望与伴侣结合，是两性产生浪漫和外在吸引力的动机，属于爱情的动机成分；承诺包括短期承诺和长期承诺。短期承诺是指个体决定去爱一个人，长期承诺是指对两人之间亲密关系所做的持久性承诺，属于爱情的认知成分。爱情中，激情维持的时间相当短，而亲密和承诺的成分却随着时间的推移不断上升。所以，理想的爱情应当是激情、亲密和承诺三者的统一体。

我国心理学教授张进辅(2002)认为，爱情最基本的结构可分为性爱和情爱两部分。性爱是爱情的自然属性，生理的成熟是爱情产生的生物学基础；情爱是爱情的社

[1] 刘锋.试论婚姻的本质[J].贵州大学学报：社会科学版，2007(3)：68.

[2] 修艳玲.论婚姻的契约性[J].福建教育学院学报，2007(1)：84.

会属性，是人类的爱情与动物的本能本质区别之所在。

魏清沂认为，婚姻的构成要素主要有：(1)婚姻的主体，即婚姻关系的男女双方；(2)婚姻的内容，既包括男女共同的性生活，也包括经济生活、情感生活等；(3)婚姻的永久性，即两性关系在一定时间内的固定性和持续性、稳定性；(4)婚姻的社会认可性；(5)婚姻的排他性。

三、婚恋的类型

(一)恋爱的类型

恋爱是丰富多彩的，不少学者对此进行了研究。加拿大社会学家约翰·李(John Alan Lee,1973)将爱情分为六种类型：(1) 浪漫式爱情，其特征是将爱情理想化，强调爱情的完美无缺，追求精神与肉体融合为一的境界；(2) 游戏式爱情，其特征是视爱情为游戏，只求个人需求和欲望的满足，不肯承担爱的责任，常更换恋爱对象，寻求刺激与新鲜感；(3) 占有式爱情，其特征是对恋爱对象赋予强烈的感情，并希望对方以同样方式回应，对所爱之人有极强的占有欲，只要对方稍有怠慢，就会对对方心存猜疑妒忌；(4) 伴侣式爱情，其特征是由友谊逐步发展为爱情，是一种细水长流、宁静、融洽、温馨和共同成长的爱情；(5) 奉献式爱情，其特征是带着一种牺牲奉献的态度，甘于付出、不求回报，愿为所爱之人牺牲一切，是一种无怨无悔、纯洁高尚的爱情；(6) 现实式爱情，其特征是将爱情看作生活的一部分，只求彼此现实需求的满足，不求理想的追求。

美国心理学家伊莱恩·哈特菲尔德(E. Hatfield,1988)等将爱情分为激情爱(passionate love)和伙伴爱(companionate love)两种。激情爱是希望和对方融为一体的强烈的情感状态；伙伴爱是希望与自己生活在一起的伴侣，能够彼此理解、尊重，互相依赖，像亲人一样。

美国心理学家萨克斯通(L. Saxton,1990)将爱情分为：(1)浪漫之爱，这是一种相当理想化的爱情模式，彼此深受对方吸引，充满感情，关心对方幸福，希望能为对方的快乐与成长付出一切；(2)性欲之爱，爱情中含有性欲的成分。完美的性欲之爱并不只是建立在生理的性满足或宣泄上，而是同时关注对方的需求满足，追求施与爱的对等；(3)伴侣之爱，这种爱情较为稳定并具友谊色彩，彼此依附、爱慕，并且呈现知己之交的特质；(4)利他之爱，这是一种无私的爱，付出、关心并照顾对方，自己在付出的同时得到满足。

美国心理学家斯腾伯格(Robert J. Sternberg)根据爱情中亲密、激情、承诺这三种成分的多寡，把爱情分为七种类型：(1)喜欢式爱情，只有亲密的关系，没有激情和承诺,如友谊一般;(2)迷恋式爱情。只有激情,没有亲密和承诺,如初恋的冲动;(3)空洞式爱情,只有承诺,缺乏亲密和激情,如纯粹为了结婚的爱情;(4)浪漫式爱情,只有激情和亲密,没有承诺,这种爱情崇尚过程,不在乎结果;(5)伴侣式爱情,只有亲密和承诺,没有激情;(6)愚蠢式爱情,只有激情和承诺,没有亲密,没有亲密的激情顶多是生理上的冲动,而没有亲密的承诺不过是空头支票;(7)完美式爱情,包含激情、承诺和亲密。在这种爱情中,才能看到爱情的庐山真面目。

(二)婚姻的类型

根据婚姻的不同特征,可以把婚姻分为不同的类型,主要有:

1.爱情型。分为肉体派爱情型和人格派爱情型两类。肉体派爱情型的夫妻是根据对方的美貌与性的吸引产生的结合。这种类型的婚姻潜伏着风险,当对方的美貌与性的魅力逐渐减退以后,婚姻则面临危机,可能导致婚姻的破裂;人格派爱情型的夫妻是以双方人格的相似性或互补性作为基础的结合。由于人格具有相对的稳定性,不容易发生变化,这种类型的婚姻一般比较平稳、和谐与幸福。

2.功利型。其特征是以爱情之外的出身、门第、学历、财产、社会关系等条件为基础的结合。当双方的收益与成本基本平衡时,双方感到满足,婚姻能够持续。如果双方的收益与成本不能平衡时,往往会产生对对方的不满意,导致婚姻危机或婚姻破裂。

3.平等合作型。其特征是夫妻双方都能够认识到自己在家庭中的责任与义务,共同承担家务,教育子女,家庭生活较为和谐、稳定。

4.分工型。其特征是夫妻双方能够扬长避短,根据自己的特点与长处合理分工,各自承担对家庭的责任。

5.一方依赖型。其特征是夫妻的一方依赖于另外一方,也许是男强女弱,或是女强男弱,这种类型的婚姻由于一方强势,另一方比较顺从,安于听命,较少产生冲突与矛盾,能够平安无事,和睦相处。

6.建设型。其特征是夫妻双方在成家立业、教育子女、发财致富、家庭幸福的共同目标下,勤勤恳恳地生活和工作,达到一个家庭目标以后又追求新的家庭目标,使家庭生活过得比较充实,但精神生活可能不太丰富。

7.惰性型。其特征是夫妻双方对婚姻迅速失去热情,缺乏进取心,安于现状,无论是生活还是工作都不愿意付出过多的劳动,没有激情,贪图享受。这种婚姻的生活质量低,对婚姻有涣散作用。

8.失望型。其特征是夫妻双方对婚姻有很高的期望,但婚姻生活中的种种不如意,使他们心灰意冷,因而对婚姻感到失望。

四、婚恋对青年的意义

(一)满足青年的多种需要,有利于青年的身心健康

婚恋能够满足青年性的需要,使其拥有亲密的人际关系,得到安全感和归属感,获得养育子女、享受天伦之乐,追求家庭幸福等各种心理与社会需要。美国著名心理学家埃里克森(Erik H. Erikson)认为,个体从18岁到25岁的主要发展任务是获得亲密感,体验爱情的实现。如果青年不能顺利与异性建立亲密的关系,不能进行深层次的情感交流,就会感到孤独和寂寞,影响心理健康。王畅(2005)对贵州研究生的调查发现:从没谈过恋爱和离婚的研究生的心理健康状况较差[1]。罗乐宣(2006)等对深圳不同婚姻状况人群的调查发现,已婚人群的心理健康状况相对最好[2]。

同时,婚恋有利于提高青年的生活自理能力,使其建立和保持良好的生活习惯。风笑天(2004)对我国青年的调查表明:未婚独生子女青年在做饭、做家务、独立生活等方面的表现明显不如同龄的非独生子女青年。但已婚的独生子女青年与非独生子女青年在这些方面不存在明显差别。这说明婚姻弥补了独生子女青年在生活自理方面的一些不足[3]。袁萌(2011)的调查发现,已婚人群在亚健康状态方面的得分低于未婚、离异和丧偶人群,说明婚姻对健康有利[4]。

(二)使青年获得亲密关系的支持,有利于学业与事业发展

恋人或夫妻是各种人际关系中最亲密的一种关系,良好的婚恋能使青年获得亲密的人际关系,获得婚恋对方的情感和物质的相互扶持。在遇到困难时,青年能够通过亲密关系的帮助,相互鼓励、相互支持、携手并进,增强了青年战胜困难的决心和能力,能够促进青年学业与事业的发展。冯涛等(2006)的调查表明,男大学生比女大学生更加赞同恋爱对未来发展有帮助[5]。朱峰利(2011)的调查发现,女研究生在事业、家庭的角色扮演上希望能够二者兼顾,共同发展[6]。

(三)增强青年的包容能力,促进青年的人际协调能力

青年要使爱情在婚恋生活中得以延续,就必须处理好与对方及家庭的关系。由于婚恋双方来自不同的家庭,双方的生活习惯和思维方式的不同,在婚恋中必然会产生

[1] 王畅.贵州省研究生婚恋与心理健康状况的分析研究[D].贵阳:贵州师范大学,2005:19.
[2] 罗乐宣等.深圳特区不同婚姻状况人群的自测健康研究[J].实用预防医学,2006(4):810.
[3] 风笑天.关于已婚独生子女独立生活能力的实证研究[J].中国青年研究,2005(9):33.
[4] 袁萌等.不同婚姻状况对健康状态的影响研究[J].中华中医药学刊,2011(7):1536.
[5] 冯涛等.西南地区高等院校大学生458份婚恋生活态度问卷分析[J].中国临床康复,2006(10):43.
[6] 朱峰利.女研究生婚恋观研究——以中央民族大学为例[D].北京:中央民族大学,2011:23.

摩擦与矛盾。若要维持婚恋的和谐稳定，就需要双方的理解与包容。刘学俊(2002)的研究发现，婚姻的满意度受个性独立性及移情能力的影响较大[1]。相互宽容能使婚姻处于较稳定的状态，互不宽容则易使婚姻变得不和谐。青年通过婚恋，能够学会宽以待人、和睦相处，增强自己的包容能力，促进移情能力和人际协调能力的提高。

(四)减少青年的不良情绪，提高青年的生活满意度

婚恋中的青年有深层次的情感交流，能够建立并维持与对方的亲密关系，减少不良情绪的困扰，提高生活的满意度。有调查发现，“剩男剩女”的负面情绪超七成[2]。77.4%的单身男性和58.9%的单身女性常感寂寞；54.5%的单身男性和33%的单身女性不满意自己的单身生活；42.9%的单身男性和36.9%的单身女性想尽快结束单身，找个伴侣[3]。由此可见，通过婚恋，青年能够获得更多的心理安全感，减少不良的情绪困扰，提高生活的满意度。

复习巩固

1.什么是爱情？恋爱的类型有哪些？
2.什么是婚姻？婚姻的类型有哪些？
3.婚恋对青年有什么意义？

[1] 刘学俊等.婚姻质量与个性的相关性研究[J].健康心理学杂志，2002(1)：58.

[2] 项丹平.“剩男剩女”：留神身心被“剩”伤[N].中国妇女报，2011—2—21.

[3] 山西新闻网.百合网发布2014中国人婚恋状况调查报告[EB].http://news.sina.com.cn/o/2015—01—13/173331394715.shtml，2015—1—13.

第二节　青年的恋爱

爱情是一种崇高的社会性情感，恋爱对青年有极其重要的意义。当代青年的恋爱动机有哪些，其恋爱的特点是什么，这些问题值得我们探讨。

一、青年的恋爱动机

恋爱动机(love motivation)是引起青年产生恋爱行为，维持并促使其恋爱朝向某一目标的内部动力。青年的恋爱动机主要有以下几种。

(一)对恋爱的好奇与向往

恋爱对青年来说充满了神秘与诱惑，青年对恋爱充满了好奇与向往，渴望能够亲身体验和感受爱情。有调查发现，有22.7%女大学生是因为“好奇、寻求刺激”而恋爱[1]。还有调查发现，当代青年因为新鲜、好奇而恋爱的占21%[2]。张曼琳等(2011)的调查也发现，15.9 %大学生恋爱是为了“选择人生伴侣”[3]，49.75%的青年恋爱是为了“建立和培植专一的爱情”[4]。

(二)解除寂寞或无聊

青年在求学或工作之余有大量的空闲时间，青年往往会通过恋爱来解除学习、工作的单调乏味、寂寞、无聊感。林丽菲(2011)的研究发现，33.4%的女大学生是因为“空虚、寂寞时有人陪”而谈恋爱。李猛(2013)的研究也发现，26.7%的青年是因为孤独寂寞而恋爱。

(三)满足功利心或虚荣心

部分青年把恋爱当作是炫耀的资本。通过恋爱来证明自己对异性有足够的吸引力，并以恋爱对象良好的外形、富裕的经济条件炫耀不已，满足自己的虚荣心。有些青年把恋爱对象当作“提款机”，通过恋爱来满足自己的物质欲望和功利心。这些都是不纯洁的恋爱动机，应当引起青年的反思与警醒。刘碧强等(2012)对福建大学生的调查

[1] 林丽菲.当代女大学生恋爱动机研究[J].琼州学院学报，2011(1)：52.

[2] 李猛.当代青年婚恋观存在的问题及对策[D].长春：吉林建筑大学，2013：46.

[3] 张曼琳等.大学生性观念、性态度与性行为状况调查分析[J].黑龙江高教研究，2011(8)：123.

[4] 王进鑫.当代青少年的性爱观考察[J].中国青年研究，2012(5)：116.

发现,大学生恋爱"证明自身魅力与价值"者为31%,"出于经济目的"者为2%。52%女性认为房子是结婚必需品,"90后""80后""70后"女性对理想男友收入的最低要求为5 000~7 000元[1]。

(四)从众心理

从众是青年人中常发生的一种心理现象。有些青年暂时没有恋爱的需求,看到身边同伴恋爱,就会产生一种不平衡感,认为自己没有恋爱吃亏,或缺乏对异性的吸引力,从而激发了恋爱意识和恋爱行为。林运清等(2008)的调查发现,有3.8 %的女大学生认为"不谈恋爱,怕被别人瞧不起",16.8%的女大学生谈恋爱是因为"别人都谈恋爱,自己不谈很没面子"。

二、青年的恋爱特点

(一)自主性

随着时代的进步和社会文明的发展,以往"父母之命,媒妁之言""组织指定"等拉郎配现象在当代青年恋爱中已经非常少见,当代青年的爱情具有了更多的自主性。无论是父母亲朋的介绍,还是自己认识,最终决定恋爱与否的自主权还是青年本人,任何单位和个人不得以任何理由加以干涉。

(二)公开浪漫性

在传统文化中,青年的恋爱表达方式委婉含蓄,而当代青年敢于公开示爱、大胆表白、高调秀爱。加之影视剧作品对恋爱的渲染,使青年的恋爱更具梦幻色彩。他们在恋爱中制造浪漫的情景,在网上晒恋爱的幸福时刻。

(三)强烈性

青年时期的情感丰富,青春荷尔蒙分泌旺盛。处于这个时期的青年男女一旦爱上对方,就会爱得轰轰烈烈,会有"山无棱,天地合,才敢与君绝"的誓言,会有"死了都要爱"的呐喊。这种强烈的想要和对方在一起的情感,甚至可以冲破世俗的禁锢与父母的反对。

(四)盲目性

青年时期是一生中情感最丰富、最容易冲动的时期,加之社会阅历较浅,一些青年

[1] 百度百科.2012-2013年中国男女婚恋观调研报告[EB]. http://baike.baidu.com/link? url=0kVrUTE5UoVKIegjb4QxLyxsLK9VI2ixKBBxGPC_uvXy3x3b1TkaQzfygXDscgp016lzL_F0eg6vQqWbyfiER_,2012-12-24.

并未真正认识到爱情的本质，恋爱动机不纯，为了恋爱而恋爱的不在少数，这样的爱情具有一定的盲目性。肖晓鸿(2007)对大学生恋爱动机的调查发现，9%的大学生恋爱是为了爱情，31%的大学生是因为寂寞空虚，19%的大学生是因为自己的心理和生理成熟了，该恋爱了，31%的大学生是由于一时感情冲动，9%的大学生是为了寻求娱乐消遣的感觉[1]。这说明，一些大学生的恋爱目的不是很清楚，具有一定的盲目性。

(五)开放性

随着我国改革开放的不断深入，西方各种思潮及价值观念对当代青年产生了深刻影响。当代青年的婚恋观与父辈相比发生了很大的变化，对婚前性行为的容忍度和认同度越来越高。胡珍、程静(2006)对成都市服务行业的青年农民工的调查显示，仅有1/4的青年农民工坚决反对婚前性行为，近四成青年农民工已发生婚前性行为[2]。王东等人(2010)对北京大学生的调查发现，有29.6%的男大学生和15.7%的女大学生“赞同或完全赞同”恋爱同居[3]。

(六)不稳定性

青年由于社会阅历较浅，不擅长妥善处理恋爱中的矛盾、摩擦和纠纷，遇到与对方的问题动辄就与“爱与不爱”相联系，因而恋爱过程中分分合合，变化无常。他们“不求天长地久，但求曾经拥有”。肖晓鸿(2007)对大学生的调查发现，在问及“大学生谈恋爱能成功与否”时，仅有10%的大学生认为能成功，认为绝对不成功的占45%。

扩展阅读

爱情与喜欢的区别

许多青年人在与异性接触的时候分不清楚什么是喜欢、什么是爱情，心理学家鲁宾(Rubin)在20世纪70年代将爱情与喜欢进行了区分。他认为，爱情的主要特征是：(1)高度依恋性，指双方互相亲近，形影不离，难分难舍；(2)高度关注性，互相关心，互相帮助；(3)高度信任性，完全信任对方，无保留地自我暴露；(4)高度独占性或排他性，双方互相独占对方的爱情，不准他人介入。而喜欢主要是异性之间彼此有好感，给对方积极的评价和尊重，而没有嫉妒和独占对方之心。可见爱情和喜欢是两种性质不同的人类亲和行为。

[1] 肖晓鸿.当代大学生恋爱特点及发展趋势研究[D].武汉：华中师范大学，2007：16.

[2] 胡珍，程静.青年农民工恋爱及婚前性行为状况研究报告——基于成都市服务行业青年农民工的调查[J].中国青年研究，2008(1)：44.

[3] 王东.当代大学生的婚恋价值观研究[J].中国青年研究，2011(5)：44.

但喜欢与爱情是有一定联系的。如果异性之间不具备彼此喜欢的因素，如缺乏互相尊重和好感，没有相似的生活态度和价值观，那么既使两个人有了爱情，走向了婚姻，这种婚姻也往往是难以幸福或持久的。

如何测量爱情呢？心理学家编制了一些爱情量表进行测量。其中著名的有亨德里克夫妇(Clyde Hendrick & Susan S. Hendrick，1986)编制的《爱情态度量表》(Love Attitudes Scale，简称 LAS)。该量表以约翰·李(John Alan Lee)的爱情类型理论为基础，将浪漫式爱情、游戏式爱情、占有式爱情、伴侣式爱情、奉献式爱情、现实式爱情 6 种爱情态度设为基本维度。例如，“我和他/她属于一见钟情型。”“我很难明确地说我和他/她是何时从友情变成爱情的。”通过测量来考查受测者属于哪种爱情。该量表是公认的比较客观、科学的测量爱情的工具。

又如，哈特菲尔德和斯普雷彻(Hatfield& Sprecher，1986)设计了《激情爱情量表》(Passionate Love Scale，简称 PLS)，用于测量人们对爱情的体验强度。该问卷包括认知、情感和行为 3 个分量表。认知成分是对爱情观的刻板印象，指恋爱双方彼此理解，对爱和彼此关系理想化。情感成分包括身体唤醒、性吸引力和期望结合。行为成分包括为对方付出，保持和对方身体上的亲密接触。受测者的得分越高，表示恋爱程度越强烈。

对爱情的测量，有助于青年了解爱情与喜欢的不同，更好地认识爱情。

复习巩固

1.青年的恋爱动机有哪些？

2.青年的恋爱有什么特点？

第三节　青年的择偶

婚姻是青年爱情的深入与延续，择偶是青年进入婚姻的必经阶段。随着我国改革开放和经济的不断发展，当代青年的择偶意向、择偶方式都发生了比较大的变化。

一、择偶意向的含义

择偶意向(mate-selection intention)是指青年内心中所持有的选择婚恋对象的相对固定的标准在择偶行为上的反映。心理学家伯纳德·默尔斯坦(Murstein)提出了择偶的三阶段发展理论，即刺激—价值—角色理论。这种理论认为，在刺激阶段，个体的外貌、社会技巧、性格、声誉和智力等因素决定了异性之间是否会相互吸引；在价值阶段，对婚姻、性和生活的态度与价值决定了两个人是否相处和谐；在角色阶段，两个人相互评估角色的相容。默尔斯坦认为，在一种相对"自由选择"的文化背景中，大部分青年男女的恋爱过程都经历了这三个阶段。

二、青年择偶意向的特点

青年的择偶意向是婚恋观在配偶选择上的体现。西方婚恋观念和中国传统婚恋观念的剧烈碰撞，导致青年在婚恋价值取向上呈现多元化和矛盾化趋势，由此在青年的择偶意向上也呈现出多元和矛盾的特点。

(一)物质化取向

伴随着我国社会转型和消费观念的变化，青年的婚恋价值观也呈现出物质化和功利化的取向，开始期望通过婚恋迅速改善自身的物质状况，给自己带来更多的安全感和满足感。《中国青年报》对青年婚恋的调查显示，67.9%的青年认为，与上一辈人相比，爱情在人们心目中的地位在下降，85.5%的青年认为这一辈人更看重对方的经济条件[1]。在择偶过程中，青年对物质表现出更多的理性和务实性。我国婚恋网站百合网的调查发现，四成以上的单身男女认为应和条件合适的人结婚。多数女青年受传统社会"男高女低"婚配模式的影响，希望未来配偶收入比自己高，以此获得更多的安

[1] 四川新闻网.青年婚恋观改变 超八成人看重经济条件轻爱情[EB].http://cd.qq.com/a/20080422/000014.htm,2008—4—22.

全感。71.8%的女青年认为男方有房才适合结婚,74.1%的女青年希望男方收入比自己高1倍以上[1]。

(二)重情感倾向

随着社会的进步,婚恋质量成为一个热门话题。高质量的婚恋预示着心理和情感需求的满足。青年在择偶意向中虽有物质化倾向,但也希望物质和爱情可以两者兼得。有相当一部分青年认为,情感比财富更为重要。风笑天(2004)的调查发现,青年择偶标准的第一位是两人的感情[2]。吴新慧(2011)对新生代农民工的研究发现,他们在择偶过程中,开始注重精神因素,重视双方"谈得来""感情好""有共同语言"[3]。张明泽、张明录(2013)对女大学生的调查发现,有40%的人在择偶时注重与对方是否情投意合[4]。世纪佳缘网站(2014)的调查也发现,超九成的单身男女认为保持爱情长久最重要的因素是恋人之间的陪伴和理解,而不是金钱[5]。

(三)重人品和性格

青年从自身或周围人失败的婚恋经历中汲取经验,越来越意识到人品和性格在婚姻稳定、长久和幸福中的作用。罗媛媛(2008)对青年婚恋现状的调查发现,有77%的男青年和88%的女青年在择偶中看重人品,54%的男青年和63%的女青年看重性格。人品和性格成为男女青年择偶的首要标准[6]。孟昉、黄佳豪(2008)对研究生婚恋观的调查发现,40.7%的男研究生和45.2%的女研究生看重人品个性[7]。秦琛、傅新禾的调查还发现,有青年在择偶时,把"孝敬老人"排在第一[8]。这些都说明,青年在择偶时重视对方的人品和性格。

(四)重能力才干和外貌

在传统文化男才女貌婚配模式的影响下,女青年更注重未来配偶的能力与才干,希望未来配偶有事业心和上进心。因为能力与才干预示着较好的收入和经济条件,能

---

[1] 中国网.2014中国人婚恋状况调查报告[EB].http://sd.china.com.cn/a/2015/shehuigongyi_0113/57609.html,2015-1-13.

[2] 风笑天.城市在职青年的婚姻期望与婚姻实践[J].中国青年研究,2006(2):17.

[3] 吴新慧.传统与现代之间——新生代农民工的恋爱与婚姻[J].中国青年研究,2011(1):16.

[4] 张明泽,张明录.当代女大学生婚姻观调查分析——以天津市几所高校调查为例[J].职业时空,2012(1):180.

[5] 世纪佳缘.2014年中国婚恋观调查报告[EB].http://www.199it.com/archives/321395.html,2015-1-13.

[6] 罗媛媛.当代青年的婚恋现状及其对策探讨——基于第二届湖北青年相亲文化节活动的研究[J].中国青年研究,2008(7):56.

[7] 孟昉,黄佳豪.当代研究生婚恋观调查与分析[J].中国高等医学教育,2008(10):79.

[8] 秦琛,傅新禾.青年婚恋观现状透析[J].当代青年研究,2012(2):29.

为家庭打下坚实的物质基础；男青年则对未来配偶的外貌或气质更为重视，因为美貌能赏心悦目、使人愉悦，提高自己的身份地位，得到他人的好评。罗媛媛(2008)对湖北青年的相亲调查显示，除人品和性格外，有33%的男青年择偶标准中居于第三位的是外貌，有28%的女青年择偶标准中居于第三位的是收入。百合网(2014)的调查报告也显示，男青年择偶更看重女方身体健康、外貌和情感经历；女青年更看重男方的经济条件、身体健康和职业。

生活中的心理学

案例：因为爱情，漂亮女孩嫁给残疾小伙

2014年3月19日的山东《齐鲁晚报》报道了临清小伙张涛和妻子秦晓璐的爱情故事。秦晓璐是烟台招远人，她的丈夫张涛是临清人，6个月时患小儿麻痹症，下身残疾。2005年，张涛考入泰安医学院，因唱了一首《我像雪花天上来》，顺利进入大学艺术团。在艺术团里，他认识了学特殊教育专业的秦晓璐。秦晓璐说，虽然张涛是残疾人，但他很阳光，是他的歌声吸引了她。秦晓璐被安排给张涛伴舞，第一次伴舞后，他们成了最佳搭档，每次演出秦晓璐都会推着张涛上台。张涛唱歌，秦晓璐在一旁翩翩起舞。相处时间长了，张涛越来越喜欢秦晓璐，终于忍不住向她表白。这让秦晓璐手足无措，虽然彼此有了好感，但她还是拒绝了。后来的一天晚上，张涛再次鼓起勇气向秦晓璐表白，让张涛意外的是，这次秦晓璐答应了，并且说第一次拒绝是因为怕自己照顾不好他。

张涛和秦晓璐的恋情公开后，秦晓璐宿舍的姐妹都表示不能理解，劝秦晓璐离开张涛。张涛内心压力很大，也觉得自己在拖累秦晓璐。2007年，张涛向秦晓璐提出分手，但秦晓璐为了挽回两人的感情，大胆提出去领结婚证。毕业后，秦晓璐跟张涛回到临清，偷偷领了结婚证。这些事她一直没勇气告诉父母，于是她给父母写了一封长信，信中把她和张涛相识、相恋和领结婚证的事一一道来。没想到父母坚决反对。后来，父母让她把张涛带回去见面。见面后，秦晓璐的父母被张涛的真诚打动，他们最终放心地把女儿交给了张涛。

2010年，两人补办了婚礼。婚后生活中，他们从没红过脸，秦晓璐无微不至地照顾张涛，和公婆的关系也很好。现在秦晓璐和张涛已有一儿一女，生活幸福。在别人看来，嫁给残疾人需要很大的勇气，但秦晓璐觉得很正常，她做这一切都是因为爱情。

三、青年的择偶方式的特点

随着社会的发展，时代的进步，青年的择偶方式发生了很大的变化，主要有下面的一些特点。

（一）择偶的自主程度明显提高

在新中国成立之前，“父母之命，媒妁之言”是青年择偶的主要方式，这种择偶方式在中华大地上流行了几千年。而现代青年的择偶自主程度明显提高。吴鲁平(1999)的研究发现，城市青年父母作主的婚姻大幅度下降，自主婚姻迅速上升[1]。叶文振(1997)的调查也发现，父母包办婚姻的比重自改革开放以来大幅下降[2]。田晓虹(2000)的研究发现，父母对子女婚姻的关心程度达到近十年来的高峰，但不干预的比重也为历史之最，父辈和子辈在择偶问题上已找到一个较平和、完善的契合点[3]。

（二）择偶的途径更加开放广泛

现代青年的择偶途径较之传统已有较大改变，择偶途径更加广泛。广告征婚、网络征婚和电视征婚越来越流行，婚介市场飞速发展，为青年提供了更多的婚恋平台。目前我国有2万多家传统婚介机构，网络婚介机构约6 000多家。高学历、高收入的青年男女征婚比率日渐上升。世纪佳缘的调查显示，57％的受访者身边有通过婚恋网站找到对象的成功案例，其中北京市受访者身边成功的人数最多[4]。这体现了现代青年择偶方式的开放和广泛。

（三）择偶的空间距离更加扩大

随着现代交通工具的便捷，人口跨区域流动的加速，青年择偶的空间距离有扩大化趋势。周皓、李丁(2009)的调查发现，北京、上海、天津等大城市的跨省婚姻的比例达到了20％以上[5]。肖坤冰、陈信宁(2014)的研究发现，农村青年择偶的地理范围扩大了，从传统的族内婚制到现在的跨区域婚姻。农村宗族势力的削弱和现代社会流

---

[1] 吴鲁平.1949—1999:中国青年婚恋性观念的变动轨迹[J].中国青年研究，1999(5):22.

[2] 叶文振.论市场经济对婚姻关系的影响和对策[J].人口研究，1997(3):2.

[3] 田晓虹.论前期亲子互动中的亲代素质[J].社会，2000(10):38.

[4] 网易.(2014).2013－2014年中国男女婚恋观调查报告[EB].http://lady.163.com/14/0218/16/9LCLJBSM00262613.html，2014—2—18.

[5] 周皓，李丁.我国不同省份通婚圈概况及其历史变化——将人口学引入通婚圈的研究[J].开放时代，2009(7):105.

动性增强是农村青年择偶地理范围扩大的原因之一[1]。钟纯、梁海艳(2015)的调查发现,20 世纪 90 年代以来,城市青年的跨省通婚在稳定增长[2]。

复习巩固

1.什么是择偶意向?青年的择偶意向有什么特点?

2.青年的择偶方式有什么特点?

[1] 肖坤冰,陈信宁.农村青年外出务工与婚姻习俗的变迁——以广西贺州客家家庭为个案的研究[J].广西民族研究,2014(2):87.

[2] 钟纯,梁海艳.中国城市青年地理通婚圈变化及其影响因素研究——基于北京、保定、黄石和西安四城市的调查[J].人口学刊,2015(1):63.

第四节　青年婚恋的主要问题

青年的婚恋是美好的，但青年在婚恋中会遇到很多的问题。这些问题如果处理不好，必然会给青年的婚恋和生活带来不良影响。在这里，我们着重分析与阐述青年婚恋的主要问题。

一、婚恋焦虑

婚恋焦虑是指青年遇到婚恋中的问题、矛盾而产生的担忧、害怕、烦恼等情绪体现，主要表现在：一是为婚恋的经济成本感到焦虑。我国的高房价，使许多恋爱中的青年买不起婚房。有调查显示，有83.7%的青年认为房价高难以接受，陷入了“婚房焦虑症”。[1]二是为大龄未婚感到焦虑。我国大龄未婚女性主要集中在城市，大龄未婚男性主要集中在农村。百合网(2014)的调查显示，42.9%的单身男性和36.9%的单身女性想尽快结束单身，找个伴侣。农村中有大约4%左右的男性终生难以婚配。[2] 大龄未婚女性的焦虑更为突出。“城市剩女”因为未婚而存在着一种普遍的生存焦虑。如年龄焦虑，担心年龄的增加会为自己预期的婚姻带来阻碍；择偶焦虑，因相亲所带来的恐慌感、挫败感和疲惫感，能够选择的配偶对象达不到自己预设标准时，降低择偶标准与否的内心博弈带来的强烈焦虑感；婚姻焦虑，对婚姻表现出焦虑与恐慌，部分女青年对婚姻采取一种消极、畏惧或者观望的态度。三是对婚姻缺乏安全感。青年对婚姻的不信任感有所增强，财产公证成为一些青年防范婚恋风险的无奈选择，结婚、离婚都比较轻率，试婚成为单身青年追求理想婚姻的一股潜流。究其原因是青年婚恋的功利化心理，择偶标准造成的“甲女丁男”现象，都市女性角色冲突对婚姻的影响，虚拟世界的开放性和现实社会的封闭性，外部社会特别是父母给予的婚恋压力等造成的。

二、未婚同居

未婚同居是指单身男女未办理结婚登记手续，在恋爱的基础上共同居住和进行婚姻生活的行为。随着青年性观念的开放，未婚同居在青年人中已悄然流行。阚凯

---

[1] 新京报.调查称80后夹心层陷“婚房焦虑症”[EB]. http://finance.chinanews.com/house/2012/11－02/4296455.shtml,2012－11－2.

[2] 张翼.单身未婚：“剩女”和“剩男”问题分析报告——基于第六次人口普查数据的分析[J].甘肃社会科学,2013(4):52.

(2011)对北方五所高校的调查显示，大学生同居发生率达到了4.49%[1]。宋月萍等(1993)的研究发现，在新生代农民工中，第一胎为婚前怀孕的比例占42.7%[2]。世纪佳缘(2014)调查也发现，55%的男性和45%的女性认为"如果感情到了谈婚论嫁的地步，试婚同居比婚后后悔好"[3]。

之所以部分青年会选择未婚同居，其原因是复杂的。有的青年是出于试婚目的为结婚做准备；有的青年是基于生理和情感的双重需要，弥补亲情关怀的不足。加之我国法律没有明确禁止未婚同居，大众对青年未婚同居的包容与不干涉态度，削弱了道德的舆论监督功能，使青年未婚同居的现象越来越普遍。

青年未婚同居存在诸多的危害。部分青年同居者动机不纯，打着婚姻的幌子同居以满足自身的欲望，骗取对方的感情和金钱。青年未婚同居还面临避孕失败的问题，为婚姻埋下了不幸福的隐患，给女性的身心带来巨大的伤害。近年频频报道的"未婚女子，抛婴弃婴"就是凭证。因此，青年在进入未婚同居前要冷静细致地权衡利弊，不要因一时的冲动而带来终身的悔恨。

三、闪婚

闪婚是男女双方在极短的时间内从相识、相爱到结婚的一种婚姻模式。对于闪婚中从认识到结婚的时间，不同的学者有不同的看法。武晓伟、闫艳(2009)把闪婚时间规定为两人在一个月内的相识后，只经过半年内(或者少于十次的)的交往后确立婚姻关系[4]。赵艺、李松柏(2014)把闪婚的时间标准界定为从相识到结婚的时间在三个月之内[5]。

依据闪婚的主体，可以分为城市青年的闪婚和新生代农民工的闪婚。城市青年的闪婚主要在于个性吸引，一见钟情，是前卫、时尚与浪漫的表现，择偶过程中个人的判断大于家庭成员的意见。新生代农民工的闪婚则是趁过年回家等短暂的时间，完成从相亲到建立家庭的一系列流程，先结婚后恋爱，先建立家庭后培养感情。新生代农民工的闪婚是一种集现实无奈与功能需求为一体的选择。

闪婚在现代青年中并不少见。郑彦华(2007)从某市婚介机构了解到，通过婚介机

---

[1] 阚凯.非婚同居的法律问题研究[D].哈尔滨：黑龙江大学，2012：46.

[2] 宋月萍等.传统、冲击与嬗变——新生代农民工婚育行为探析[J].人口与经济，2012(6)：9.

[3] 世纪佳缘.2013－2014年中国男女婚恋观调查[EB].http://www.199it.com/archives/189224.html，2014－1－21.

[4] 武晓伟，闫艳.80后"闪婚"现象成因的社会学分析[J].社科纵横，2009(12)：85.

[5] 赵艺，李松柏.农村闪婚的现状、问题及对策——基于对陕西省L村的调查[J].长春理工大学学报：社会科学版，2014(1)：64..

构认识并在一两个月内就步入婚礼殿堂的不下30对，最快的一对相识28天就领了结婚证[1]。陈锋(2012)对江西某村的婚姻统计发现，闪婚占80%左右[2]。赵艺、李松柏(2014)对陕西某村的婚姻统计也发现，农村青年的闪婚占67%。

青年闪婚出现的原因主要是社会文化和经济的变迁、竞争的加剧、交际圈的狭小、结婚和离婚程序的简化及社会舆论的宽容，以及为缩减婚姻开支、减少适婚不婚而面临的极大的压力等。

闪婚既有存在的合理性，也会带来一系列不良后果。闪婚缺少婚姻形成的两个必要条件：一个是爱情，另一个是两个人之间的互相了解及双方在生活方式和心态上的相似性。闪婚中的许多问题不能妥善解决，就会导致闪离，产生一系列的问题，如离异双方财产分割问题、离异双方身心重构问题和子女的教养问题等。所以，青年要慎重对待闪婚。

四、婚外恋

婚外恋指已婚者与配偶之外的异性产生比较持久而巩固的情感或亲密行为。婚外恋在青年中具有一定的市场，并且部分青年对婚外恋给予理解和支持。吴银涛、肖和平(2008)对青年农民工的调查显示，有37.01%的男性青年农民工和11.56%的女性青年农民工自曝有婚外恋经历。这些婚外恋者的平均年龄为26.1岁[3]。马丽萍(2009)调查了未婚研究生对婚外恋的态度，发现理解婚外恋的为25.18%，认为“道德堕落”为24.17%，认为“正常”的为11.12%，“说不清”的为7.19%，“反对”者仅为3.17%[4]。这显示出研究生群体对婚外恋在一定程度上的理解，以及对婚外恋看法的多元化态度。

青年产生婚外恋的原因是错综复杂的，既包括婚外恋青年的个性品质、经济状况、价值观、婚姻观念、心理健康、夫妻的感情状况、性生活和谐度等；也包括大众传媒的影响、社会观念的变迁、道德观和伦理观的淡化、避孕手段的先进降低了青年对于发生婚外性关系后果的担心，以及手机、网络等通讯手段的发展方便了青年之间的联系和交往。这些都可能会诱发婚外恋。青年的婚外恋行为容易导致离婚、家庭暴力等问题，降低夫妻对婚姻的满意度。因此，青年的婚外恋应得到广泛的重视。

---

[1] 郑彦华.当代都市情感面面观[J].辽宁行政学院学报，2007(7)：117.

[2] 陈锋.家庭经济与婚姻模式的互嵌与融合——对江西安义农村“闪婚”现象的分析[J].南京人口管理干部学院学报，2012(1)：51.

[3] 吴银涛，肖和平.青年农民工婚外恋的社会学分析[J].当代青年研究，2008(2)：22.

[4] 马丽萍.对未婚研究生婚姻观特点的分析与思考[J].山西高等学校社会科学学报，2009(1)：31.

五、离婚

离婚主要是指婚姻当事人双方依照法律规定的条件和程序解除合法有效的婚姻关系的行为。从 20 世纪 70 年代末开始,我国离婚人数和离婚率持续上升。据国家民政部 2013 年统计数据显示,2013 年办理离婚手续的有 350 万对,比 2012 年增长 12.8%。从年龄结构看,22～35 岁人群是离婚主力军。青年离婚的原因主要是性格不和、婚外恋、家庭暴力、缺乏爱情基础,以及赌博、吸毒等恶习。离婚会对当事人的身心造成极大的消极影响。袁萌(2011)的研究显示,离异人群在躯体表现、心理表现和社会适应等方面的亚健康状态相较于未婚和已婚更严重[1]。离婚还会对子女的身心发展造成极大的消极影响,如情绪情感障碍、适应性差、性格缺陷、学习困难、社会性发展不良等。所以,青年要慎重对待离婚问题。

复习巩固

1.什么是婚恋焦虑？青年婚恋焦虑有哪些表现？

2.青年未婚同居的原因有哪些？示婚同居的危害有哪些？

[1] 袁萌等.不同婚姻状况对健康状态的影响研究[J].中华中西药学刊,2011(7):1536.

第五节 青年婚恋心理的调适

青年为了获得与保持幸福的婚恋，需要正确认识并有效化解婚恋中存在的诸多问题。对婚恋心理进行调适，是保障青年幸福婚恋的有效路径。下面着重阐述青年婚恋调适的主要对策。

一、青年要端正婚恋动机，建立正确的性爱观

当前，青年的婚恋动机呈多样性、复杂性和矛盾性特点。部分青年婚恋动机不纯，缺乏认真负责的态度，视婚恋为儿戏，这极易引发纠纷和矛盾，导致青年产生苦恼、愤恨、忧郁心理，影响青年的身心健康和社会的安定和谐。青年应正确解读爱情的本质，认识到爱情是一种双方相互倾慕、渴望对方成为终身伴侣的、强烈、纯真、专一的情感，是人类最美好的情感之一。认识到爱情的最高层次是性爱与情爱的和谐与统一，其主要特征是排他与守一、激情与韧性、自私与无私的统一。青年要端正婚恋动机，摒弃一些盲目的、不道德的婚恋动机，以追求爱情为出发点，努力达到爱情的最高层次，把婚恋建立在和谐爱情基础上，才能获得婚恋的幸福。

随着我国改革开放的深入，社会变迁、人口的频繁流动以及西方“性自由”“性解放”思想的传入，当代青年的性观念呈现开放的态势。一些青年把身体和性都视为个人财产，可以随意使用和支配。这是违背婚恋道德，更是对自己和对方不负责的行为，应受到道德的谴责和法律的约束。青年应树立正确的性爱观，明白爱情绝不仅是性欲的满足而且是社会性情感的沟通与交流。青年应正确把握两性交往的尺度，谨慎面对婚前性行为。婚恋中的双方要彼此忠诚，杜绝一夜情、婚外情等乱性乱情行为。

二、青年要有合理的婚恋期待，树立婚恋责任意识

婚恋期待是指个体对婚恋双方在婚恋关系中所承担的角色的期待。婚恋期待与婚恋满意度、婚恋质量关系密切。一些青年婚恋关系解体的原因之一是因为婚恋期待落空而产生的挫折感、绝望感，导致最终放弃。青年要对婚恋有恰当的期望值，因为过高或过低的婚恋期望都是不合理的。过高的婚恋期望，把婚恋想象得过于完美，当婚恋中出现一些矛盾时，不能正确看待期望与现实的差距，对婚恋失望至极，就有可能导致婚恋的失败。过低的婚恋期望会导致青年对婚恋没有信心，遇事消极对待，不认真解决，最终也可能导致婚恋的失败。

青年要懂得婚姻是爱情与责任的统一，爱情的归宿是走向婚姻家庭，选择了爱情

也就选择了一份责任。婚恋双方要有道德意识和责任意识，理智地思考性、爱情与婚姻的关系，做一个负责任、有担当的人。婚恋双方要相互尊重、相互信任，对于婚恋生活中的一系列问题，要剖析前因后果，承担起自己该承担的责任，不冲动分手或轻率离婚，共同为经营好婚姻家庭而努力。

三、青年要理智对待失恋，善于调整心态

失恋是个体在恋爱状态下，因各种因素的影响导致双方出现情感困境，进而导致恋爱中断、爱的交往停止，并给恋爱的一方或双方造成不同程度心理挫折感的一种负性生活事件。失恋是青年恋爱中常见的现象。部分青年因失恋痛苦而难以自拔，甚至引发严重的心理危机。张海音(2008)对来访大学生的咨询问题进行归类发现，他们的恋爱情感心理问题者最多，占咨询人数的37.68%[1]。情感因素已成为大学生自杀的诱因之一。因此，青年要理智对待失恋。

失恋青年要以积极的心态面对失恋事实，调整因失恋所带来的不合理认知，要认识到失恋不等于失败，失恋固然痛苦，却是人生自我完善的过程。失恋也不是失志，恋爱只是生活的一部分，不是生活的全部。青年要对失恋进行正确的归因，汲取经验并反省、完善自我。要通过体育锻炼和文化娱乐等活动转移失恋带来的负性情绪，拓展新的人际交往圈子，化失恋的痛苦为发展的动力，力争在学业或工作上有所作为。失恋更不是失德，青年应遵守恋爱道德，把握为人处事准则，不能因失恋做出有违道德与法律的事情。

四、青年要正确处理婚姻中的冲突

婚姻冲突是指夫妻间公开的或隐藏的对立和意见分歧。青年双方由认识、好感、爱慕、热恋进入婚姻，对婚姻生活充满美好期待，并在新婚期逐渐加深对对方的情感依恋。新婚期过后，夫妻双方的情感热度逐渐消退，加之受困于现实生活中纷繁琐碎的日常家庭事务和新的人际互动，青年婚姻进入磨合期。不同的家庭婚姻磨合期时间长短是不相等的，一般在3～7年之间。婚姻磨合期是婚姻冲突的高发期，许多青年夫妇因对婚姻冲突缺乏必要的了解和正确的应对策略而导致情感破裂，甚至离婚。

婚姻冲突在家庭中是客观存在、不可避免的，其表现形式也是多种多样的。杨阿丽、方晓义(2009)的调查发现，夫妻报告的前三项冲突是家务琐事、不良习惯和交流解

[1] 张海音.学生失恋心理透析及疏导策略[J].教育与职业，2008(36)：91.

决问题[1]。欧阳海燕(2010)通过对已婚人士的调查显示,最严重的可能导致婚姻破裂的因素是猜疑、冷淡、指责、把离婚挂在嘴上、在外人面前不给对方面子[2]。婚姻冲突具有两面性。从积极方面看,适当的婚姻冲突可以起到安全阀的功能,促进夫妻双方了解彼此的立场、观点、情感和行为模式。但婚姻冲突太多则会破坏两人的亲密关系,导致婚姻的破裂。

青年可以采用达成共识、建立机构、约定规则的制度化调节机制来解决婚姻的冲突。所谓"达成共识",即婚姻双方认可婚姻冲突客观存在,不可避免。"建立机构",即成立家庭事务管理机构,以谈判、仲裁与调停来面对婚姻冲突。"约定规则",即婚姻双方制订一些家庭规则并将这些规则制度化,以使婚姻冲突调解有据可循。贾茹(2012)的研究发现,婚姻质量高的个体则更多地使用妥协的方法解决婚姻冲突,婚姻质量低的个体更多地使用回避、分离、控制、服从和行为反应等应对方式解决冲突。青年要调整心态,采取积极的情绪和行为模式来处理婚姻冲突。学会宽容和退让,而且能够真诚地站在对方角度思考问题并理解和体谅对方。尊重和信任对方,不断地改进沟通方式和沟通技巧,相敬如宾,减少不必要的婚姻冲突。

复习巩固

1.什么是失恋?青年应如何对待失恋?

2.青年应该如何端正婚恋动机,给予婚恋适当的期待?

3.什么是婚姻冲突?青年应如何处理婚姻冲突?

要点小结

1.爱情是一对男女基于一定的客观物质基础和共同的人生理想,在各自内心形成的对对方的真挚仰慕,并渴望对方成为自己终身伴侣的强烈、稳定的感情。婚姻是男女两性在爱情基础上的合法自由结合而成的一种特殊社会关系。

2.婚恋能够满足青年的多种需要,有利于青年的身心健康;能使青年获得亲密关系的支持,有利于学业与事业发展;能增强青年的包容能力,促进青年的人际协调能力;能减少青年的不良情绪,提高青年的生活满意度。

---

[1] 杨阿丽,方晓义婚姻冲突、应对策略及其与婚姻满意度的关系[J].心理学探新,2009(1):87.

[2] 欧阳海燕.2010中国人婚姻及性幸福报告[J].小康,2010(11):46.

3.恋爱动机是引起青年产生恋爱行为，维持并促使其恋爱朝向某一目标的内部动力。青年的恋爱动机主要有：对恋爱的好奇与向往；解除寂寞或无聊；满足功利心或虚荣心；从众心理。青年的恋爱特点有：自主性、公开浪漫性、强烈性、盲目性、开放性、不稳定性。

4.择偶意向是指青年内心中所持有的选择婚恋对象的相对固定的标准在择偶行为上的反映。青年择偶意向呈现出多元和矛盾的特点，主要有物质化取向、重情感倾向、重人品和性格、重能力才干和外貌。青年择偶的自主程度明显提高；择偶的途径更加开放广泛；择偶的空间距离更加扩大。

5.青年婚恋心理问题主要有婚恋焦虑、未婚同居、闪婚、婚外恋、离婚。青年要端正婚恋动机，建立正确的性爱观；要有合理的婚恋期待，树立婚恋责任意识；要理智对待失恋，善于调整心态；要正确处理婚姻中的冲突。

关键术语

爱情	love
婚姻	marriage
恋爱动机	love motivation
择偶意向	mate-selection intention

复习题

一、单项选择题

1.将爱情划分为浪漫之爱、性欲之爱、伴侣之爱和利他之爱四类的是美国心理学家(　　)。

A.萨克斯通　　B.斯腾伯格　　C.约翰·李　　D.伊莱恩·哈特菲尔德

2.将爱情划分为浪漫式爱情、游戏式爱情、占有式爱情、伴侣式爱情、奉献式爱情、现实式爱情六种类型的是(　　)。

A.萨克斯通　　B.斯腾伯格　　C.约翰·李　　D.伊莱恩·哈特菲尔德

3.男女两性在爱情基础上的合法自由结合而成的一种特殊社会关系是(　)。

A.恋爱　　B.婚姻　　C.友情　　D.夫妻

4.青年内心中所持有的选择婚恋对象的相对固定的标准在择偶行为上的反映，指的是青年的(　　)。

A.择偶意向　　B.择偶途径　　C.择偶行为　　D.择偶目标

5.引起青年产生恋爱行为，维持并促使其恋爱朝向某一目标的内部动力，指的是青年的(　　)。

A.恋爱焦虑　　B.恋爱应激　　C.恋爱恐惧　　D.恋爱动机

二、多项选择题

1.美国著名心理学家斯腾伯格认为人类爱情包括(　　)三种成分。

A.亲密　　B.浪漫　　C.激情　　D.承诺

2.青年的恋爱动机主要有(　　)。

A.对恋爱的好奇与向往　　B.解除寂寞或无聊

C.满足功利心或虚荣心　　D.从众心理

3.青年婚恋心理的调适对策有(　　)。

A.青年要端正婚恋动机，建立正确的性爱观

B.青年要有合理的婚恋期待，树立婚恋责任意识

C.青年要理智对待失恋，善于调整心态

D.青年要正确处理婚姻中的冲突

4.青年的择偶方式有下列哪些特点(　　)。

A.择偶的途径更加狭窄单一　　B.择偶的自主程度明显提高

C.择偶的途径更加开放广泛　　D.择偶的空间距离更加扩大

5.良好的婚恋对青年期的意义在于(　　)。

A.有利于青年的身心健康

B.有利于青年的人际协调能力发展

C.有利于青年的学业或事业发展

D.有利于青年生活满意度提高

三、判断对错题

1.当代青年择偶意向呈现出多元和矛盾的特点。(　　)

2.当代青年择偶时看重经济条件、轻视爱情，这是一种社会进步现象。(　　)

3.婚姻冲突会破坏夫妻亲密关系，所以家庭要尽量避免婚姻冲突。(　　)

4.未婚同居存在诸多危害，因此青年进入未婚同居前要冷静权衡利弊。(　　)

5.不论闪婚对象是城市青年还是新生代农民工，其缘由是一样的。(　　)

第十章　青年的职业心理与辅导

本章你要学习什么？

职业在青年的一生中占有重要的位置。一份好的职业不仅能够让青年衣食无忧，过着体面、有尊严的生活，而且能够助其实现自我价值。通过本章的学习，你能够了解青年职业心理的特点，认识影响青年职业选择的因素，以及青年职业选择的困扰，使你更加明确在职业准备中应该做什么，如何对待自己的职业。

第一节 概 述

成家和立业是青年期两大重要的人生课题。青年的就业去向、职业选择和职业状况，决定着青年的生活质量和青年的发展方向与前途，对青年的一生有重大影响。

一、职业心理的含义

职业(vocation)是个体参与社会分工，利用专门的知识和技能持续为社会创造物质财富或精神财富、获取合理报酬、满足物质生活和精神需求的工作。这个定义包含如下特征：(1)经济性，职业能给个体带来合理的报酬，满足养家糊口、解决生计的需要；(2)社会性，职业是有特定工作经验要求的角色体系。个体从事某个职业就必须接受这个职业的社会分工并履行相应的责任和义务；(3)技术性，职业需要从业者具有一定的能力和技术，并为从业者提供发挥这些能力和技术的舞台；(4)相对稳定性，职业具有一定的连续性，对个体的影响深远而绵长。

职业心理(vocational psychology)是青年在职业活动中表现出的认识、情感、意志等相对稳定的心理倾向或个性特征。

二、职业心理结构

职业心理由许多要素构成，主要包括下面的要素。

(一)职业价值观

职业价值观(vocational value)是人们衡量社会上某些职业的优劣和重要性的内心尺度，是个体对待职业的一种信念，并为其职业选择、努力实现工作目标提供充分的理由(黄希庭，2005)。职业价值观反映了个体在求职过程中的关注点，以及如何组织自己的行动来实现这一目标。职业价值观的核心是职业需要，并通过职业价值目标、价值手段和职业价值评价等形式表现出来。

正确的职业价值观是青年职业选择、获得职业满意感的前提和核心。青年的职业价值观一直是社会研究的热点问题。大量研究发现，当代青年的职业价值观总体特征是积极的，他们重视依靠自己的勤奋、努力、进取，追求工作的保障与优裕，并能充分从社会、家庭、个人的角度考虑问题，而且选择工作时重视能力发挥、兴趣相符、实现个人理想。80后和90后新生代青年的实用型价值观呈现上升趋势，追求生活休闲和幸福的后现代价值观日益受到青年的青睐。

（二）职业兴趣

职业兴趣（career interest）是人们对职业以及与职业有关活动的积极的情绪反应和选择性态度。职业兴趣大致可归为四个方面：(1)对职业活动对象的兴趣，如喜爱工作环境，爱护工作的工具等；(2)对职业活动过程的兴趣，把工作过程当作是一种良好的情感体验过程，对工作任务总是带着愉悦的情绪去完成；(3)对职业活动成果的兴趣，如对工作结果的关心和由此产生的对较高劳动报酬的期望等；(4)对职业活动前景的兴趣，如对工作单位发展前途的憧憬，对自己工作前途的信心等。职业兴趣作为影响职业心理的重要内容之一，对青年的职业选择、职业的稳定性、职业的满意程度和职业效率的提高起着重要的作用。

当前我国处在发展的“新常态”，新增职业种类繁多，青年的就业压力加大。青年认清自己的职业兴趣对职业的选择和职业活动尤其重要。有研究发现（李翔宇，2005；吴俊华，2006），大学生的职业兴趣在性别、年级上差异显著；不同专业的大学生有不同的职业兴趣，专业对口仍然是影响大学生职业兴趣的重要因素。

（三）职业自我效能感

职业自我效能感（career self-efficacy）是自我效能在职业领域的具体体现，是个体对自己能否胜任与职业有关的任务或活动所具有的信念、判断和自我感受。

职业自我效能感主要包括：一是与职业内容有关的自我效能，即个体对自身完成某一职业所规定的有关内容的能力的信念，如个体是否具备从事某种职业所需要的知识和技能。另一方面是有关职业行为过程的自我效能，即个体对自身完成有关职业行为过程，实现行为目标能力的信念，如个体对职业的决策。职业自我效能感的高低影响着个体的职业选择范围和对职业的态度。高职业效能者更愿意努力探索，获取有关职业的信息，使职业选择范围更为广泛。在面对职业困难时，更愿意努力克服，更有机会获得职业上的成功。

从已有的研究看，青年职业自我效能感的总体水平较高。一些青年有着“初生牛犊不怕虎”的勇气和果敢，积极开展职业探索、进行职业选择。随着青年年龄的增长，职业自我效能感呈现一定的变化趋势。张杉杉、郑日昌（2002）通过对507名理工科大学生择业自我效能感的调查发现，大学生在择业效能感及各个维度上均有显著的年级差异，其发展趋势为大一学生最高，大二学生最低，大三和大四学生趋中[1]。

职业自我效能感也会受到青年自身实践的直接经验、观察他人所获得的替代性经

[1] 张杉杉，郑日昌.507名理工科大学生择业效能感现状分析[J].中国心理卫生杂志，2002(11)：776—778.

验以及他人的教育引导和劝说等因素的影响。李杨、张进辅(2007)对来自文、理、工、农、医等六个不同专业的大学生的调查表明,由于专业不同,大学生的职业自我效能感也存在差异,其中医学专业大学生的职业效能感水平最高,农学专业大学生的职业效能感最低[1]。

(四)职业能力

职业能力(vocational capacity)是个体胜任某一职业过程必须具备的一些心理特征。职业能力通常包括专业能力和通用能力。专业能力是个体从事某项职业所必须具备的专业知识和技能,具有很强的针对性,如护士的专业能力是具备眼手协调和急救、注射等护理专业医务知识。通用能力是不同职业者顺利完成工作都必须具备的能力,如解决实际问题的能力、与他人交流合作的能力等。

由于职业不同,青年所需要的职业能力也不同。如青年教师应该具备组织教学的能力、科研能力和自我发展的能力;青年销售人员应该具有良好的沟通能力、较强的适应能力、综合分析能力、市场应变能力等。就大学生来说,其职业能力有基础性、延展性和潜在性等特点。我国着重研究了大学生适应社会应具备的职业能力。例如,宋国学(2008)从雇佣性研究视角得出,大学生应培养的职业技能包括专业技能(如学术技能和应用技能)、沟通技能(如口头交流、书面技能和信息技能)、个人属性(如诚信、事业心、自我管理和积极主动)、学习能力(如创造性、理解技能、记忆力和逻辑思维)、人际技能(如社会技能、团队技能、赢得信任和影响他人)[2]。目前我国教育部推行的“卓越计划”就是依据行业标准加强对青年学生的职业能力的针对性培养。上述四个要素既相对独立,又彼此联系,共同构成青年的职业心理结构。

三、职业心理理论

职业心理理论是探讨在职业过程中产生的心理特征,主要有下面一些具有代表性的理论。

(一)职业胜任力模型理论

美国学者麦克利兰通过研究组织中绩效优异的员工所具备的能够胜任工作岗位要求的知识、技能、自我概念、价值观和个人特质等,提出胜任力的概念。胜任力(competence)是指能够测量和区分优秀职业成就者与一般绩效者的个体特征,包括个体的动机、特质、自我形象、态度、价值观、知识、认知、技能等。

[1] 张进辅.青年职业心理发展与测评[M].重庆:重庆大学出版社,2009:112.

[2] 宋国学.基于可雇佣性视角的大学生职业能力结构及其维度研究[J].中国软科学,2008(12):129.

1993 年 Spencer 等人提出了胜任力的基本模型。他们根据胜任力显现的不同，分为外显胜任力和内隐胜任力。外显胜任力主要包括知识和技能，这些特质容易被感知和后天培养，是对职业胜任力的基本素质要求，是有效执行工作所必需的最低程度，但它不能把职业优秀者和普通者区别开来。内隐胜任力主要包括社会角色、自我概念、人格特质、动机等，这些特质不易被感知并且难以培养，决定着人们的行为与表现，是区分职业优秀者与普通者的关键因素。根据这个理论，人们可以评估个体的职业胜任力的情况。

（二）生涯发展理论

生涯发展理论是从发展心理学视角，将职业心理融入整个生涯全程来探讨和研究，以美国职业指导专家舒帕(D.E. Super)为代表。他认为人们的就业意识和要求并不是在面临就业时才具有，而是在童年时就孕育了职业选择的萌芽。随着个体年龄、资历和教育等因素的变化，其职业心理也在发生变化。

职业发展同人的身体和心理一样，可以分为几个连续的不同阶段，每阶段都有一定的特征和职业发展的任务。如果前一阶段的发展任务不能很好完成，就会影响后一阶段的职业成熟，导致最后在职业选择时发生障碍。他把个体一生的职业发展分为五个时期。

1.职业成长期(0～14 岁)。这个时期，儿童少年通过对家庭、学校(包括幼儿园)及邻里中重要他人的观察来发展关于职业角色的意识，并把它们与自我概念联系起来。

2.职业探索期(15～24 岁)。在这个时期，青年力图更多地了解自我，并做出尝试性的职业决策，而且通过经验的不断积累，不断改变自己的职业期望。

3.职业建立期(25～44 岁)。在这个时期，个体进入了特定的工作领域，开始努力掌握该领域中职业发展的信息，力图开辟自己在职业中的道路。

4.维持期(45～59 岁)。在这个时期，个体已经在工作领域内取得了一定地位，一般不再寻求新的职业领域，而是朝着既定的目标前进。

5.衰退期(60 岁以上)。个体到了法定的退休年龄，开始脱离工作岗位，考虑退休后的生活安排。

（三）职业适应力理论

职业适应力是从个体与职业互动过程具有不可预测和不确定性特征角度提出来的，以美国职业专家萨维科斯(Savickas)为代表。他认为，职业适应力(career adaptability)是个体应对职业发展任务、职业转换、个人危机的准备程度以及所拥有的可以利用的心理资源。职业适应力包括职业关注(career concern)、职业自主(career control)、职业好奇(career curiosity)、职业自信(career confidence)四个维度，简称为4C。职业关注是个体对职业未来的关心，有助于个体放眼未来，为未来生涯任务做准备；职业自主是个体为职业未来做准备，使个体为了满足今后的职业要求而采取自律的方式来塑造自己并为此负责；职业好奇是个体对自己、对未来愿景和周围情况的探索；职业自信是个体强化自己追求职业理想的信心，使个体在探索中更加自信地进行人生设计。

上述职业适应力的每个维度都有一个核心问题，承担着各自不同的功能。个体可以根据这四个维度评估自己的职业适应力的情况，并进行针对性的改进。

扩展阅读

青年职业适应力的评估与辅导

有的青年在面对职业时表现出不关心、不关注，职业选择中犹豫不决，甚至出现压抑和消极逃避等心理现象。职业适应理论学家认为，当职业适应力的四个发展向度，即职业关注、职业自主、职业好奇、职业自信存在迟缓或不均衡时，就会造成这些不良的心理问题。但通过针对性干预和培养，可以提高个体的职业适应能力。为此，研究者开发出一套评估和辅导体系(见表10-1)，来促进个体的职业适应能力的提高。例如，对职业不关心、不关注，对未来缺乏思考的个体，通过对其觉察、投入和准备等指标的测试，然后开展针对性的定向练习，使其养成计划性和规划性，提高其做计划的能力，也就能提高其职业关注度。对职业决策中犹豫不决的个体，通过其坚定性、条理性和执着性等指标的测试，并开展针对性的决策训练，帮助其提高自我做主的坚定性和自我做主的能力，进而提高其职业的自主性。

表10-1　职业评估与辅导的体系

维度	职业问题	态度和信念	能力	问题	评估指标	职业干预
职业关注	我有未来吗？	有计划的	做计划	不关心	觉察、投入、准备	定向学习
职业自主	谁拥有我的未来？	坚定的	做决策	犹豫	坚定、有条理、执着	决策训练
职业好奇	未来我想要做什么？	好奇的	主动探	不切实际	尝试、冒险、询问	信息搜集
职业自信	我能做到吗？	有效的	问题解决	压抑	坚持、努力、勤奋	发展自尊

四、职业对青年的意义

职业除了具有创造社会财富的社会意义外，对青年也具有重要的个人意义。

(一)职业影响青年的生活质量

青年通过工作赚钱换取生活，工作时间、工作任务、工作条件、工作环境和工作报酬等因素一起影响着青年的生活质量。舒尔茨和索尔特豪斯(Schulz & Salthouse，1999)通过系统研究指出，工作对青年生活质量的影响表现在两个方面：一方面是对工作活动本身所涉及的各种因素的影响，如工作满意感、上下级或同事关系、工作压力知觉等；另一方面是对非工作领域的生活带来影响，如家庭生活条件、家庭人际互动、休闲娱乐等。职业通过这两方面的影响最终对青年的总体生活质量产生作用。

(二)职业体现青年的社会地位和价值

职业在某种程度上代表着青年的收入和社会声望，标志着青年的职业角色和社会地位。青年通过职业——从事某种工作，在获得经济报酬的同时，履行着社会的职责与义务，表现自我和发展自我，获得生命的充实感和意义感，消除无聊、堕落和贫穷，体现自身的社会地位，实现自我价值。

(三)职业推动青年的心理发展

在职业生涯中，青年不仅结识领导和同事，加入与工作有关的组织和社会团体，扩大自己人际关系的范围和交际圈，获得工作单位的归属感，得到领导、同事的认可和接纳；而且通过职业活动，发展自己与领导、同事合作与竞争的能力，发展自己独立工作的能力，提高自己的分析判断能力、决策能力、处理和解决复杂问题的能力，使自己多方面的能力得到全面提高。

复习巩固

1.什么是职业心理？职业心理的主要结构包括哪些要素？

2.具有代表性的职业理论的观点有哪些？请阐述。

3.职业对青年有什么意义？

第二节　青年职业心理的特征

青年的职业心理有其独特的表现，尤其是20世纪八九十年代出生的青年，他们是现代市场经济、信息化和智能化的最佳代言人，与过去的青年相比，他们的职业心理具有许多新的特点。

一、青年职业心理的时代性

（一）职业目标实用化和生活化

我国的一些研究发现，尽管20世纪60到70年代出生的青年也注重职业的薪酬和福利待遇，但当职业的社会地位、社会意义和经济收入发生矛盾时，他们更多选择职业的社会地位和社会意义；他们视领导和老板为权威，主张生活是为了工作。而20世纪八九十年代出生的青年在职业选择上更加注重自我发展、工作环境、工作氛围以及能够从工作中学到什么；他们希望通过工作找到事业上的导师或教练，能从上司那里学到专长和技能；他们不再将领导或老板视为权威人物，认为理想的领导或老板应该与员工做朋友；他们工作主要是为生活服务，但如果发现工作严重影响生活质量，太多的加班、领导或老板不公平，会毫不迟疑地辞职或跳槽到新的工作单位。

（二）职业手段多样化

20世纪八九十年代出生的青年其工作不再是国家“包分配”，他们在“双向选择”的就业市场中寻找属于自己的那份工作。他们职业选择的机会更多，具有极强的自主性，可以当公务员、成为企事业单位员工，也可以成为京城“北漂”一族、充当自由职业者，还可以“淘宝”、做“微商”创业，甚至可以担任志愿者和社会公益事业，等等。他们的就业途径更加多样化。虽然“双选会”、就业人才市场仍是当代青年求职的主要途径，但网络求职成为新潮流，发挥着日益重要的作用。英国人力资源Hays公司(2012)对中国1 000名18～30岁青年的深度调查发现，79%的中国80、90后青年同意“社交媒体是一种有益的职场工具”。此外，电视媒体和平面媒体等开设的求职栏目，也给当代青年和企业之间搭建了很好的平台。

（三）职业心态更加开放

20世纪八九十年代出生的青年不再迷恋对固定性职业，他们渴望拥有挑战性和创造性的工作，对调换工作也更加开放。据英国人才招聘机构Fresh Minds Talent(2008)和英国人力资源Hays公司(2012)的调查发现，中国20世纪八九十年代出生的青年比前几代人更有雄心和品牌意识，他们中有50%的人可以接受6次更换工作，对自主创业有浓厚的兴趣。因此，中国20世纪八九十年代出生的一代青年将是“充满企业家和成功者的一代”。

二、青年职业心理的矛盾性

青年迈出校园步入社会工作，面临社会发展“新常态”所产生的价值冲突以及自身心理发展水平的影响，使他们在职业心理上呈现出矛盾性的特点。

（一）自我实现与社会需要的矛盾

自我实现是当代青年职业选择的一个主导需要。研究发现，我国大多数青年都把“自我发展空间大、符合自己兴趣”“发挥个人才干”作为择业的首要因素。而集体主义是我国社会倡导的主导价值取向，要求青年在实现自我价值的基础上，考虑国家的需要以及对社会的贡献。这就造成了青年在职业选择中职业价值取向表现为自我实现与社会需要的冲突。张存库、魏重斌（2008）对千名青年的职业价值观的调查发现，青年对一些基础行业和急需行业在理念上认同，对其表示尊敬，但在实际就业中只有极少数青年愿意到这些行业中工作，二者形成了明显的反差[1]。

（二）外在功利取向与内在精神追求的矛盾

在我国社会转型阶段和市场经济条件下，由于物化的社会环境、工资福利待遇与工作环境成为评价个体在职业上成功与否的重要标准，使得一些青年过分看重职业的工资待遇和物质条件，甚至将物质性保健需要等同于社会尊重的需要。与此同时，我国传统文化强调的“重义轻利”“天行健君子以自强不息”的理念也在潜移默化地影响着青年的职业追求。这就使得20世纪八九十年代出生的青年尽管追求物质财富，渴望拥有成功的事业，但同时也尊重知识、愿意学习专业知识与技能。

（三）职业理想与职业现实的矛盾

职业理想是青年对自己所从事的职业及其发展目标所做出的想象和设计。职业理想是青年进行职业判断的内在标准。研究发现，20世纪八九十年代出生的青年重视个人发展机会的选择和行业的发展前景，强调工作环境的舒适安逸为其职业理想。但在我国各种社会保障制度还未完善、社会提供的职位和条件有限的情况下，一些青年在面对西部、边远落后地区的许多职业时，会表现出犹豫不决、茫然不知所以的状态，有的甚至宁愿待业，也不愿意到条件艰苦的地方去创业或工作，由此造成了人力资源的极大浪费。

---

［1］ 张存库，魏重斌.转型期青年职业价值观的矛盾性及其背景分析[J].中国青年研究，2008(2)：53－57.

三、青年职业心理的发展

青年期是职业心理发展完善的重要时期，青年也总是经过多次的反复和调整才能发展他们比较稳定的职业心理。根据已有研究，青年职业心理的发展具有以下的主要特点。

(一)职业探索期

根据舒伯的职业生涯阶段理论，个体处于职业准备和探索期的年龄为15～24岁。这一时期又分为三个阶段：1.试探期(15～17岁)，青年开始利用学校生活、休闲活动、兼职打零工等机会，通过想象、讨论、观察、访问、见习或社会实践等活动，全面考虑自己的需要、兴趣、能力及谋职机会，并据此尝试做出职业选择；2.过渡期(18～21岁)，青年进入就业市场和接受专业训练，从过去的理想过渡到现实，对自己已有的职业期望进行一定的现实性调整，将一般性的选择转为特定的选择；3.试行期(22～24岁)，青年初步确定职业领域，开始正式的职业生活，并试图将其作为自己的长期职业。

(二)职业建立期

25岁以后的青年处于职业建立期，主要的角色就是工作，并且在工作经验中考虑职业和自我的匹配程度。青年通过工作与实践不断探索和尝试，最终在某个职业领域中逐步稳固下来，学习职业知识和职业技术，掌握职业规范，提高工作能力，巩固地位并力求晋升。这一时期通常是青年富有创造力，职业生涯不断发展和上升的时期。

(三)职业心理的差异性

青年职业心理的差异性主要体现在对待工作的态度及职业成熟度等方面。在现实生活中，我们常常看到，对待同样的工作，有的青年兢兢业业、认真严谨、奋发有为、勤奋努力、不畏艰难、大胆进取，有的青年却马马虎虎、缺乏主动性和积极性、怕苦怕累、畏手畏脚、不思进取、安于现状。刘红霞(2009)通过全国16所高校的1171名大学生的职业成熟度的研究发现，女大学生的职业成熟度的发展水平显著低于男大学生[1]。

---

[1] 刘红霞.大学生职业成熟度的性别差异研究[J].中国青年研究，2009(7)：88－91.

复习巩固

1.青年职业心理的时代特征主要有哪些？
2.青年职业心理的矛盾性表现在哪些方面？
3.青年职业心理的发展特点主要是什么？

第三节 青年职业的选择

职业选择是青年的一个永久性话题。每个青年步入社会,都面临着职业选择。青年如何选择适合自己的职业,关系着青年的生活方式、身份地位和社会环境,也在一定程度上限定了其发展的轨迹。

一、职业选择的含义

职业选择(career choices)是青年从自身的个性、兴趣和特长出发,根据职业的经济报酬、劳动强度、晋升机会等信息做出的一种主客观多方面综合考虑后的价值判断和决策,其目标是找到适合自己的职业。

青年职业选择是"双向选择"的过程,既是青年求职者对职业岗位的选择,也是职业岗位对青年求职者的选择。正如美国学者帕森斯(F.Parsons,1909)在《职业选择》一书中所指出的那样,明智的职业选择需考虑三个主要因素:一是准确地了解自己,包括个人的态度、能力、兴趣、志向和限制及其原因;二是懂得职业成功所需要的条件和环境,即感知职业的利弊、报酬、晋升机会和成功的必要条件;三是处理好以上两者之间的平衡关系。由于青年的认知和社会经验是不断积累的过程,因此,青年的职业选择很大程度上也是不断调整自我、实现人—职匹配、达到最优化组合的过程。

二、职业选择的理论

如何解决青年选择职业时遇到的心理问题,以及帮助青年选择适合自己的职业,国外不同研究者以心理学理论为基础,从不同角度进行探讨,提出了不同的职业选择理论。

(一)人一职匹配理论

该理论由美国帕森斯(F. Parsons,1908)首先提出,美国职业辅导专家霍兰德(J. L.Holland,1985)对此进行了丰富和发展。他们认为每个人都有自己独特的人格模式,而每一种人格模式都有其相应的职业类型。职业选择是个人人格的延伸,是人格的一种表现。职业选择的焦点是在搜集个人与职业的信息基础上,寻找与自己特性相一致的职业,实现人与职业的匹配。

霍兰德将人格分成了六种基本类型:实用型(R)、研究型(I)、艺术型(A)、社会型(S)、企业型(E)和事务型(C),并认为每种类型的人都会对相应职业类型中的工作或学习感兴趣,个体总是根据自己的人格类型所赋予的职业兴趣去选择职业,希望能够找到与其人格类型相匹配的职业。霍兰德提出，个人人格类型和职业之间的适配将增加个人对职业的满意度、职业稳定性和职业成就感。如果个体不能获得与自己人格相匹配的职业机会，那么可以寻找相近的职业环境，经过努力也能够适应这种职业环境。如果实在不行，个人也可以考虑从事包含自己某种兴趣的工作，而在业余生活中寻求在工作中不能满足的兴趣。

（二）职业锚理论

该理论由美国施恩（E. H. Schein，1978）提出。职业锚（career anchor），是指人们在选择职业时，无论如何都不会放弃的那种至关重要的东西或价值观，是选择和发展自己职业时所围绕的中心。施恩发现有八种职业锚：自主型职业锚、创业型职业锚、管理能力型职业锚、技术职能型职业锚、安全型职业锚、安全稳定型职业锚、生活型职业锚、服务型职业锚，并认为职业锚以人们习得的工作经验为基础，产生于早期职业生涯，是人们内心深层次的价值观、能力和动力的整合体，体现了真实的自我。职业锚可以帮助青年在职业选择中确定职业目标，发展职业角色形象，提高决策能力，促进青年选择适合自己的职业发展道路。

（三）决策过程论

该理论以加勒特（H. Gellatt，1962）和瑞尔登（Reardon，1991）为代表。他们认为，职业选择是一个决策过程，应把职业选择看成是一种"问题状态"。起初，择业者既无足够的信息，又无精心确立的目标和做出决策的战略，但当择业者主观上确信自己已奠定了足够的基础并开始着手解决问题时，即是决策开始的过程，这是一个认识问题、搜索问题、处理问题和解决问题的程序化过程。瑞尔登把职业选择过程分解成五个步骤：沟通（C）、分析（A）、综合（S）、评估（V）和执行（E），也简称为 CASVE 决策模型。他们认为，个体通过这样不断循环的理性思考过程，能够减少决策风险，达到最优化的决策效果。

三、青年职业选择的心理困惑

职业选择是一个决策过程。青年在职业选择中不可避免地面临着各种矛盾的冲击和考验，在权衡中容易表现出认知决策困难，产生情绪和行为困扰。因此，正视青年职业选择的心理困扰，有利于青年做出合理决策。

（一）青年职业选择的认知问题

青年职业选择认知上的问题集中体现在，在职业选择的过程中，不知道要从事何种职业或要从几个职业中挑选一个适合自己的职业时所产生的困扰和困难。李西营

(2006)的研究发现,大学生在职业决策上主要存在的困难是:准备不充分,对职业和决策的认识存在着一定的偏差,不知道如何获得关于自己和职业世界的相关信息。张进辅、王霞霞(2009)对四川、重庆四所高校的272名大学生的调查发现,89%的被调查大学生没有确定自己的职业。在面对职业选择时。他们常常不知所措,缺乏应对问题的技能和技巧,而且他们的职业决策困难的总体状况呈中等偏上程度。随着大学生实践的拓展、经历的丰富,大三和大四学生的职业选择决策困难程度较大一学生有了明显降低。这个转折的关键期在大学二、三年级[1]。过爱(2013)研究也表明,大学生越是在把握不住的情况下,其职业决策困难就越大[2]。谢雅萍、周芳(2011)对来自城镇和农村两地大学生的择业困难进行了比较研究,发现来自农村的大学生更容易出现决策困难,究其原因是他们所获得的职业信息来源途径相对较少,对职业世界的认识也不够完备,需要更多考虑自身的因素和家庭因素,等等。因此,他们承受的更多实际问题需要解决[3]。

(二)青年职业选择的情绪问题

随着我国就业体制改革的深入,渴望自我实现的青年在职业选择中有了更多的机遇和更广阔的市场,但要面对愈来愈激烈的社会竞争及更大的心理压力,因而不可避免地会产生种种情绪问题。

一些青年对职业缺乏自我规划和明确的目标,择业迷茫,不知所向,焦虑、浮躁,冷静不下来,不能认真思考社会的需要与自己的优势及不足;对职业的内在要求缺乏深入了解,没有主见,在职业选择时容易受环境和周围人的影响;盲目与他人比较,虚荣攀比,过高估计自己的实力,过分追求单位的知名度和福利待遇等,结果是不能胜任而不得不重新选择职业。

有的青年因为专业结构、职业能力等自身条件的限制,加之社会单位对人才的需求不断提高的要求,使他们在择业过程中缺乏足够的竞争勇气。一旦身边同学找到工作就更加心浮气躁,失去理性自信,不敢正视自己的现实,形成自卑心理。还有的青年选择职业不考虑自己的兴趣爱好,完全以市场为导向, 以时尚为标准,当职业与理想出现错位,就经受不住求职的挫折,对求职产生厌倦感,甚至出现消极逃避心理。

(三)青年职业选择行为问题

一些青年在择业的过程中不讲诚信,自荐材料弄虚作假或者签订就业协议动机不

---

[1] 张进辅.青年职业心理发展与测评[M].重庆:重庆大学出版社,2009:220.

[2] 过爱.不确定感难忍度视野下的大学生职业决策困难研究[D].上海:上海师范大学,2013:50.

[3] 谢雅萍,周芳.大学生职业决策困难及其影响因素研究[J].广西大学学报:哲学社会版,2011(10):22—28.

端正，把用人单位作为跳板。这些不仅影响了用人单位接受求职者的积极性，而且影响了青年自己的形象。

还有的青年在职业选择中容易受社会舆论的左右，盲目从众，追逐热门，而不考虑自身条件、职业特点和社会需求，如别人考证、考研我也考，别人报公务员我也报公务员。这种自我认识不清、缺乏基本的分析判断能力、盲目从众的求职行为是不可能成功的。

四、影响青年职业选择的因素

青年的职业选择是一种复杂的社会现象，会受到一个国家的社会、经济、政治、文化和政策等外在客观因素影响，也会受到青年自身的知识、经验和心理等主观因素的影响，这些内外因素共同推动青年的职业选择。

（一）主观因素

主观因素是从青年自身考虑影响职业选择时的一些因素，可归纳为以下几点。

1.年龄和成熟因素

年龄是个体身心发展的一个显著标志。在青年初期，他们对职业的选择具有一定的冲动性和新奇性。随着青年年龄的增长，以及社会阅历和经验的丰富，他们对职业的选择更具有针对性，目标变得更明确。成熟是个体身心发展与年龄阶段的需求相一致。青年初期的思维能力以及个性特点具有不稳定性和不定型性，对自身和职业的认识比较肤浅。在选择职业时追新逐热，喜欢尝试新的职业，带有一定的理想化色彩；随着青年个性趋于稳定，对职业和自身的认识逐渐趋于成熟，在进行选择职业时逐渐形成了自己的职业价值观。

2.性别和生理因素

性别对青年进行正确的职业选择有重要的影响，并限制了青年职业选择的范围。如男青年一般偏重于选择司机、工程师、警察、修理工、个体经营、公务员等职业，女青年更多选择护士、记者、教师、服务员等稳定性职业。闵学勤、凤四海（2004，2012）等的研究表明，女青年比男青年更注重生活环境的安全稳定，更愿意选择稳定性较高、风险较低的职业。即使在当代社会，女青年变得越来越敢于竞争，上进心越来越强，但一些职业仍由于受到择业者性别的限制而遭受冷落。另外，身高、长相等生理因素也会影响青年的职业选择，如医生、演员、飞行员等职业对个体的生理素质有特殊的需要，不符合条件者，即使有这样的职业理想也不能进行职业选择。

3.教育和文化程度

普通教育和职业教育的分流，使得青年学生对学校类型的选择基本上决定了今后的职业选择。许多用人单位在选人时颇为重视学校的名气、品牌，许多职业甚至以受过某种特定教育为入门条件。目前用人单位对求职者的教育与文化程度提出了越来越高的要求，这就意味着青年择业的可能性在日趋减少。因此，青年的教育和文化教育对其就业选择有着很大的影响。那些具有真才实学、有较强的人力资本的青年在进行择业时有更多的选择机会。乔志宏等(2011)对全国22所高校1 017名大学生的就业能力与就业结果进行调查发现，优秀的学业成绩、充足的课外实践经历和实习经历是大学生就业成败的核心因素[1]。

4.个性特征和心理资本因素

一个人的个性特征与其所从事工作的匹配程度直接影响着工作的绩效。个人选择职业时，常常会从自己的个性特征(如能力、气质和性格)和个性倾向性(如需要、动机和价值观)进行考虑。青年时期正处于职业心理逐渐趋于成熟的阶段，他们往往会对自己的个性特征进行分析，选择相应的职业满足自己的需要。顾海根等(2003)对上海1 189名高中生、大学生和在职青年的职业兴趣、职业能力和职业人格进行测验，结果发现这些青年的职业心理的发展会影响到他们的职业认知，而职业认知又影响到他们的择业心理，这是一个相互影响并且循环的过程[2]。

心理资本是个体在成长和发展过程中表现出来的积极心理状态，包括自我效能感、希望、乐观和韧性。具有良好心理资本的青年在面对充满挑战性的工作时有信心，并能付出必要的努力来获得成功，还能对就业过程中的各种事件进行积极归因，在身处逆境和挫折困扰下持之以恒。冯彩玲、王尧骏等(2011，2013)对大学生求职行为影响机制的研究发现，心理资本对大学生的求职选择和就业能力有着积极的作用。

5.就业准备及生活经历

青年的就业准备与生活经历在职业选择中是一个非常重要的环节。它是青年从学生到职业工作者的角色适应、工作能力的培养、个性与职业的调和、职业设计与职业规划等方面为选择和胜任职业而做的准备工作。其中，对于从学生到职业工作者的角色适应以及对于职业与性格的符合程度，最有帮助的能力是社会适应能力；对于将来

[1] 乔志宏，王爽，谢冰清，王祯.大学生就业能力的结构及其对就业结果的影响[J].心理发展与教育，2011(2)：274－280.

[2] 顾海根，张程霞.职业心理综合测验的编制[J].心理科学，2003(6)：1099－1100.

晋升和发展的规划最有帮助的能力是创新意识和勇气；对于大学期间为工作培养的必要能力和对于职业设计最有帮助的能力是解决实际问题的能力（Creed&Patton，2003）。

（二）客观因素

客观因素是间接作用于青年职业选择的因素，主要体现在以下几方面。

1.社会支持

家庭和亲朋好友构成了影响青年择业的社会支持系统。家庭对青年职业的选择起着重要的作用。研究发现（侯志谨，2004），家庭的社会经济地位及稳定的环境是青年职业抱负和成就最有力的预测指标。家境贫寒或社会地位低下的青年可能通过选择好的职业来改变自己的状况达到出人头地的目的，而家庭富有或有社会地位的青年更有可能取得较高地位的职业；家庭成员之间的互动和期待，影响着青年对职业的看法和选择。处在温暖、爱、接纳和保护的家庭氛围中的青年，更容易认同和选择父母所欣赏并期待的职业。亲朋好友不仅是提供职业选择的信息来源之一，甚至影响着青年的职业决策结果。例如，因照顾家庭关系或恋人关系而另谋职业的例子比比皆是。

2.教育机构

教育机构包括普通教育学校、就业指导机构、大众传播媒介等，它们都在一定程度上影响着青年的职业选择。学校是青年成长的摇篮，青年在成长过程中的大部分时间都在学校度过，学校的培养目标、教育内容无不影响着青年的职业意识和职业选择。各种就业指导机构，通过提供就业技能等辅导，提高青年职业选择的技巧和自信；大众传播媒介提供的职业信息、营造的职业氛围，也影响着青年择业的心态和行动。

3.职业信息

职业信息是青年职业选择的前提和依据，包括国家的政策、行业的发展前景、单位的内部环境及薪酬待遇等。国家政策是社会需求和社会所能提供就业机会的风向标，青年只有充分了解国家政策，才有可能在合适的领域寻找工作机会。青年如果掌握了丰富、准确的职业信息，就可以减少职业选择的盲目性、获得更大的选择主动权，更容易找到合适的工作岗位。

4.地域和机遇

我国东西部地区、农村和城市由于经济发展水平不同，青年所接受的职业教育观念也有所差异，他们的就业机会分布也就出现了不平衡的现象。刘秀清、李毅（2001）的研究发现，来自不同地区的研究生，其择业观念存在差异，比如来自西部地区的研究生的择业观念相对保守，外向性和开放性相对较小。机遇是一种不稳定、不可以预测的因素。一些意外、偶然的契机影响着青年改变其求职方向或进程，青年一旦能够抓住好的机遇，就可以获得好的职业。因此准确判断和把握机遇，对青年的职业选择来说非常重要。

复习巩固

1.职业选择的理论主要有哪些，其要点是什么？

2.青年职业选择的心理困惑主要表现在哪些方面？

3.青年职业选择的影响因素有哪些？

第四节　青年职业的辅导

面对纷繁复杂的职业世界，青年如何才能摆脱职业选择的困扰、服务社会、实现自身价值、获得幸福生活，职业辅导尤其必要。

一、职业辅导的含义

职业辅导(vocational guidance)是帕森斯(F.Pasons，1908)针对大量青年在失业的情况下首先提出来的。经历100多年的发展，职业辅导的理念也发生着变化，包含狭义和广义的解释。

狭义的职业辅导，是从传统的人力资源角度，强调职业辅导主要是促进个体就业，重点强调人—职匹配，以提供职业资讯为主。这种观点局限于工作的选择，忽略与工作有关的情感方面的因素。

广义的职业辅导强调职业辅导不再是简单地等同于找工作，而是提供给个体有关职业的资料，便于个体更好地认识自我，进行职业选择，提高对职业的适应性。通过综合性地激发个体发展而达到帮助其选择职业、准备职业技术技能，进入职业领域，以及在具体职业上谋求发展的过程，以满足个体的需要，同时造福社会。

二、青年职业辅导的意义

(一)帮助青年确定职业目标，实现职业适应

职业辅导是一个将个人因素与职业外部因素相互作用的发展性、多角度、全方位、个性化的职业教育，是最终完成其职业目标的过程。需要打破青年对一些职业的偏见，加强对职业的认识，帮助青年重新认识自己的能力和优势、个性与不足，并结合职业环境的变化和社会的需求，认识到自己想干什么、能干什么、适合干什么和应该干什么，设定合理的职业目标，并找到达到其职业目标所采取的步骤。然后能够更有效地实施职业决策，通过职业匹配或生活工作平衡化方式，达成职业适应。

(二)促进青年潜能的开发，维系社会发展

职业辅导通过把最恰当的人配置到最恰当的岗位上，实现最佳的人—职匹配，不仅能够充分发挥青年的潜能和积极性，为单位和社会创造财富，而且可以减少青年盲目择业、盲目职业流动所带来的人、财、物的损失，维系经济发展和社会稳定。

三、青年职业辅导的原则

为实现对青年职业辅导的有效性，实践中必须遵循如下原则。

（一）发展性原则

职业不仅是青年生存的手段，而且是青年的一条发展之路。青年职业选择中的困扰更多的是发展性的困难。随着青年职业心理的发展和成熟，一些青年面临的职业困难会日趋消失。因此，职业辅导不只是促进青年找到工作那么简单，而是帮助青年了解当前社会的实际情况，着眼于青年的长期发展，促进青年逐步完善职业自我概念，一步步走向职业成熟。

（二）整体性原则

整体性原则就是讲究系统性。在青年职业辅导的过程中，应将问题纳入广泛的背景中全面考察，要对青年的素质、能力、性格、需求、兴趣、价值观等进行全面的了解，也要对用人单位、就业市场等职业世界进行全面的考察，确保实现真正意义上的人—职匹配，实现青年的自我价值。

（三）沟通性原则

职业辅导是在信息基础上开展的指导协助工作。职业辅导的关键是通过沟通获取广泛、充分的信息资料，与青年求职者进行有效的沟通，并利用各种信息渠道广泛掌握资料，做出切合青年实际的职业指导，避免盲目臆断、不切实际。

（四）针对性原则

社会阅历限制了青年对社会的了解程度，致使他们在面对职业选择时往往心浮气躁，缺乏清晰的认识，所以他们面对职业选择决策中更多的是“实际问题解决部分”。因此，职业辅导一方面要了解青年的需求，另一方面还需要掌握职业岗位对人才的需求。只有有针对性地将两者有效兼顾，对症下药，职业辅导的目标才能真正达成。

四、青年职业辅导的内容

青年职业辅导的内容主要包括以下四方面的工作。

（一）职业测验和鉴定

职业测验和鉴定是针对需要职业辅导的青年开展针对性、适宜性、有效性的测量工作，并对测量结果进行判断和鉴定，给出解释和结论的过程。这个过程是帮助青年自我认识的重要依据。

(二)职业信息服务

职业信息服务是给需要进行职业辅导的青年提供职业知识、市场供求、就业政策等方面的信息,帮助青年认识职业世界的过程。这就要求职业辅导者能够为青年求职者提供真实、准确、有效的职业信息。

(三)职业咨询

职业咨询是运用心理学的知识和技术,协助青年辅导对象查明遇到的问题性质,通过促进当事人自我认识的发展,引导当事人找到解决问题的方法和途径,以克服职业发展中的障碍和问题。

(四)就业推荐

就业推荐是积极搜集和充分掌握就业信息,并根据单位的需求信息,在充分了解被辅导对象的基础上,及时推荐给用人单位,实现就业。

五、青年职业辅导的方法

职业辅导的方法很多,结合青年尤其是大学生的特点,我们着重介绍五种主要的方法。

(一)开设职业指导课程

课程是青年在校学习或参加培训获取知识的一个最主要的途径。课程能够为青年提供更为系统化的知识结构,因此,将职业技术作为课程授予青年无疑是最直接、最全面、覆盖面最大、系统化最强的职业辅导方式。

首先,职业辅导课程的设置应该具备比较明显的阶段性特征。目前,我国许多高校和培训结构都开设有职业指导相关课程,从内容来看大致分为职业生涯规划类以及求职指导类,并针对不同对象开设不同内容。如许多高校为低年级大学生开设了大学生职业生涯规划,为高年级大学生开设了大学生求职与择业等课程。

其次,职业指导课程应该安排各种职业生涯探索活动,包括自我探索、职业探索等。职业指导课程的目的不是单纯的理论灌输,而是达到唤起青年的自我意识,协助青年进行职业生涯的自我定向及合理规划,培养青年在社会生活中的生存能力,教会青年如何根据自己的专业特征和个人特点,结合社会发展和需求,规划合理的职业生涯,寻找能够发挥个人潜力、具有发展空间的理想职业。

从形式与规模上讲,职业指导课程设置成以大班授课与小班讨论结合的形式为宜。大班教学适合于传授职业的基本概念、职业理论和职业技能,而互动性和实际参与性的主题应以小班讨论为宜。将小班制讨论引入大班制教学中,使得二者相得益彰,是优化职业指导课程的一个良好思路。

(二)集中式的职业辅导活动

集中式的职业辅导活动有多种形式,主要包括以下几种。

1.职业讲座。这是一种受益面广、职业辅导投入较小、参与面较大的活动形式,是对职业指导课程的一种有益补充。职业讲座内容要具有针对性、时效性、主题性强的特点,而且应该阶段性、季度性或者不同主题来组织系列的职业讲座。通过职业讲座,使青年能够了解职业的发展趋势、职业的特点及存在的问题,能够对各种职业有正确的了解,形成正确的判断。

2.主题工作坊。主题工作坊因形式生动活泼、高体验性、高参与度以及主动性而独秀于若干职业辅导活动中。主题工作坊最常见的有生涯决策训练、面试技巧训练、简历撰写训练。主题工作坊作为团体情境下提供帮助与指导的一种方式,通过青年参与体验式活动、管理游戏、互动性商讨、训练、与导师的及时引导和沟通等方法,在帮助青年职业生涯意识觉醒、协助青年自我探索、了解工作世界、生涯规划、生涯决策,以及职业能力素质训练与提升上,带来了其他职业辅导活动所不能达到的显著成效。

3.企业俱乐部。这是一种崭新的职业辅导活动,其目的主要是通过企业的实际参与,与青年共同参与活动以及部分企业项目,实现青年对企业的直观、深入的了解认识,最终确认自身与某企业或某行业的职业匹配度。企业俱乐部为青年了解外部工作世界提供了实践性的指导与帮助,同时,在帮助企业及早准确发现并吸纳最适合自己组织的人才方面能够发挥较大的作用。

4.职业人物访谈。这是通过与一定数量的职场人士(通常是自己感兴趣的职业从业者)会谈而获取的关于一个行业、职业和单位内部信息的一种职业探索活动,这些信息是通过大众传媒和一般出版物得不到的。

扩展阅读

职业人物访谈的问题清单

在职业人物访谈过程,可以参考下面10个问题开展深度的访谈或交流。

1.请介绍一下您是如何找到这份工作的?

2.在这个工作岗位上,您的主要职责是什么?

3.这份工作需要什么样的知识、技能和经验?

4.什么样的个人品质或能力对本工作来讲是重要的?

5.参加什么培训、取得什么证书对这份工作是必要的?

6.工作单位对刚进入这个领域的新员工进行了哪些培训？

7.该职位的晋升路线是什么，如何才能更好地得到晋升？

8.这份工作的初级、中级和高级职业薪水大概是多少？

9.你如何看待这项工作的发展前景？

10.您认为青年应该准备什么，做些什么才能进入这个工作领域？

（三）职业辅导自助系统

职业辅导自助系统即是将职业辅导电脑化、网络化，使青年可以通过电脑系统以及网络工具自助寻求获取适合自己的职业辅导。当前一些职业网站，如北森的职业信息检索引擎Jobsoso、中国劳动力市场（http://www.lm.gov.cn）和中华人民共和国人力资源和社会保障部（http://www.mohrss.gov.cn）提供了广泛的职业信息和求职技巧和经验。青年也可以通过一些网络职业测评系统，了解自己的职业兴趣、职业能力、职业倾向性等方面的特征，对自己的职业生涯决策进行自我评估，以期更多获得职业方面的信息。

（四）职业咨询服务

职业咨询能更深入、更具体地与青年探讨职业生涯问题，而且能在更强的互动中提供给青年更细腻的帮助以及更个性化的建议。形式上，职业咨询可以分为团体咨询以及个体咨询；方法上，职业咨询可分为结构性咨询与非结构性咨询。

团体式职业咨询通常适用于有着相同职业疑惑或拥有可相互分享资源的青年群。它不仅避免了咨询人员的重复性劳动，更能发挥朋辈辅导的作用，使一部分资源拥有者主动与另外一部分需求者分享。

个体咨询是根据个体差异而进行的更有针对性的辅导。这种辅导强调平等、尊重，给处于职业选择中彷徨的青年提供温暖的心灵陪伴、无障碍的交流与沟通，以及适时和专业的指引，为其职业发展规划提供量身打造的“私人订制”服务。

扩展阅读

什么是职业教练技术？

职业教练技术是一项通过改善被辅导者心智模式来发挥其潜能和提升效率的管理技术。它秉承被辅导者才是他们自己问题的专家的信念，相信被辅导者能够带来解决问题所需要的潜能和资源，“教练”的工作就是帮助被辅导者重新发现自己的资源、激发其潜能，促进被辅导者以高度的自信找到解决问题的方法，并付诸行动。“教练”与被辅导者的关系是一种陪同关系，“教练”通过无条件尊重被辅导者，与被辅导者一起收集信息，让被辅导者参与自己的成长过程，引导被辅导者自己找到解决问题的策略、答案和行动方式。这项技术在国外发展得比较成熟，清华大学对此进行了近十年的开发和利用，取得了良好的效果。

(五)职业模拟与实践活动

职业模拟与实践活动可以作为大学生初步确定自己职业选择的较好方式。大学生通过实际的参观、实践、模拟操作，能够更好地认识和了解将来要从事的工作，对其所学专业的应用以及将来可能从事的相关职业有比较清晰的认识，以便从心理到行动上，提前做好充分的职业准备和努力。因此，我国高校应加大力度建立与大学生专业相关的社会实践、实习或就业基地，组织和安排大学生到相关工作岗位上进行锻炼。

复习巩固

1.什么是职业辅导？职业辅导的原则有哪些？
2.青年职业辅导的内容包括哪些？
3.开展青年职业辅导的方法有哪些？这些方法各有什么特点？

要点小结

1.职业是个体参与社会分工，利用专门的知识和技能持续为社会创造物质财富或精神财富，获取合理报酬，满足物质生活和精神需求的工作，具有经济性、社会性、技术性和相对稳定性等特征。

2.职业心理是青年在职业活动中表现出的认识、情感、意志等相对稳定的心理倾向或个性特征。职业心理结构包括职业价值观、职业兴趣、职业自我效能感和职业能力。

3.青年职业理论包括胜任力模型、生涯发展理论和职业适应理论。青年职业心理具有时代性和矛盾性。时代性体现在职业目标务实化和生活化、职业手段多样化、职业心态更加开放；矛盾性体现在自我实现与社会需要的矛盾、外在功利取向与内在精神追求的矛盾、职业理想与职业现实的矛盾。

4.职业选择是个人从自身的个性、兴趣和特长出发，根据职业本身的经济报酬、劳动强度、晋升机会等信息做出的一种主客观多方面综合考虑后的价值判断和决策，其目标是找到适合自己的职业。职业选择的理论有人—职匹配理论、职业锚理论和决策过程理论。

5.青年职业选择困扰主要表现在认知、情绪和行为方面。认知方面主要体现在决策困难；情绪方面表现为焦虑浮躁、厌倦情绪、虚荣攀比和自卑心理；行为方面表现在诚信问题、从众行为等。

6.影响青年职业选择的因素有主观和客观因素。主观因素包括年龄和成熟因素、性别和生理因素、教育和文化程度、个性特征和心理资本因素、就业准备及生活经历；客观因素包括社会支持、教育机构、社会文化、职业信息及地域和机遇。

7.职业辅导广义上是指提供给个体有关职业的资料，便于个体更好地认识自我，进行职业选择，提高对职业的适应性，通过综合性地激发个体发展而达到帮助其选择职业、准备职业技术技能，进入职业领域，以及在具体职业上谋求发展，以满足个体的需要，同时造福社会的过程；狭义上是指促进个体就业，重点强调人—职匹配，以提供职业资讯为主的过程。

8.青年职业辅导的原则是发展性原则、整体性原则、沟通性原则和针对性原则。职业辅导涉及职业测验和鉴定、职业信息服务、职业咨询和就业推荐等内容。

9.青年职业辅导常用方法有开设系统的职业指导课程、集中式的职业辅导活动、职业辅导自助系统、职业咨询服务和职业模拟与实践活动。

关键术语

职业	*vocation*
职业价值观	vocational value
职业兴趣	career interest
职业自我效能感	career self-efficacy
职业能力	vocational capacity
职业适应力	career adaptability
职业选择	vocational choices
职业辅导	vocational guidance

复习题

一、单项选择题

1.人们用于衡量社会上某些职业的优劣和重要性的内心尺度是(　　)。

A.职业能力　　B.职业自我效能感　　C.职业价值观　　D.职业兴趣

2.阐述青年和职业互动过程具有不可预测和不确定性特征的理论是(　　)。

A.胜任力模型　　B.人一职匹配理论　　C.生涯发展理论　　D.职业适应理论

3.从发展心理角度,将青年职业心理融入整个生涯全程来探讨和研究的理论代表人物是(　　)。

A.舒帕　　B.瑞里登　　C.帕森斯　　D.萨维科斯

4.主张早期职业经验中形成的在职业选择中无论如何都不会放弃的东西的理论是(　　)。

A.决策过程论　　B.职业锚理论　　C.成就动机理论　　D.生涯发展理论

5.有的青年在职业中兢兢业业,奋发有为,有的青年却马马虎虎,怕苦怕累,不思进取,这是青年职业心理的(　　)。

A.阶段性　　B.矛盾性　　C.困扰性　　C.差异性

二、多项选择题

1.青年职业心理具有的特征有(　　)。

A.等级性　　B.时代性　　C.矛盾性　　D.发展性

2.下列影响青年职业选择的因素有(　　)。

A.教育和文化程度　　B.性别和生理因素　　C.社会文化　　D.地域和机遇

3.青年职业选择中的困扰有(　　)。

A.决策困难　　B.焦虑烦躁　　C.问题行为　　D.诚信问题

4.青年职业辅导的原则有(　　)。

A.发展性原则　　B.整体性原则　　C.沟通性原则　　D.针对性原则

5.青年职业辅导涉及的内容包括(　　)。

A.职业测验和鉴定　　B.职业信息服务　　C.职业咨询　　D.就业推荐

三、判断对错题

1.职业自我效能感的高低影响着个体的职业选择范围和对职业的态度。(　　)

2.青年是否清晰地知道自己的职业兴趣对职业的选择和职业活动影响不大。(　　)

3.青年职业选择是“双向选择”的过程,既是青年求职者对职业岗位的选择,也是

职业岗位对青年求职者的选择。(　　)

4.性别对青年进行正确的职业选择有重要的影响,并限制了青年职业选择的范围。(　　)

5.职业辅导能帮助青年确定职业目标,实现职业适应,促进青年潜能的开发,维系社会发展。(　　)

第十一章　青年的休闲与引导

本章你要学习什么？

“一张一弛，文武之道。”休闲不仅给青年的身体和头脑提供养料，而且使青年能够守护一个精神家园，使心灵有所归依。积极健康的休闲可以净化青年的灵魂，提升青年的生活品味。本章将使你了解什么是休闲，休闲的主要类型有哪些，青年休闲的特点是什么，青年休闲中存在的问题以及如何引导青年进行健康的休闲。通过本章的学习，你将能够了解健康的休闲观念，采取健康的休闲方式，更好地做到劳逸结合。

第一节 概 述

自改革开放以来,我国人民的生活水平得到了大幅度提升,青年的休闲时间越来越多,休闲活动也越来越丰富多彩。青年已成为我国引领时尚休闲活动的重要群体。

一、休闲的含义

对于休闲(leisure),不同学者的解释往往不同。古希腊哲学家亚里士多德(Aristotle)说,休闲是一种沉思的状态,是一种不需要考虑生存问题的心无羁绊的状态。[1]美国休闲学者查尔斯·K·布莱特比尔(Chales K.Brightbill,1963)提出,休闲是去掉生理必需时间和维持生计所必需的时间之后,自己可以判断和选择的自由支配时间。[2]法国社会学家乔弗里·杜马泽迪尔(Joffre Dumazedier,1967)指出,休闲是人们从工作、家庭、社会的义务中摆脱出来,为了转化心情、休息、增长见识等而自发性地参与可以自由发挥创造力的任何社会活动的总称。美国心理学家约翰·纽林格(John Neulinger,1981)说,休闲是为了达到自己的目的而进行的,可以从中得到幸福和满足,与个人的内心世界的情况密切相关。美国经济学家托斯丹·邦德·凡勃伦(Thorstein B Veblen,1899)指出,休闲是有社会身份地位的经济象征,是区别社会等级的尺度。在本章,青年休闲(youth leisure)是指青年在完成必要的工作或学习任务后,在自由支配的时间中根据自身喜好、兴趣爱好选择从事的活动。

二、休闲的类型

根据不同的标准,可以把休闲划分为不同的类型。

(一)根据休闲的性质

分为积极休闲和消极休闲。积极休闲是指对青年的身心发展有益的休闲活动,如看书、下棋、瑜伽、养花、爬山、跑步,手工等;消极休闲是指对青年的身心发展有害的休闲活动,如过度上网和玩游戏、吸烟、酗酒、吸毒、赌博等。

(二)根据休闲活动的场所

分为室内休闲和室外休闲。室内休闲是指休闲活动主要是在室内进行的,如书法、绘画、插花、看书、室内运动等;室外休闲是指休闲活动主要是在户外进行的,如爬山、攀岩、旅游、探险、户外运动等。

---

[1] 李仲广,卢昌崇.基础休闲学[M].北京:社会科学文献出版社,2004:1.

[2] Chales K.Brightbill.(1963).The Challenge of leisure.New Jersey:Prentice—Hall,(4):79.

(三)根据休闲的功能

分为下面几种:1.消遣娱乐型,指青年的休闲活动以娱乐和消遣为目的;2.怡情养生型,指青年利用休闲活动满足自己的兴趣爱好,提高自身修养;3.体育健身型,指青年利用休闲活动参加体育健身活动,以实现增强体魄的目的;4.旅游观光型,指青年在闲暇时间外出旅游、观光、露营等;5.教育发展型,指青年利用休闲时间参加教育培训活动,达到提高学历、知识与技能的目的;6.社会活动型,指青年在休闲时间参加社会公益活动及生日聚会等;7.消极堕落型,指青年在闲暇时间从事危害自身和社会的活动。

(四)根据休闲是否商业化

分为商品型休闲和自足型休闲。商品型休闲是依托于休闲产业而获得的休闲,这种休闲在很大程度上受消费主义思潮的影响,青年的休闲来源于对作为商品的休闲方式或休闲手段的应用。如现代社会流行的农家乐、健身房、高尔夫球场等。自足型休闲是一种远离市场、远离商品,自然、朴实的休闲方式。如青年闲时在家看书、练字、聊天等。

扩展阅读

青年休闲的种类

消遣娱乐型	文化娱乐	歌、舞、影、视、听广播、上网、电脑游戏
	吧式消费	酒吧、陶吧、书吧、迪吧、氧吧、咖啡屋、茶馆
	闲逛闲聊	散步、逛街、聊天
怡情养生型	养花草宠物	花、草、树、虫、鱼、鸟及其他宠物
	业余爱好	琴、棋、书、画、茶、牌、摄影、收藏、写作
	美容装饰	美发、美容、化妆、家居装修
体育健身型	一般健身	太极、跳操、游泳、溜冰、桌球、保龄球、射箭及各种健身运动
	时尚刺激型	蹦极、攀岩、漂流、潜水、滑雪、狩猎、探险
旅游观光型	远足旅游	体验自然风光、名胜古迹、历史文化遗产
	近郊度假	公园、广场、动物园、植物园、古镇、农家乐、野炊、田野游玩

续表

社会活动型	私人社交	聚会、婚礼、生日、毕业、升职、乔迁
	公共节庆	传统节日、特色文化节、宗教活动
	社会公益	社会工作、公益活动、志愿者服务
教育发展型	参观访问	博物馆、纪念馆、展览馆、高校、名人故居、烈士陵园、特色街道、特色建筑、工业园区
	休闲教育	学习乐器、声乐、舞蹈、书法、绘画、插花
消极堕落型	不良嗜好	吸烟、酗酒、赌博、吸毒、嫖娼、沉溺网络

三、休闲的理论

关于休闲，可以从哲学、社会学、经济学、教育学等多学科视野进行研究。在这里，我们着重阐述心理学对休闲的理解。

（一）需要理论

需要(need)是指人对某种目标的渴求或欲望。需要是一种个体的主观状态，这种状态是人们对客观条件需求的反映。1943 年马斯洛提出需要层次理论。马斯洛认为，人有五类基本需要：一是生理需要；二是安全需要，即要求劳动安全、职业安全、免于灾难、社会保险、退休保障等；三是社交需要，即希望与人交往、得到信任和友爱，渴望有所归属等；四是尊重需要，即自我尊重及尊重别人的愿望和需要；五是自我实现的需要，即人们希望完成与自己的能力相称的工作，使自己的能力得到充分的发挥。其中自我实现的需要是最高层次的需要，是个体在自由状态下进行的创造性活动。

休闲是一种人类通过自身实践，探索生命价值的特殊活动。它是一种高层次的需要，是人类的一种精神状态，是心灵的感悟和提升。人们通过休闲使自己的身心获得解放，从而在最大程度上激发出自身的创造力，提高生活的质量。

（二）态度理论

态度(attitude)是社会心理学的一个重要概念。研究者往往从不同的角度对态度进行定义：一是从行为主义心理学角度解释。以奥尔波特(All port，1935)最具代表性。他在《社会心理学手册》中指出，态度是根据经验而组织起来的一种心理和神经中枢的准备状态，它对个人的反应具有指导性的或动力性的影响；二是从认知心理学角度解释。代表人物是洛开奇(M.Rokeach，1968)。他认为“态度是个人对于同一对象的数个互相关联的信念组织，是一种具有结构和组织的复杂认知体系”；三是从情感角度解释。认为态度是“赞不赞成、喜不喜欢”的表达。比如菲什拜因和阿吉普（M. Fishbein, I. Ajzen, 1975）认为态度是习得的，“它导致活动。这些活动对事物始终是赞成或不赞成的”。态度有下列主要功能：一是调节或社会适应功能。人对有利于满足自己需要的对象形成积极的态度，而对妨碍满足自己需要的对象形成消极的态度。二是自我防卫功能。个体通过态度来保护自己，减少焦虑和心理冲突。三是价值表现功能。个体通过态度，表达和实现自己拥有的价值。

休闲也是一种态度。个体如何看待休闲，选择何种休闲方式，怎样利用休闲时间，影响着休闲的生活质量。不同青年对休闲的态度是有差异的，休闲教育就是通过引导青年树立正确的休闲态度，提升休闲品味，以适应社会生活，更好地发展。

四、青年休闲的意义

（一）有助于推动经济的发展、文化的传承与创造

青年的休闲对社会的经济发展具有很大的推动作用。休闲与社会发展，尤其是与社会的经济发展水平有密切的关系。而休闲产业的蓬勃发展，又成为推动经济发展的重要动力。青年是当前社会休闲产业中的主要消费群体，是社会休闲的主力军。青年休闲的发展促进了休闲消费的增长、休闲产品的开发以及相关的休闲服务的普及，这些是推动经济发展的重要动力。休闲已经形成了一种产业，而青年休闲对经济的促进作用已成为一股不可忽视的力量。

青年的休闲活动总是在一定的文化环境中进行，是一种文化的传承和再创造。例如，青年参观具有历史文化价值的博物馆、纪念馆，学习中国武术、戏剧、国学等，这些既是青年休闲的活动场所和方式，也是青年休闲的文化创造物，还可以把我国传统文化世代传承下来。青年的休闲活动会随着社会环境的变化而变化，新的文化环境会创造出新的青年休闲文化，如应运而生的青年网络小说、网络歌曲等，丰富了青年休闲文化的内容。

（二）调节青年的身心平衡，提高青年的心理健康水平

在现代社会，青年的生活节奏加快，竞争越来越激烈，承受着来自各方面的压力。青年的心理承受能力是有限的，这些压力只有通过合理的渠道释放才能使青年的身心保持平衡。休闲活动使青年从紧张的学习或工作中解脱出来，参与户外娱乐活动与体育运动，锻炼身体。在活动中消除学习与工作带来的疲劳，恢复体能、释放压力、放松身心，同时减少焦虑、烦恼、抑郁等不良情绪的干扰，提高青年的心理健康水平。

(三)促进青年的发展,使青年获得幸福感

休闲是青年的一种基本需要,是青年的一种存在和生活方式。青年需要通过劳逸结合,使自己得到更全面的发展。从本质上来看,休闲是一种高层次的精神需要,是青年价值存在的一种表现形式,是心灵的感悟和提升。青年有强烈的自我实现的需要。通过休闲,青年不仅能够放松身心,陶冶性情,享受音乐、美术、体育、旅游等活动带来的乐趣,而且能够激发青年对生活的热爱和热情,开阔青年的视野,扩大其知识面,掌握技能,发展能力,丰富人生,为青年的发展提供更广阔的空间。

幸福感是指个体根据自定的标准对其生活质量的总体评估。它是衡量个体生活质量的重要综合性心理指标。休闲是青年根据自己的喜好和兴趣选择的活动,当青年的休闲兴趣爱好得到满足时,就容易感觉到幸福。休闲对提高青年的主观幸福感具有重要作用。美国学者坎贝尔(Campell,1976)等人的研究指出,休闲活动是主观幸福感的最佳预测因子。我国刘洋、陈洪岩(2013)的研究也发现,大学生的休闲满意度和主观幸福感呈显著正相关,说明大学生的休闲满意度愈高,主观幸福感愈强[1]。由此可见,大学生的休闲生活品质直接影响到他们的幸福感。

复习巩固

1.什么是休闲?心理学是如何理解休闲的?
2.青年休闲的意义有哪些?

[1] 刘洋,陈洪岩.大学生主观幸福感现状及与其休闲方式关系的研究[J].中国高等医学教育,2013(12):49—52.

第二节 青年休闲的特点与问题

青年是休闲活动的重要参与群体。随着经济的发展和社会的进步，我国青年休闲的质量和水平得到了很大提高，呈现出自己的一些特点，但也存在着一些问题。

一、青年休闲的特点

（一）休闲的多样化

青年的休闲与经济的发展水平密切相关，经济的发展为青年休闲创造了良好的环境。随着我国经济的发展，青年的休闲变得丰富多彩。青年的休闲目的、休闲内容、休闲时间、休闲地点到休闲花费等方面都呈现出一些变化，特别是发达的网络和交通打破了传统休闲中时间和空间的限制，使得青年休闲的内容和方式呈现出多样化的特点，如KTV、酒吧、台球、旅游、电子游戏、点歌追星、看展览等。李瑞超（2011）的研究发现，大学男生采取的最多的休闲方式是娱乐休闲方式，如电脑游戏等，其次是体育休闲方式，如篮球、足球；而大学女生采取的最多的休闲方式是观赏性休闲方式，如电影、话剧，其次是高雅休闲方式，如摄影、画画等。在休闲方式的选择上，男女生显示出较大差异，男生较喜欢动态的休闲方式，女生较喜欢静态的休闲方式[1]。庞桂美、王鸿祥、林婷（2013）的调查发现，大学生的休闲方式依次为上网（占58%）、休闲阅读（占47%）、体育运动（占32%）、逛街（占32%）和玩扑克下棋（占16%）[2]。同时，国外休闲思想和休闲方式的传入也丰富了我国青年休闲的内容。如今青年的休闲不再局限于传统的休闲方式中，而是渗透在青年生活的方方面面。

（二）休闲的时代特征

不同的时代有不同的休闲方式。现代青年的休闲方式和以往相比，发生了很大变化，充分体现了青年休闲的时代性特征。这一现象的产生与当代社会经济的飞速发展和科学技术的突飞猛进是分不开的。物质财富的日益丰富给青年休闲提供了更为优越的休闲环境。随着社会的进步和人们思想观念的转变，使得青年易于接受新事物，青年的休闲也突出个性化的特征。加之现代生活的紧迫感和快节奏，促使青年通过各种方式来释放压力、平衡情绪等。从表11-1可以看到我国青年改革开放前后休闲的变化。

---

［1］ 李瑞超.当代大学生休闲生活研究——以青岛农业大学为例[D].济南：山东体育学院，2011：14.

［2］ 庞桂美，王鸿祥，林婷.当代大学生休闲状况调查分析—以青岛科技大学为例[J].青岛科技大学学报：社会科学版，2013：(2)：92.

表 11-1　青年休闲的变化

休闲类型	改革开放前青年的休闲	改革开放后青年的休闲
娱乐休闲	帮家里干活、做家务，看露天电影、听广播，电影以爱国题材为主	偏向网络化和时尚化，如上网、玩游戏、看视频、唱歌、聚会、逛街等
阅读休闲	阅读中外经典名著为主	倾向于阅读电子书，以科幻、言情、时尚、娱乐等小说为主
游戏休闲	主要是打扑克、弹珠、抽陀螺、滚铁环、抓鱼、跳房子、踢毽子等团体合作型游戏	以网络的竞争、打斗、梦幻、爱情等游戏为主
音乐休闲	以爱国、励志歌曲为主，通过半导体收音机、黑白电视机获得音乐	以流行、摇滚、重金属歌曲为主，通过上网、看电视、手机下载等获得音乐
运动休闲	以跑步、爬山、跳绳等运动为主	以健身房、野外攀岩、健美、瑜伽、旅游为主

从表 11-1 可见，现代青年的休闲方式主要有以下趋势：一是青年的自我意识强烈，安排休闲主要从自身的兴趣爱好出发；二是青年休闲的途径非常广泛，可以通过电脑、电视、KTV、手机、书刊、旅游等实现自己的休闲计划；三是青年休闲沿着时尚化方向发展，新潮、流行、时髦、刺激、冒险已成为现代青年休闲的代名词。无论是青年的休闲内容，还是休闲的方式都新意百出、别具一格。青年休闲的变化反映了社会的变迁。

(三)休闲偏向网络化

21 世纪被称为是“新娱乐时代”、自媒体时代，网络休闲作为新生的休闲方式，顺应了时代发展潮流，代表了休闲领域的最新方向。青年正处于思想活跃、精力旺盛时期，喜欢追求新鲜的刺激，渴望被社会认同和接纳，害怕被社会冷落，希望以时尚和前卫的姿态来展示自己的形象。青年的休闲往往引领着社会休闲的时尚潮流。刘东丽(2013)的研究发现，由于网上休闲具有低成本、互动性、个性化、多样化等特点，已成为大学生上网的主要内容之一。刘庆庆(2012)等人的调查也发现，网络休闲已成为当前青年最主要的休闲内容，占到近四成[1]。网上看电影、看电视、看新闻、购物深受青年的喜爱，网络休闲越来越受到青年的青睐。

(四)休闲空间不断拓展

随着我国人民生活水平的不断提高，交通方式的快捷便利，青年对休闲空间的选择不断扩展，也不再拘泥于身边就近的区域。马忠茹(2010)对大学生闲暇生活的调查

[1] [4]刘庆庆，杨守鸿.新媒介对青年休闲娱乐的影响研究[J].重庆大学学报：社会科学版，2012(18)：145.

表明，大约有 64.7%的大学生经常光顾校外休闲、娱乐场所。他们除选择传统的图书馆、博物馆、科技馆、体育馆这些休闲场所外，还到商场、超市、旅游景点、公共娱乐场所（KTV、迪厅等）等地方进行休闲[1]。随着我国对度假旅游的鼓励，以及各种旅游硬件设施的不断完善，青年外出旅游不断增加。有调查发现，80%的大学生都有过节假日出去旅游的经历，36%的大学生有过外省旅游的经历。92%的学生表示"有以后出国旅游的想法"。特别是最近几年，青年出国旅游变得越来越盛行，这些都说明青年的休闲空间在不断扩大。

生活中的心理学

案例：中国青年爱上"间隔年"出国边打工边旅游

在部分西方国家，年轻人在进入社会前会先经历一段游学、旅行或当义工的生活，作为工作前的"停顿"，这段经历被称为"间隔年"(Gap Year)。近年来，"间隔年"在中国年轻人中也越来越流行。许多年轻人希望能暂停工作学业，背着背包到异国他乡边旅游边打工，以此来增长见识、体验生活。

新西兰面向中国年轻人推出的"工作假日计划"(China Working Holiday Scheme)恰恰能满足这类年轻人的愿望。自 2008 年起，新西兰每年向中国的年轻人提供 1 000 个假日工作签证(Working Holiday Visa)名额，获得该签证的申请人拥有一年的时间在新西兰旅游观光，同时进行短期工作。

这种边打工边旅行的方式让中国年轻人有机会从"帆之都"奥克兰一路游历到冰川巍峨的西海岸，在火山、雪山和峡湾美景的切换中度过丰富多彩的一年。同时，通过在当地的农场、商场、酒店等地打工，年轻人可轻松赚取旅行费用，不需要提前准备高额资金。

一些假日工作计划的参与者在接受采访时透露，由于新西兰收入水平较高，在旅行之余往往还能存下人民币几万到十几万元不等，成为回国创业、工作的第一桶金。而这段经历在日后申请新西兰学生签证，或被当地雇主长期雇佣时都有不少帮助。

[1] 马忠茹.当代大学生闲暇生活及闲暇教育[D].石家庄：河北师范大学，2010：34.

二、青年休闲的主要问题

(一)休闲处于较低层次

青年处在时代的最前列,思想前卫,追求自由、时尚、个性。同时青年的休闲思想还不太成熟,在休闲观念、休闲方式上呈现出一些非理性的特征。廖小平等人(2009)对大学生休闲活动的调研发现,大学生普遍抱着放纵身体、解除压力的态度去休闲[1]。李瑞超(2011)对大学生休闲生活的研究发现,大学生参与最多的是游戏、下棋等娱乐休闲方式,主要用于解闷、摆脱单调而消磨时间[2]。在一些青年的休闲观念中,休闲成了吃喝玩乐的代名词。贾立蕊(2012)的研究发现,当前大学生的休闲生活凸显着心理需求层次高和实践操作能力水平低的矛盾,即虽然休闲欲望逐渐递升,但创造性活动、积极参与型和情感投入型活动是大学生内心期望的休闲活动内容,却因为休闲知识的相对缺乏,休闲技能的匮乏,导致大学生的休闲生活内容结构失当,休闲格调或层次偏低。在大学生对休闲活动的选择中,"睡觉""聊天""上网""打游戏"和"读消遣杂志"等的选择率较高,致使大量的时间被毫无意识地浪费掉。这说明我国一些青年的休闲观念、休闲方式还处于较低层次,主要集中在满足个人的愿望和消磨时间上,而很少涉及自身的发展、公益服务活动、创造性的"高级"休闲活动。青年的休闲活动是社会活动的一个重要组成部分,社会环境的好坏直接影响到青年休闲的质量。当前我国的休闲发展还处在初级阶段,休闲政策、休闲保障制度还不完善,休闲市场鱼龙混杂,会对青年休闲的层次产生不利影响。

(二)休闲结构不尽合理

青年休闲是以放松心情、促进自身发展为目的,这需要良好的休闲结构。良好的休闲活动结构是娱乐性休闲与发展性休闲的有机结合。李庆丰(2002)的研究发现,大学生除学习外,花费时间最多的几项活动都为户内交谈、无事休息、玩电脑等。而这种闲暇生活结果是不尽合理的,休闲时间过多、活动时间过少;小范围交际活动过多,大空间交往活动过少;智力活动过多、体力活动过少;口头活动过多、实践活动过少;一般性活动过多、技能性活动过少;低层次活动过多、高层次活动过少,等等[3]。李瑞超(2011)的调查也发现,我国大学生休闲是静态活动过多,动态活动过少;一般性活动过多,技能性活动过少;个人单独性活动较多,集体合作性活动较少。还有一些对青年休

[1] 廖小平等.大学生休闲活动调研报告[J].中南林业科技大学学报,2009(11):90-91.

[2] 李瑞超.当代大学生休闲生活研究[D].济南:山东体育学院,2011:27.

[3] 李庆峰.当代中国大学生闲暇生活探略[D].杭州:浙江大学,2002:26.

闲的调查发现，网络游戏成为了青年休闲的主要组成部分，而运动型、发展型以及高雅的休闲却排在其后，这也说明青年休闲活动的结构不尽合理。

（三）休闲缺乏计划性和教育性

青年休闲是一种相对自由的非正式活动。青年可以根据自己的兴趣爱好以及时间充裕情况安排自己的休闲活动。青年的自由时间是有限的，如何利用这有限的时间达到休闲的目的是休闲管理中很重要的问题。研究者通过对青年的休闲生活研究发现，大部分青年没有理智、自觉、认真地考虑过如何科学、合理地安排自己的休闲生活，休闲生活处于一种无具体计划、盲目跟风的状态，这样就容易使青年的休闲适得其反。青年休闲的无组织、无计划性的一大原因是我国缺乏对青年的休闲教育。李瑞超的调查显示，有 64.6％的大学生表示没有接受过休闲教育；廖小平等对湖南省高校大学生休闲意愿的调查发现，被调查的 78.6％的大学生认为休闲需要教育。这些研究表明，我国缺乏对青年进行必要的休闲教育与引导，这种状况亟待解决。

（四）休闲方式西化

随着我国对外开放领域的扩大，已趋成熟的西方休闲文化不断向外扩张，走进了我国青年的生活。外来的休闲方式更容易引起青年的好奇心，吸引青年的眼球，而民族的、传统的休闲方式却少有青年问津。以肯德基和麦当劳为代表的美国快餐文化成为一些青年向往的休闲文化的代表，西方的情人节、圣诞节、母亲节和愚人节等吸引着越来越多的年轻人。面对这些外来的休闲文化的冲击，我国传统的戏曲、品茶、琴棋书画、端午重阳等休闲文化或休闲方式，正逐渐失去对一些青年的吸引力，甚至在一些青年中备受冷落。中国社会调查事务所曾在北京、天津、上海、重庆、哈尔滨、广州、武汉、长沙等城市进行了一次随机抽样调查。调查发现，中国人尤其是年轻人喜欢过洋节。在“您所知道的洋节有哪些”一问的统计结果中发现，居首位的是圣诞节，所占比例为 97.2％；第二位是情人节，其所占比例为 92.7％；第三位是母亲节，其所占比例为 89.7％；第四位是愚人节，其所占比例为 56.5％。洋节在中国青年中的流行由此可见一斑。

复习巩固

1.青年休闲的特点是什么？

2.我国青年休闲存在哪些问题？

第三节　影响青年休闲的因素

我国正迈向大众化的休闲时代。能够享受休闲是每个青年都十分向往和追求的。而影响青年休闲的原因是多方面的，我们着重从主客观两方面来探讨与分析。

一、影响青年休闲的主观因素

（一）青年的经济状况

从经济花费上讲，休闲活动分为两种类型：一种是消费型休闲，指在休闲时要花费金钱，如旅游、看电影、健身房健身、打高尔夫球等；另一种是零消费型休闲，指在休闲时无需花费金钱，如爬山、看书、晒太阳等。青年群体，尤其是在校大学生，经济状况不是很好，休闲时零消费型或低消费型偏多。许多休闲项目确实吸引人，但大部分青年苦于囊中羞涩，只能望之兴叹。赵宜玲（2009）的研究发现，有54.5%的中青年群体选择低花费的睡觉、上网和看电视，46.9%的人认为休闲活动费用过高而难以接受[1]。有研究表明，对于收入高的青年来说，很少会因为经济条件有限而不能开展娱乐活动，恰恰相反，他们对公共和家庭休闲设施提出了更高的要求。为了追求高质量的休闲。他们往往会从市场和商业渠道获取休闲产品，并愿意为此支付价格，补偿高强度的工作。而低收入青年可能更多的在消费观念上会保持量入为出的做法。我国有人研究了湖南长沙市青年白领的休闲生活方式，发现来自农村地区的青年白领无论在休闲时间、休闲活动的丰富性、休闲的消费能力等方面都要低于来自城市地区的青年白领。来自城市地区的青年白领参与的休闲活动比来自农村地区的青年白领更丰富，更具积极性[2]。这说明，经济状况是影响青年休闲的重要因素。

（二）青年的性别差异

青年的性别不同，休闲方式也有所不同。李翠新（2007）对大学生的研究表明，男生经常参加的休闲活动是：上网（71.2%），看影视、听音乐（61.20%），自修学习（60.4%），体育健身活动（51.80%），看报纸、杂志、课外书籍（51.4%）；女生经常参加的休闲活动则是：自修学习（68.20%），看报纸、杂志、课外书籍（67.1%），上网（66.1%），看影视、听音乐（63.60%），外出闲逛（47.6%）。男女生在看报纸、杂志、课外书籍，外出闲逛，玩电脑游戏，聊天，体育健身，棋牌等活动的选择中存在显著性差异。特别是男

---

[1] 赵宜玲.对徐州市中青年群体休闲活动现状的调查研究[J].太原师范学院学报，2009(9)：132.

[2] 毛连泽.青年白领休闲生活方式研究——以长沙市为例[D].长沙：湖南师范大学，2008：57—60.

生在体育健身活动方面的参与明显高于女生，而女生在闲暇时间进行阅读、外出闲逛、聊天会友则明显高于男生。主要原因是男生一般比较好动，爱好体育运动，而女生则多半属于文气型，好静，闲暇时间喜欢待在寝室或图书馆看书，或是外出逛街[1]。

邹先云(2008)的研究表明，女性相较于男性更愿意选择放松身心的和经济实惠的休闲方式，更加注重享受生活和放松自己，但在休闲时会比男性节约。男性倾向于选择娱乐消遣型和丰富知识型的休闲方式。吴广丽(2009)的研究显示，男性更喜欢“玩”，女性更喜欢“逛”。女性活动范围以家庭为中心，喜欢和亲戚朋友等比较固定的圈子交往，更喜欢静态的休闲方式。男性更喜欢动态的休闲方式。这可能是由于社会赋予男性的社会角色和受传统的文化观念的影响。男性作为家庭的支柱，肩上承担着很大的责任，工作压力比女性更大，所以，男性休闲时更加注重娱乐消遣型。

(三)青年的文化程度

在社会变迁中，受教育程度更能一贯地、强有力地预言个人的态度和行为。知识层次高的人，休闲意识较强烈，更容易接受新观念、掌握新技能，也更有主动性去追求高质量的休闲活动，而且不同的文化群体也必然会在休闲能力和趣味高雅上产生差异。有调查显示，学历越高，节假日的休闲时间越长；而文化程度越低的从业者可能假日从事职业劳动的越多。这是因为越是文化程度高的从业者越有机会在社会上获得能保证假日休息的工作岗位，而文化程度低的从业者超过法定工时的情况可能更容易发生，很难纳入社会的有效管理。同时，学历越高者对学习和自修越重视，也更重视对自己的人力资本进行不断的投资，这样才能在知识不断更新和竞争加剧的社会中更快地发展进步。

(四)青年的休闲时间利用

休闲时间是指个体可以自由支配的一种时间。休闲活动的开展必须以休闲时间的存在为前提。青年的休闲时间越多，休闲活动才能够得以进行。但青年对休闲时间的使用方式则大相径庭。有些青年浑浑噩噩，过着懒惰懈怠的生活，睡懒觉、网游、熬夜看肥皂剧、沉溺网络等，这些青年丧失了对生命激情的追求，没有青年人该有的朝气蓬勃。有些青年则把休闲理解为“堕落”，认为休闲是“好吃懒做”“好逸恶劳”“贪图享受”“游手好闲”，对休闲生活持排斥心理，认为在他们的生活里没有休闲，只有学习和工作。吴广丽(2009)研究了在职青年的休闲状况，发现工作忙、没有时间休闲的青年达50%。而有些青年则会劳逸结合，合理地安排休闲时间，达到放松身心和发展自我两不误的目的。

---

[1] 李翠新.大学生闲暇生活现状分析及教育对策研究[D].广州：华南师范大学，2007:30.

二、影响青年休闲的客观因素

(一)社会经济发展水平

休闲是社会生产力发展的产物,有赖于社会生产力的高度发展。在农耕时代,人类只有很少的时间用于休闲,后来匠人和手工业的发展为人类省下了一些时间用于休闲。蒸汽机时代的到来大大提高了社会生产力水平,为人类增加了许多休闲时间。只有生产力的不断发展才能帮助人类缩短社会必要劳动时间,增加自由时间用来休闲。恩格斯曾指出:“正是由于这种工业革命,人的劳动生产力才达到了这样高的水平,以致在人类历史上破天荒第一次创造了这样的可能性:在所有的人实现合理分工的条件下,不仅进行大规模生产以充分满足全体社会成员丰裕的消费和造成充实的储备,而且使每个人都有充分的闲暇时间从历史上遗留下来的文化——科学、艺术、交际方式等——中间承受一切真正有价值的东西;并且不仅仅是承受,而且还要把这一切从统治阶级的独占品变成全体社会的共同财富和促使它进一步发展。关键就在这里。”[1]到了 21 世纪,随着自动化、电子化、信息化时代的到来和发展,更是进一步提高了工作的速度,使社会生产力得到进一步解放,人们的休闲时间也越来越多,休闲的方式也发生了很大变化。青年休闲的质量和层次和当时的社会经济发展水平息息相关,良好的经济环境是休闲产品与服务供给的物质基础,青年的休闲水平也将会随着经济社会的发展水平而不断得到提高。如果社会经济发展水平低,就不能保证青年休闲供给所需的各种物质条件。因此,社会经济发展水平不仅为青年休闲活动提供各种物质基础的保证,而且在某种程度上决定着青年休闲产品的供给数量和质量。

(二)新媒介的影响

随着信息社会的发展,网络、手机等新媒介的充分互动及海量信息处理的特征,迅速吸引着青年的注意,成为他们充分展示个性的平台和重要的休闲方式。微博、微信、网购、网游、QQ 聊天、网络视频、电子书等成为受青年追捧的休闲方式。新媒介惊人的发展速度,越来越成为青年学习知识、了解讯息、休闲的重要渠道。当然,任何事物的发展都蕴含着利与弊共存的辩证局面,新媒介亦是如此。相对于现实的物质世界,新媒介特别是网络展现的是一个无拘无束、完全自由的虚拟世界。青年在这个世界里,可以最大可能地尽情欢畅,展现一个全新的自我,体现从未有过的自在和解脱。但新媒介光怪陆离,可谓是“乱花渐欲迷人眼”,淫秽色情、暴力恐怖、反政府、迷信、流言、

---

[1] 中共中央马克思恩格斯列宁斯大林著作编译局.马克思恩格斯选集:第 2 卷[M].北京:人民出版社,1995:478—479.

诽谤等信息垃圾也充斥其中。巨大的诱惑和吸引力，使一些青年乐不思蜀、沉迷其中、难以自制，许多人成了通宵达旦、深居简出的“网虫”，浑浑噩噩、精神颓废，丧失了积极进取的昂扬斗志，消解了崇高的理想，荒废了青春，耽误了学业，断送了前程。因此，我们应该持辩证发展的客观态度看待新媒介给青年休闲带来的影响，扬长避短。

（三）交往群体的影响

社会交往是青年的社会生存方式。青年不是孤立地生活在社会上，社会交往及和谐的人际关系有利于青年的成长成才。青年的休闲观念和休闲方式受到来自家人、同学、朋友、同事的影响。“近朱者赤，近墨者黑”，青年好的休闲方式或坏的休闲方式都可能受到周围群体的影响。例如，青年吸烟、赌博、吸毒等可能受到周围朋友的不良影响；青年的徒步攀岩、爱运动等也可能是受周围朋友的良好影响；又如某青年非常喜欢攀岩、赛车等危险系数高的运动项目，其父母害怕这些活动给他带来的伤害，会极力阻止，他就可能受父母影响不玩或很少玩这些危险项目。所以说，青年的休闲方式选择受到其交往群体的重要影响。

复习巩固

1.分析影响青年休闲的主客观因素。

2.你认为还有哪些因素影响着青年的休闲？

第四节 青年休闲的引导

休闲在青年的生活中具有重要的作用。正确地引导青年休闲,有利于培养青年形成正确的休闲价值观,提高其休闲的鉴赏能力,选择正确的休闲方式,促进青年的健康发展。因此,有必要从多方面对青年的休闲进行引导。

一、加强对青年的休闲教育,建立健全相关制度法规作为保障

我国政府应该重视对青年的休闲教育,培养青年享受健康休闲生活的能力。在发达国家,休闲教育是全体国民的一门人生必修课。旨在能通过学习获得休闲的资格,以使每个人都享有时间去培养个人的兴趣爱好,发展多方面的才能。休闲教育的主要目的在于使每个社会成员通过接受休闲教育,加强对休闲价值的认识,系统地培养健康的休闲情趣,促进物质财富与精神财富的充分利用,加速社会文明发展的进程。而我国尚未将对青年的休闲教育提到重要地位,这在一定程度上反映出对青年休闲教育的忽视。制度法规是从事一切活动的保障,只有健全的制度法规,青年的休闲教育才能有法可依,有法可循。因此,我国要建立和完善对青年休闲教育的相关制度法规,保障对青年的休闲教育。

对青年的休闲教育的开展是一项系统性工程,需要有休闲教育的师资、课程体系建设或有关课程开设作为支撑。借鉴西方发达国家的经验,他们的休闲教育的发展很大程度上得益于雄厚的师资队伍,也有很多学者致力于休闲方面的研究。而我国在这方面还处于起步和探索阶段,休闲教育的专业教师还很缺乏。对此,需要鼓励和支持一大批学者和教师投身到休闲教育的研究中去,借鉴和吸收国外先进的休闲教育经验,培养一批优秀的休闲教育教师,开设有关休闲的课程体系,引导青年开展有益的休闲活动,促进青年的身心健康发展。

扩展阅读

美国休闲教育一瞥

美国早在20世纪20年代就开始注重休闲教育的研究和实施工作。美国是世界上最早实施休闲教育、最重视休闲教育研究的国家之一。美国著名教育家约翰·杜威(John Dewey)创立了休闲教育是“最严肃的教育任务”理论,最早提出应在教学过程中加入休闲内容,还在教学过程中大量运用了音乐、唱歌、讲故事、

跳舞、野外远足、美术、游戏和体育锻炼之类的活动，并把这些活动作为新的教学方法与技巧，成为学校日常工作的一个组成部分。20 世纪 40 年代以后，美国高校逐渐普及休闲教育并开设休闲专业，建立起了完备的包括本科、硕士、博士的休闲学科体制。目前，在美国已经开设休闲专业或研究方向的高校达几百所。

美国休闲教育的目的是，使大学生了解休闲引起的挑战、机会和问题，了解休闲对个人生活质量以及对社会结构的影响，具备广泛开展休闲活动所需要的知识、技能和鉴赏力，帮助大学生为休闲服务业做出应有的准备并积极献计献策，提高大学生休闲生活的质量。

美国的休闲教育包括体育休闲娱乐活动、户外休闲教育、环境教育、野生教育等方面，休闲教育的课程内容以培养大学生的健康生活方式为主。通过休闲教育，促进大学生智力、体力以及精神的良性持续发展，并培养和提升大学生的判断力、决断力、领导力、沟通交流和团队协作力，使大学生能够更好地迎接社会发展变化的调整，更好地生活。

二、发展完善休闲产业，为青年休闲提供更好的条件

从全球经济的发展趋势来看，发达国家已经相继进入休闲时代。休闲经济作为第三产业的一种，已经成为推动各国经济增长的重要力量。我国休闲产业作为新兴的产业形态，其发展还处于不成熟阶段，需要在有效的政策与社会环境中不断完善和进步。政府在制度建设与政策制定方面扮演着重要的角色。政府要积极发挥宏观调控的职能，在宏观层面上加速促进休闲产业的发展与资源的优化配置，促使休闲产业的市场机制和结构趋向完善、休闲产业链日臻成熟，为休闲经济的发展提供良性的休闲环境。例如，要加强第三产业的发展，建设更多的公园、娱乐场所，开发新的旅游资源等，为青年休闲提供基础设施和便利的条件，使青年能够更好地休闲。

三、强化媒介监管者的社会责任，向青年传播健康的休闲方式

在信息时代，青年比以往任何时候都要频繁地与大众传播媒介接触。他们从大众传播媒介那里了解社会和世界的诸多信息，并由此判断自己的生活方向。目前对休闲文化传播影响最大的渠道是电视广播、报刊杂志和网络等大众传媒。由于青年群体倾向性地依赖于网络媒介，因此，我们要充分利用网络媒体信息便捷及量大的特点，引导青年形成正确的休闲文化观。媒体“把关人”要提高自己的理论修养和文化品位，保证正确的舆论导向，做好青年精神导师的角色，并根据青年的特点，向他们介绍和宣传一

些喜闻乐见的休闲方式(Leisure Mode),即青年在自由支配的时间中根据自身喜好、兴趣爱好选择从事活动的方法和形式,引导青年健康休闲。

四、丰富校园文化建设,提高青年学生的休闲品味

校园文化(campus culture)是以学生为主体,以课外文化活动为主要内容,以校园为主要空间,以校园精神为主要特征的一种群体文化。校园文化是青年学生学习和生活的精神家园,对他们具有举足轻重的影响。丰富的校园文化可以为青年学生的休闲教育创造良好的环境和氛围,提供精神动力支持。校园文化建设是学校休闲教育的重要载体,为青年学生提供了精神分享和活动的空间。我国有人调查了大学生对校园文化及休闲设施的看法,发现在被调查的大学生中,对学校休闲场所、设施不满意的占40%以上,很满意的只占3%;认为校园文化是形式主义的占30%、校园文化太单调的占26%,认为校园文化能满足需要的只占7%[1]。由此可见,校园文化单调,学校的文化场所、设施条件差、环境落后,引起大学生对校园文化的不满,这些都影响了大学生正常的休闲生活。

学校要开展各种活动训练他们的休闲技能(leisure skill),即青年通过练习获得的从事各种休闲活动的能力,培养他们的高尚情操以及健康的兴趣爱好。美国著名学者纳希将休闲活动由低级到高级分为六个层次。第一层次,违法与不道德的休闲活动,如破坏公共财产;第二层次,追求享受性的休闲活动,如赌博、酗酒、沉迷于电视、网络等;第三层次,追求刺激、轻松的休闲活动,如听音乐、读小说等;第四层次,情感积极投入的休闲活动,如观看智力竞答等;第五层次,积极参与的休闲活动,如唱歌、跳舞、乐器演奏等;第六层次,创造性的休闲活动,如发明创造、音乐创作等。学校要为青年学生提供丰富良好的休闲设施,积极开展对青年学生的音乐、舞蹈、摄影、绘画、书法、体育活动、旅游、学术讲座、学术研究等健康向上、丰富多彩的校园文化活动,把青年学生引导到图书馆、阅览室、操场、实验室、社团活动中,要加强对青年的中国传统文化的教育,使青年能够掌握和传承中国优秀的休闲方式,如欣赏戏曲、茶艺、琴棋书画等。因为休闲不仅是青年劳作之余的消遣,还是青年的一种理想生活状态,更是一种带有浓厚民族特色的文化现象。通过这些休闲教育,提高青年学生的休闲品味(leisure taste),即青年在自由支配的时间中根据自身喜好、兴趣爱好选择从事活动的格调和趣味,使他们成为一个身心健康的人。

---

[1] 王静波.大学生休闲生活中存在的问题及对策[J].江苏教育学院学报:社会科学版,2011(6):62.

五、青年要树立健康的休闲观,充实自己的生活

健康的休闲有利于青年身心的放松,促进青年的发展;不健康的休闲则会阻碍青年的发展,给青年的身心带来消极的影响,甚至导致青年违法犯罪。所以,青年要胸怀远大理想,陶冶自己的高尚情操,树立健康的休闲观念,并选择健康的休闲方式;既要反对将休闲视为贪图享乐,又要反对过度休闲和低层次、低趣味消磨时间的休闲,自觉抵制赌博、酗酒、沉迷网络游戏等不健康的休闲方式对自己的侵害。

青年要根据自身的能力、兴趣、特长、家庭经济状况等特点,选择适合自己的健康休闲方式;要考虑休闲的意义所在,积极参与各种有利于身心发展的高品位的休闲活动,如参与各种集体活动、社会公益活动、志愿者活动、创造发明活动、业余学习等,使青年通过这些高品位的休闲活动,增强自己的社会责任感,得到社会的认同,提高自己的人际沟通能力,获得更多走向人生成功之路的知识与技能。也希望健康的休闲活动能够让青年有所提高、有所收获,获得身心的放松和愉悦,更好地提升自我,使其生活更加丰富多彩。

复习巩固

1.引导青年休闲的途径与方法有哪些?

2.如何对青年进行休闲教育,提高青年的休闲品味?

要点小结

1.青年休闲是指青年在完成必要的工作或学习任务后,在自由支配的时间内根据自身喜好、兴趣爱好选择从事的活动。

2.根据不同的标准,可以把休闲划分为不同的类型。根据休闲的性质分为积极休闲和消极休闲;根据休闲活动的场所分为室内休闲和室外休闲;根据休闲的功能可分为消遣娱乐型、怡情养生型、体育健身型、旅游观光型、教育发展型、社会活动型、消极堕落型;根据休闲是否商业化分为商品型休闲和自足型休闲。

3.青年休闲有利于推动经济的发展、文化的传承与创造,调节青年的身心平衡,提高青年的心理健康水平,促进青年的发展,使青年获得幸福感。

4.青年休闲的特点主要有:休闲的多样化、休闲的时代特征、休闲偏向网络化、休

闲空间不断拓展。青年休闲的问题主要有:休闲处于较低层次,休闲结构不尽合理,休闲缺乏计划性和教育性、休闲方式西化。

5.影响青年休闲的主观因素主要有:青年的经济状况,青年的性别差异,青年的文化程度,青年的休闲时间利用。影响青年休闲的客观因素主要有:社会经济发展水平,新媒介的影响,交往群体的影响。

6.对青年休闲的引导应做到:加强对青年的休闲教育,建立健全相关制度法规作为保障;发展完善休闲产业,为青年休闲提供更好的条件;强化媒介监管者的社会责任,向青年传播健康的休闲方式;丰富校园文化建设,提高青年学生的休闲品味;青年要树立健康的休闲观,充实自己的生活。

关键术语

青年休闲	youth leisure
休闲教育	leisure education
休闲技能	leisure skill
休闲方式	leisure mode
休闲品味	leisure taste

复习题语

一、单项选择题

1.青年在完成必要的工作或学习任务后,在自由支配的时间中根据自身喜好、兴趣爱好选择从事的活动,属于(　　)。

A.休闲技能　B.休闲教育　C.休闲方式　D.休闲品味

2.养花养草属于(　　)。

A.消遣娱乐型　B.怡情养生型　C.体育健身型　D.旅游观光型

3.网上看电影、看电视、看新闻、购物等体现了青年休闲(　　)的特点。

A.休闲多样化　B.休闲的时代特征

C.休闲偏向网络化　D.休闲空间不断拓展

4.青年外出旅游不断增加,体现了青年休闲特点是(　　)。

A.多样化　　B.时代特征　　C.偏向网络化　　D.空间不断拓展

5 以学生为主体,以课外文化活动为主要内容,以校园为主要空间,以校园精神为主要特征的一种群体文化,这种文化是(　　)。

A.企业文化　　B.校园文化　　C.社区文化　　D.学生文化

二、多项选择题

1.青年休闲的意义包括(　　)。

A.有利于推动经济的发展,文化的传承与创造

B.调节青年的身心平衡,提高青年的心理健康水平

C.促进青年的发展

D.使青年获得幸福感

2.青年休闲的特点主要有(　　)。

A.休闲的多样化　　B.休闲的时代特征

C.休闲偏向网络化　　D.休闲空间不断拓展

3.青年休闲的问题主要有(　　)。

A.休闲处于较低层次　　B.休闲结构不尽合理

C.休闲缺乏计划性和教育性　　D.休闲方式西化

4.影响青年休闲的主观因素主要有(　　)。

A.青年的经济状况　　B.青年的性别差异

C.青年的文化程度　　D.青年的休闲时间利用

5.青年休闲的引导应做到(　　)。

A.加强对青年的休闲教育,建立健全相关制度法规作为保障

B.发展完善休闲产业,为青年休闲提供更好的条件

C.强化媒介监管者的社会责任,向青年传播健康的休闲方式

D.丰富校园文化建设,提高青年学生的休闲品味

三、判断对错题

1.青年要树立健康的休闲观,充实自己的生活。(　　)

2.新媒介对青年休闲没有多大的影响。(　　)

3.积极休闲是对青年的身心发展有益的休闲活动。(　　)

4.自足型休闲是一种远离市场、远离商品,自然、朴实的休闲方式。(　　)

5.学校应该丰富青年学生的校园文化,提供更多的休闲条件。(　　)

第十二章　青年的压力与应对

本章你要学习什么？

“压力”作为现代社会的一个流行语，对当代青年来说早已不算陌生。每个青年无论在生活、学习，还是工作中，都可能会遇到或体会到各种压力。适当的压力能够激发青年的主动性、积极性，但过高的压力则会带来一系列的负作用。通过本章的学习，能够使人们了解什么是压力，青年的压力主要有哪些，如何更好地应对压力。

第一节　概　述

一、压力的含义

“压力(stress)”这个词最早来自物理学和工程学,指的是将充分的力量用到一种物体和系统上,使其扭曲和变形。18世纪初,压力一词进入生活领域,被用来描述人的困苦或逆境。20世纪初,压力的概念开始用到心理学领域,表示人的过度负荷。在国内外的研究中,迄今为止,对压力的认识尚未形成统一的概念,但一般从三方面来探讨压力:一是研究压力源(Stressors),即研究各种长期或突发性生活事件对个体的影响,强调压力源的重要性;二是研究个体对各种压力源做出的反应(response),强调个体的身体机能和生化反应,并未涉及对个人认知、评估的探讨;三是研究个体对压力情境的察觉和评估以及采取哪些对策来适应和应对压力。综合上述的研究取向,我们认为,压力是青年与环境相互作用,预期可能发生的不安,或对威胁有所察觉,导致内心产生的不平衡的感受或体验。

二、压力的来源

压力是生活的一部分,是自然且不可避免的。在不发达的社会中,压力首先是与寻找食物、寻找住所、寻求安全以及寻找配偶繁衍后代等生存需要联系在一起的。在发达社会,压力与基本的生存手段关系甚微,而与社会的成功、对极大提高的生活水平的评判、与满足自己或他人的愿望紧密相关[1]。

由于压力在人们的生活中起着非常重要的作用,因此许多学者专门对压力的来源及影响进行了研究。比如,美国心理学家雷瑟斯和奈维德(Reithofer &Naivader)在其著作《适应和成长:生活的挑战》(1983)一书中提出,现代人的心理压力来自六个方面:(1)日常生活规律的改变;(2)身体病痛或不舒服;(3)抑郁或焦虑;(4)遭受挫折;(5)矛盾和冲突;(6) A型行为。美国学者卡普兰和斯坦(Kaplan &Stan)在专著《适应心理学》(1984)中指出,心理压力的来源除了生活的变化之外,还包括家庭、工作与环境状况的关系、从事的工作的性质、挫折与冲突以及被剥夺感、拥挤和压迫感等。美国心理学家希尔加德(E .R Hilgard,1996)则认为,压力事件的来源主要是创伤性事件、失控性事件、不能预知的事件、对我们的能力和自我概念具有挑战性的事件,或者是内部

---

[1] 戴维.丰塔纳著,邵蜀望译.驾驭压力[M].上海:生活·读书·新知三联书店,1996:5.

冲突。

综合大量的研究成果发现,压力的来源主要分为外部和内部两大类。外部压力主要来自学习或工作环境、生活条件的突然变化,以及人际关系交往中的矛盾冲突和各种意外打击与挫折等。内部压力主要来自过高的自我期待、过强的心理冲突和不够健康的心理状态等。

扩展阅读

压力的测量

对压力的测量,包括生理和心理两部分。生理测量主要是通过对个体的肌肉紧张、呼吸模式、神经内分泌、心血管状况、皮肤电、胃肠状况、代谢情况、免疫功能等的测定,以此作为压力反应的客观指标。心理测量主要是通过对个体生活变动的测定来了解其压力的情况和反应。因为生活中的一些重大变化,无论性质如何,都会在某种程度上改变人们的生活,在内心造成紧张,都要求人们做出新的调整与适应。因此,重大的生活变动对个体身心健康的影响,是压力研究中受到注意的一个问题,许多研究者都对此进行了认真研究。

霍姆斯和雷赫(Holmes & Rahe,1967)首先编制完成了其著名的《社会再适应量表》(Social Readjustment Rating Scale,简称 SRRS)。该量表列出 43 条大部分人所经历的生活变动事件,如结婚、怀孕、个人有杰出成就、配偶死亡、离婚、被解雇、与上司发生矛盾等令人愉快或烦恼痛苦的事件对个人身心的影响。

这些事件由于对人的身心影响程度不同而给予不同的指数。让被试勾选一段时间内所经历的生活变动事件,便可知被试所承受压力的强度。

霍姆斯和雷赫的 SRRS 影响很大,被认为是评定社会再适应的有效工具,并被推广到许多国家与地区。后来很多研究者编制了一些新的研究生活事件的量表。我国心理学家先后引进、修订和编制了适合中国人的社会适应性量表。

上述对压力的测量,有助于我们了解压力的来源、压力的身心感受,识别和检查自己所面临或承受的压力程度,更好地加深对压力的理解。

三、压力对青年的影响

无论青年的压力来自哪里,都会使青年产生一系列的生理和心理的反应,对他们的身心产生重要的影响。

(一)压力对青年的生理影响

在一般情况下,压力的生理性反应是自动而固定的反应,是不易用意识加以控制的。美国哈佛大学生理学家坎农(Cannon)率先用科学的方法研究了人类身体对压力的反应。他在其名著《躯体的智能》(1932)一书中分析和阐明了个体对压力的自动反应。他认为,为了自身的生存,个体必须保持自己内在的平衡状态。比如,寒冷时,浑身哆嗦,有助于身体的暖和;炎热时,身体出汗,有助于身体的降温。个体具有一种使身体产生自动反应的"智能",这种智能的主要表现是"对抗与躲避"的并发症(fight or flight syndrome)。

当青年面对压力状况时,其神经系统与腺体会进行一系列活动,比如呼吸加快、心跳加速、血压升高、分泌更多的甲状腺刺激激素和肾上腺皮质激素,使身体各器官处于"备战状态",以产生充分的能力对抗或躲避压力。加拿大学者塞利(Hans Selye,1976)把这种反应称为一般适应症候群(general adaptive syndronme,简称 GAS)。

一般适应症候群的发展分为三个阶段:

1.警觉阶段(stage of alarm)。这一阶段是个体对内外刺激所做的初期防御反应。无论压力是来自生理或心理都会产生相同的生理变化,如头痛、发烧、疲劳、没有胃口、心率加快、肾上腺皮质激素活跃等。这些生理变化是个体正常防御机能的表现,有助于个体在较短时间内迅速恢复体内平衡。

2.抵抗阶段(stage of resistace)。这一阶段,个体的防御功能明显增大,脑下垂体前叶和肾上腺皮质大量分泌,并尝试去修补创伤,来适应所面临的压力情境。如果压力此时中断,可能恢复到正常状态,或至少有能力与压力抗衡。如果压力继续存在,个体的能量就会耗尽,甚至可能出现生理上的质变。

3.衰竭阶段(stage of exhaustion)。有害压力长期或严重作用于个体,机体会丧失所获得的抵抗能力,许多适应机制会走向衰竭,再也无法应对压力情境。这时,体内有关激素的分泌功能已出现障碍,机体变得软弱无力,淋巴腺增大、体重减轻、身体组织被大量破坏,甚至导致死亡。可见,个体的抵抗能力是有限的,衰竭阶段是抵抗阶段的终结。

塞利指出,由于压力无所不在,个体的警觉反应和抵抗反应将会不断地重复出现,这是人类能够承受的,但通往衰竭反应的道路却是非常危险的。塞利的研究得到了其他研究者的支持。大量的研究已表明,压力会影响人的免疫系统保护身体的能力(Taylor,1999),加速机体的老化,使其无力支撑。

(二) 压力对青年心理的影响

压力对人类的心理反应既有积极影响,也有消极影响。从积极方面看,一定程度的压力是一种内驱力，能够振奋个体的精神，激发其力量和斗志，推动个体为实现目标而更加坚韧和努力。美国学者米尼等人(Meaney，1987)的研究表明，每天给老鼠施以一定的压力，它们会表现出较少的害怕，并且其荷尔蒙水平能更快恢复正常。类似的研究也发现，让老鼠连续14天在冷水中游泳并受到坚韧的锻炼，在后来的游泳测试中老鼠表现良好(Weiss等，1975)。

压力对青年来说，具有特殊的意义。适度的压力是推动青年进步和创造的原动力。它给青年提供了发展的机会，能够激发青年的潜能，使青年更加勤奋地学习或工作，获得对社会和自己的更深刻的认识。如果青年没有一定的压力，就会停滞不前。从消极方面看，压力太大，会使青年过高估计各种困难，信心不足，使情绪处于紧张、烦恼、焦虑等消极状态中，导致思维迟钝、混乱，行为反常，萎靡不振，心力衰竭，出现悲观失望和无所作为的心理。由此可见，压力如同琴弦，它需要适当的张力，琴弦才会有力。但若张力太紧，琴弦则会断裂。对青年来说，应该学会把压力转化为动力。

复习巩固

1.什么是压力？压力的来源有哪些？

2.压力对青年的生理与心理的影响表现在哪些方面？

第二节　压力的理论

关于压力的理论，在学术界有许多不同的流派与看法。它们分别从不同的角度探讨了压力的形成及反应，对青年更好地认识和理解压力，具有启示作用。

一、精神分析学派的理论

精神分析学派认为，心理压力最普遍的反应是焦虑（anxiety）。奥地利著名的精神分析学者弗洛伊德（S. Freud）首先注意到焦虑状态的重要性，并把焦虑区分为神经焦虑（neurotic anxiety）、现实焦虑（reality anxiety）和道德焦虑（moral anxiety）三种。这三种焦虑分别同人格结构的三种成分即本我、自我和超我有关。"本我"即本能与欲望，它追求直接、绝对、立即的满足，按照快乐原则行事。"本我"可以帮助人们释放原始的紧张或神经焦虑，如对性的焦虑。"自我"即能知觉到自身的现实需要，它按照现实原则行事，使人产生对现实的焦虑，如青年对学业、工作、就业、婚恋等的焦虑。"超我"即社会道德内化为自己的良心、理性。"超我"对个人的欲望、动机、行为进行管制，使其努力向上，达到完善人格。它按照道德原则行事，使人产生对道德的焦虑。如当青年犯错误时，"超我"会制造出内疚、羞愧以及自卑感。

弗洛伊德认为，有良好人格的人，整合了人格中的本我、自我、超我的各个成分，不受强烈的内部冲突的困扰、没有来自犹豫和内疚的干扰，而且不因生活中的日常压力感到巨大的威胁或挫折。虽然他们偶尔也会遭受暂时的焦虑，但这种焦虑被认为是人类生存的一部分，起一种有用的信号作用。然而，对于另一些人来说，由于不能很好地整合人格中的各个成分，当遭遇强烈的焦虑时，他们不能现实地对待外部的问题或处理内部冲突，对许多事件都会感到压力，只有使用防御机制来抵御焦虑以解决压力[1]。

二、行为主义的理论

行为主义通过条件反射的学习原理来解释压力的形成。前苏联著名的心理学家巴甫洛夫（I. Pavlov）曾经让狗辨别差异很小的声音及颜色，当狗无法分辨时便施以电击，狗不久就变得极度烦躁，甚至撕咬实验设备。巴甫洛夫称狗的这种情况为"实验性

---

[1]［美］Robert，D. N.，石林，袁坤译.三种心理学——弗洛依德、斯金纳和罗杰斯的心理学理论[M].中国轻工业出版社，2000：28—33.

神经症”。后来南非的心理学家沃尔帕(Wolpe,1958)用其原理来解释人的压力的形成。他认为,人之所以感到压力,是因为起源于过去失败的经验形成的条件反射。比如,一个大学生考试失败,当以后面临同样的考试情境时,就会感到紧张、担忧和害怕。

三、认知的理论

持有认知理论研究取向的一些心理学家认为,压力是通过个体与环境之间存在的特定关系而产生的。人们对同样生活事件的不同认知、评价、经验以及对其原因的解释往往是压力形成的因素。有两类评价在压力情境中起着十分重要的作用:一是初级评价,即个体对压力的性质或重要性所做的初步评价,认为压力可能是挑战、威胁、损害、丧失或利益。这种评价对个体决定有无必要进行应对起重要作用;二是次级评价,即个体对于压力情境的危害性做出肯定识别后,随即对自身的应对资源和应对能力进行权衡和分析。次级评价对于个体的身心状态有重要的影响。如果次级评价正确,个体会认为自己有能力解决困境,将有助于个体的内在平衡和稳定;如果次级评价错误或失当,则会引起个体持续性的紧张状态,导致生理与心理的一系列变化(R.Lazarus,1984)。

大量的研究支持这种理论。有的研究者曾在考前调查学生对考试分数的态度,即什么样的分数会使他们高兴或失望,并让这些学生对自己的分数进行预测和评估。当学生收到成绩单后,测试他们的情绪水平,结果发现那些所得分数低于事先评估成绩标准的学生,对学习持以悲观归因方式的态度,比归因方式更乐观的学生表现更多的明显的沮丧(Metalsky 等,1987)。美国学者斯威尼(Sweeney,1986)等人对 104 个有关归因方面的研究进行元分析,发现对消极事件进行内部、稳定和整体的归因与抑郁有关。一些研究还发现,悲观的归因方式会降低人的免疫系统的功能(Kamen-Siegel 等,1991)。对不良事件的当事人的研究也发现,那些有自责、有内疚感的人在 18 个月内免疫功能有所下降(Segerstrom 等,1996)。

四、需要和紧张的心理系统理论

“人生不如意十之八九”,所以挫折是构成压力的主要来源之一。需要和紧张的心理系统理论就是说明需要与挫折的关系对压力的影响,其代表人物是著名的美国心理学家勒温(K. Lewin)。勒温认为,有目标的行为遭遇到阻碍的情况,就是挫折。个体在其需要的压力下,会产生一种紧张的心理状态,激发起满足需要的动机,以求心理上的平衡。当这一需要得到满足,心理紧张随之消除;如果个体的需要得不到满足,紧张、焦虑等心理状态就会持续,从而使心理失去平衡,产生失败的情绪体验,即挫折感。

因此,若能满足个体的需要就能够避免挫折。

勒温的观点,得到了一些研究者的支持,并引发了他们对挫折的分类与反应的大量研究。如萨菲尔德(Sapperfield)将挫折分为三类:(1)需求挫折(need frustration),即由于个体的内在需求得不到满足,而带来的心理挫折感。如青年被团体接纳、认可的需要得不到满足而产生的挫折感;(2)行动挫折(act frustration),即由于个体的行动遭受阻碍或干扰,无法达到所产生的挫折感。如青年与恋人的交往失败而带来的挫折感;(3)目标挫折(goal frustration),即个体无法达到所需要的目标而形成的挫折感。比如大学生的考试达不到预期的分数,或在工作上得不到预期的职位等。

美国学者罗森茨韦克(Rosenzweig)则将挫折分为缺乏挫折、损失挫折和阻碍挫折。缺乏挫折(lacks frustration)主要是指当个体无法拥有自认为非常重要的东西时,所感受到的一种挫折心理。就缺乏挫折的内容而言,会因个人的需求,社会地位和经济状况等因素的不同而相异。一般来说,在缺乏挫折的范畴下,可以有物质缺乏、能力缺乏、生理条件缺乏、经验缺乏和情感缺乏等,这种种缺乏挫折的感受,都会给人们带来不同程度的压力。

如果说缺乏挫折主要是由于长期缺乏或缺少所需要的东西而造成的心理挫折,那么损失挫折(losses frustration)则主要是指失去了原来所拥有的东西而引起的心理挫折。如青年的失恋、离异、亲人死亡等都属于严重的损失挫折,都足以使青年产生巨大的压力。

阻碍挫折(obstacles frustration)主要是指那些个体的需求和目标之间出现阻碍,从而产生的心理挫折。这种阻碍可能是客观或物质性的,也可能是社会性或观念性的。比如,当青年的一些需求与社会的伦理道德、风俗习惯不相一致时(如考试作弊),就成了需求与目标之间的阻碍,就会带来心理挫折的感受。

五、社会文化的理论

这一理论强调文化和社会条件对个体压力的产生及其反应的影响。美国新精神分析学派的代表人物霍妮(K . Hormey)、沙利文(H .S .Sullivan)和美国人本主义心理学派的典型代表罗杰斯(C. R . Rogers)等都持此种观点。

霍妮认为,人们在经济和社会生活中的不安全感是造成个体不安全感的首要根源。“现代文化,在经济上建立了个人的竞争原则,独立的个体不得不花很多时间把别人挤开,这样的文化困境,建构了冲突的心理。”[1]这种竞争,已经渗透到一切人类社

[1] 霍妮.冯川译.我们时代的神经症人格[M].贵阳:贵州人民出版社,1988:244.

会的关系中，造成了人与人之间的分裂、嫉妒、怨恨、仇恨、敌对，也带来了个体的孤独感、软弱感、荒谬感、不安全感。

她指出三种主要的文化矛盾是造成人们压力或心理困顿的文化基础：第一个矛盾是竞争和成功与友爱和谦卑之间的矛盾。前者是个人主义的精神，后者则是基督教的理想。一方面社会鼓励、鞭策个体努力走向成功。这就意味着个体要坚持自己的利益，排挤和超过他人。个体成功则有一定的价值，如果遭遇失败则被人冷落、轻视。另一方面，社会又要求个体要谦卑、忍让、慈爱，与他人互助、合作。这种矛盾的期望必然会引起个体的内心冲突。

第二个矛盾是享受需要与抑制需要的矛盾。在现代文化中，人们的需要不断受到各种商业制作、商业广告宣传的刺激而大幅度提高。但对大多数人来说，由于经济条件，或由于传统道德等的限制，使人们实现和满足这些需要受到限制。

第三个矛盾是个人自由与实际受到的限制的矛盾。社会高唱自由，给予个体以独立、自由的许诺，使人们误以为任何事情都可以按照自己的意志做决定或行事。然而，个体在自我选择中受到种种限制，不能随心所欲。结果使个体一方面感到自己在决定自己命运时拥有无限力量，另一方面又感到软弱无力。霍妮认为，正是现代文化的矛盾决定了人们内心冲突的种类、范围和强度。

罗杰斯认为，人类与生俱来就有一种不断发展、增长和延续其机体的趋势。在心理方面也是如此，只要有适宜的生长发育的条件，个体的这种自我实现趋势会克服各种障碍和痛苦，不断生长和日臻完善。但环境因素可能妨碍人类机体的实现趋势，压力的产生就是由于个体“向上意向”“自我实现”受到压抑的缘故。他强调通过社会对人的关心、尊重人的价值、完善人际关系、建立正确的自我意识来防止心理压力的产生。社会文化理论站在文化与社会影响的高层次来分析压力的产生及预防，这对于青年深入地认识和了解压力，采取相应的措施减轻压力，无疑具有积极的意义。

复习巩固

1.比较行为主义与认知的理论对压力理解的区别。

2.需要和紧张的心理系统理论是如何解释压力的？对你有何启示？

3.社会文化理论对压力的阐述有什么特点和现实意义？

第三节　青年的主要压力

青年肩负着促进中华民族发展和国家兴旺发达的重任，承担着家庭的期望，所以青年普通承受着压力。压力是青年生活中不可缺少的客观存在，也是青年最关心和需要解决的问题之一。

一、青年的主要压力

国内外的大量研究表明，青年的压力是多方面的。在这里，我们着重分析青年的主要压力。

(一)知识更新与学业压力

随着科学技术的飞速发展，国际社会综合国力的竞争更加激烈，我国对高素质人才的需求越来越迫切，对青年提出了更高的要求与任务。特别是随着学历、文凭在社会中的作用日益突出，接受更好的教育在青年的生活中占据着越来越重要的地位。即使已经工作的在职青年，也需要通过不断"充电"来提高自身的知识和技能，提高自己的社会竞争力，才能在工作中处于有利地位，迎接新的工作要求和挑战。因此，树立终身学习观、采取灵活多样的方式接受继续教育，成为在职青年的重要任务。

唐美玲、(2004)风笑天调查了湖北省 18～26 岁的在职青年参加成人教育的情况，发现参加成人教育的在职青年占被调查者的 66.4%，其中参与成人教育学习的在职女青年高于在职男青年，参加成人教育学习的行政机关人员、教育工作者、医护工作者和银行、邮电系统的在职青年高于企业在职青年。这可能是教育、医护等职业要求从业者有较熟练的专业知识和技能，需要从业者通过不断学习来掌握新知识，适应时代发展的变化，满足工作需要。行政机关、邮电、银行等行业对从业者的学历水平要求较高，受职业要求与周围同事的影响，这些在职青年会通过多种方式来改善自己的知识结构，提高业务水平[1]。我国城市青年选择继续学习的方式和途径有自学、参加各种技能培训班、参加成人高考、读在职研究生、出国留学、重返校园等多种多样的形式。他们学习的目的是为了"增长知识""掌握实用技能""提高业务能力和学习水平""增强自己的竞争力""提高学历"，等等。这说明，追求高学历和注重学习已成为我国城市青年的时尚。

---

[1] 唐美玲，风笑天.城市在职青年的继续教育研究——以湖北省四城市在职青年的成人教育的参与为例[J].青年研究，2004：1－4.

学习是在校大学生的主要任务，大学生的学业情况如何，关系到学习成绩的好坏、能否顺利毕业，以及找到一份好工作等一系列的问题。大学生除学习专业课程外，还要学习其他的东西。如外语、计算机都必须达到应有的水平，考各种从业资格证。如心理学专业的大学生，要考心理咨询师证；法律专业的大学生，要通过司法考试等等。因此，学业压力成为了大学生的主要压力之一。

什么是学业压力？Convingtion(1993)认为，学习压力是指学生在为达成学习目的的过程中产生的负性、不适的感受。Carveth等人认为学习压力来自学生对大量知识的需求与学生没有充足时间探索之间的矛盾[1]。我国心理学家编撰的《心理学大辞典》将学业压力界定为：由学习引起的心理负担和紧张，来自外部环境因素或个体的期望[2]，由此可见，学业压力是大学生面对学业要求时所产生的不安、担忧、紧张的反应。

我国周利(2007)研究了大学生的学业压力与应对方式，发现大学生的学业压力与其性别、年级、社会的要求、生活环境因素及他们的智力因素和非智力因素有关。女生的学业压力高于男生，大二、大三学生的学业压力高于其他年级的学生。大学生对待学业压力的主要应对措施有娱乐、运动、向朋友倾诉三种。王凯丽(2010)的研究发现，不同专业大学生对学业压力的感受不同。理工科专业学生感受到的学业压力最高为67.9%，医科专业学生感受到的为40%，文科专业学生感受到的最低为13.3%。他们的学业压力来自专业课的数量、专业课的难度以及专业的就业前景[3]。国外对大学生的学业压力也展开了许多研究。例如，Felsten等人的研究发现，大学生的学业压力水平与其学业成就存在显著的负相关[4]。Struthers等人探讨了大学生的学业压力、应对方式、动机和学业成就之间的关系，结果表明，大学生学习压力与课程等级之间的关系受以任务为中心的应对方式的影响，但不受以情感为中心的应对方式的影响。那些采用以任务为中心的应对方式的大学生与以情感为中心的应对方式的大学生相比，成绩更加优秀，且目的性和动机也更加明确[5]。

---

[1] Carveth, J. A. , Gesse, T. , & Moss, N.(1996). Survival strategies for nurse －midwifery students . Journal of Nurse－Midwifery, 41 (1),50－54.

[2] 林崇德，杨治良，黄希庭.心理学大辞典[M].上海：上海教育出版社，2003：1490.

[3] 王凯丽.大学生学业压力研究[D].青岛：青岛大学，2010：19－22.

[4] Felsten, G. , & W ilcox, K.(1992). Influences of stress and situation－specificmastery beliefs and satisfaction with social support on well－being and academic performance. Psychological Reports, (70) ,291－303.

[5] Struthers, C. Ward Perry, Raymond P. Menec, Verena H. (2000). An Examination of the Relationship Among Academic Stress, Coping, Motivation, and Performance in College . Research in Higher Education. 41 (5) ,581－592.

适中的学业压力有利于大学生保持适度的学习紧张，促进智力活动，提高学习效率。但过高的学业压力，会产生一系列的负作用，导致大学生产生焦虑、烦恼、失眠、头痛等身心问题。

(二)就业压力

我国自1999来高校扩招以来，大学毕业生的人数平均每年以20%的速度增长，到2014年我国高校毕业生的人数已经达到727万，再创新高。长期以来，我国政府机关、国有企业、事业单位是吸纳大学毕业生就业的主渠道。随着我国政府机关、国有企业、事业单位改革的不断深入，工业产业结构的调整，精兵简政的要求，城镇化的推进，农村的剩余劳动力向非农业和非农地区转移，导致每年没有那么多的工作岗位来吸纳大学毕业生。加之最近几年受世界金融风暴的影响，我国经济进入下行通道，出现了“新常态”，就业形势更加严峻。无论是大学生，还是普通青年都感受到了较大的就业压力，每年我国大约有30%的大学毕业生找不到工作，不得不待业在家。

就业压力是在就业情境中个体对感受到的影响就业的客观事件或刺激的感受和评估。大量研究发现，我国大学生的就业压力比较突出，具有多方面的差异。田圣会(2010)采用实证的研究方法，研究了湖南省十所高校在校本科生的就业压力。研究发现在他们所感受到的学业压力、就业压力、经济压力和交往压力等若干压力中，就业压力是最强烈、最大的压力。他们的就业压力总体状况处于偏高的强度，其就业压力维度包括环境挑战压力、学业学历压力、专业前景压力、就业资源压力、社会支持压力、职业期望压力等多方面[1]。李胜强等人(2011)调查了北京市四所高校大学生的就业压力，结果发现，他们就业压力的主要类型为社会环境压力、个人环境压力、时间压力和个人条件压力，其就业压力水平总体偏高。[2]

一些研究发现，大学女生的就业压力普遍高于男生。女大学生就业难，是许多女生的感叹和抱怨。许多女大学生在就业时受到性别歧视的困扰，比如在相同条件下女生就业机会只有男生的87%[3]，就业领域狭窄、“边缘化”现象严重。女大学生长期处于就业的高压之下会产生“相对剥夺感”，对社会产生不公平感，影响其劳动积极性。辛彗、郭黎岩(2012)的研究发现，女大学生的社会公平感比较低，她们的就业压力与社会公平感之间存在显著的负相关[4]。研究还发现，大学生的就业压力源是多方

[1] 田圣会.大学生就业压力实在研究—基于对湖南省十所高校在校本科生的调查[D].武汉：武汉大学，2010：85—87.

[2] 李胜强等.大学生就业压力类型及分析[J].清华大学教育研究，2011(2)：71—74.

[3] 贺江平.女大学生就业现状原因分析[J].教育发展研究，2005(3)：11—13.

[4] 辛彗，郭黎岩.女大学生就业压力与社会公平感的研究[J].中国健康心理杂志，2012(6)：912.

面的，主要有就业竞争环境、专业供求矛盾、缺乏求职帮助、自我认识与定位、职业素质评价、就业心理预期等方面[1]。贫困大学生的就业压力高于非贫困大学生，尤其在他们能感受到的职业素质评价、就业竞争环境、缺乏求职帮助、专业供求矛盾的压力方面差异显著。贫困大学生的就业压力与心理健康呈显著的相关[2]。就业压力不仅使大学生产生自卑、焦虑、矛盾等心理反应，而且也给大学生的家庭带来不安全感，使家长操心和担忧，影响社会的稳定。

(三)经济压力

我国自改革开放以来，经济发展取得了巨大的成就，人民的生活得到了很大的改善与提高，但由于我国幅员辽阔，各省市之间、各地区之间，城市与农村之间经济发展不平衡，贫富差距还比较大，因而还存在部分的贫困群体。在高校中，也存在贫困大学生问题。这些贫困大学生绝大多数来自我国农村，或来自"老、少、边、山、穷"等偏远地区，也有很少部分来自城镇。他们家庭经济拮据，负担较重，缺少经济来源。有调查发现，高校贫困生的经济压力主要是学费、生活费、校园消费、比较消费、交友与谈恋爱支出等方面[3]。有91%的贫困生将每月的花费主要用于吃穿等方面，仅有12.5%的贫困生的花费主要用于购买需要的图书、进行社会交往和其他方面。经济困难对贫困生的影响是多方面的。首先，无法和其他同学、朋友展开正常的社会交往，以至于形成了一种自我封闭的生活空间。其次，学习需要的基本图书、资料无法得以保障，影响到他们专业知识、文化知识的提高[4]。经济上的无助使贫困生不得不为了完成学业而寻求帮助，甚至为了解决经济困难而耽误课程去勤工助学、打工。

青年的经济压力不仅突出地表现于高校的贫困生，而且在在职青年中也存在，这些人被称为"蚁族"。所谓"蚁族"，是指大学毕业生低收入聚居群体。这个群体的年龄集中在22至29岁之间，大都接受过高等教育。大部分人任职于私民营企业，有的处于失业半失业状态，因工作不理想、收入低，生活比较清苦；租住小而廉价的房子，收入刚能够养活自己，每天从上班地到居住地忙忙碌碌。他们的经济压力很大，微薄的工资在结婚、买房等现实问题面前如杯水车薪。

青年的经济压力，一方面可能会促使他们穷则思变、自强不息、努力奋斗，但也会使他们产生自卑、情绪低落、焦虑、人际关系敏感等心理问题。

---

[1] 陈宇红，江光荣.大学生就业压力的来源和特点[J].当代青年研究，2009(11)：57.

[2] 张浩.贫困大学生就业压力、应对方式与心理健康的关系[D].武汉：湖北大学，2011：2—19.

[3] 刘星晔，吴建军.经济压力引发高校学生安全问题的研究[J].湘潭师范学院学报：社会科学版，2009(2)：218.

[4] 王建斌.高校贫困生调查及解困途径[J].经济与社会发展，2008(2)：6.

（四）工作压力

工作压力是个体因工作时间过长、工作负担过重、工作责任过大或工作发生改变而产生的应激反应。随着我国经济社会发展节奏的加快，青年的工作压力也随之增加。许文艳（2012）调查了上海市公务员的工作压力。这些公务员大多年龄在25岁到35岁之间，占被调查人数的75.6%，他们的工作压力来源是：工作本身的压力、领导及组织运行机制的压力、角色认知的压力、职务晋升与职业发展的压力、人际关系的压力，其中男公务员的工作压力高于女公务员[1]。贾子若、吴祖平（2013）对北京市政府机关、企事业单位在职青年的调查发现，55.7%的职业青年感受到高强度的工作超负荷压力，47.2%的职业青年认为自身工作的技术更新快、要求高，有高度压力，46.7%的职业青年在工作与家庭矛盾的压力上处于高压力状态，职业青年的工作压力在高、中、低的分布为46.1%、35.7%、18.2%。男青年职工的工作压力普遍高于女青年职工。职业青年的年龄越大，工作压力越大。69.2%的31～35岁年龄组的职业青年工作压力高，因为31～35岁的职业青年普遍建立家庭的需求高，所以工作家庭矛盾的压力高。青年职工的工作压力来源于多维度，主要是：总是加班，工作总是干不完；同时兼顾很多工作，忙不过来，不得不超时工作；总是在赶进度，工作量巨大等。他们的工作与家庭的矛盾表现在：与父母关系紧张，不能得到家人理解和支持，需要大量精力处理家庭矛盾；与配偶关系紧张，兼顾工作和家庭耗费精力，为工作牺牲家庭时间，工作影响对家庭的付出等[2]。

工作压力对职业青年的影响具有两面性。从积极方面来看，工作压力会唤起职业青年的高昂工作热情，提高他们的工作效率，促使他们发挥工作的主动性和积极性。但长期处于高工作压力状态会造成生理、心理的不良反应，出现头疼、疲劳、滥用药物、酗酒、过度抽烟、焦虑、抑郁等，对他们的身体和工作都会带来恶劣后果。

复习巩固

1.青年有哪些主要的压力？这些压力有何特点？对青年有哪些影响？

2.青年产生压力的主要原因有哪些？阐述你的看法。

---

[1] 许文艳.公务员工作压力对工作绩效的影响—以人格特质作为缓冲变量的实证研究[D].上海：上海交通大学，2012：2－38.

[2] 贾子若，吴祖平.职业青年工作压力及应对方式研究[J].中国青年研究，2013(6)：64－65.

第四节　青年压力的应对

青年为了减轻和摆脱压力所带来的种种困扰和不愉快的身心体验、恢复心理平衡，通常会采取一些实际措施来做出反应，进行自我调节，这就是应对。青年如何对压力进行应对，对克服或战胜压力具有重要的作用。

一、应对的含义

应对（coping）亦称应付。应对（coping）一词由其动词形式"Cope"变化而来，"Cope"原意为有能力或成功地对付环境挑战或处理问题。但心理学家在使用中并未囿于词典的解释，而是不断根据自己的见解赋予它新的内涵或变化它的外延。其中具有代表性的是三种不同的解释：

一是精神分析学派的解释。精神分析学派认为，应对是心理防御机制（mental defense mechanism）自动发展和发挥作用的过程。

二是行为主义的解释。行为主义认为，应对是那些能够成功地逃避压力情境的行为，这些行为使得身心系统能够避免由压力情境所带来的不适或消极的影响。

三是认知心理学的解释。认知心理学认为，应对是个体协调或处理心理压力的过程，在这一过程中，认知方式和评价倾向的改变起着十分重要的作用。

以上三种解释都有一定的道理，但也存在一定的偏颇和局限性。它们要么强调应对的无意识成分，要么强调应对的认知或行为成分。我们认为，应对是个体遭受或处于压力环境时，为平衡自身心理状态而逐渐形成的一套适应机制，包括认知、情感和行为三种心理成分。

认知成分是个体对压力情境的看法、认识、评价。同样的压力情境，人们的认识不同，对其影响也不同。比如，有的青年将工作变动认为是一种很大的压力。因为他把工作变动同自我的追求、晋升的前景、家人的期望、与上司的关系、在同事中的地位与威信等联系了起来，于是工作变动使他进入一种充满压力的紧张或应激状态中。情感成分是个体对压力情境持有的好恶体验。比如，是喜欢或渴望挑战压力，对压力抱有一种感恩的心情，视压力为促进自己成长的催化剂，还是厌恶压力，视压力为痛苦和羞辱等。行为成分是个体对压力情境做出的具体行动。或是积极解决面对的压力问题，或是消极逃避压力问题等。以上三种心理成分在应对中是相互影响、相互协调的。

二、应对的类型

应对的类型(coping style)可以从不同的角度进行划分。

(一)从自觉性看,有自发和自觉的应对方式

自发的应对主要是通过遗传获得的本能的反应方式,如合理化、否认、投射等。自觉的应对指受自我意识调节、支配的应对,如大学生遇到无法解决的学习问题,主动寻求教师的帮助。

(二)从效果看,有积极和消极的应对方式

消极的应对方式指带有明显情绪性的、无助于问题解决的反应,如勃然大怒、攻击、逃避、固执和拒绝帮助等。积极的应对方式指比较理智、经过思考、有助于问题解决的反应,如调整奋斗目标、继续努力、获得走出困境的能力。

(三)从针对性看,有情绪定向与问题定向的应对方式

情绪定向的应对方式侧重于将注意力集中于阻止自己的情绪,努力调整和缓和自己的情绪。当压力超出人们的控制,人们无力改变压力情境时,把握控制自己的情绪显得尤为重要。情绪定向的应对方式可以分为外在表现性情绪定向应对和内在表现性情绪定向应对。前者以发泄或者减轻心中的情绪为主,如借酒消愁、借故发火、有意分散注意、向他人述说自己的情感等。后者以忽视或回避情绪为主,如否认事实、压抑、幻想等。需要指出的是,情绪定向性的应对方式可能带来积极的结果,也可能是消极的结果。

问题定向应对方式侧重于改变压力情境的某一方面或直接解决某一问题。面对引起压力的情境或事件,人们既可以躲避,也可以运用问题中心的策略来改变许多既成的压力境况。问题定向应对的方式包括收集信息、对问题进行分析、作出选择、制订行为计划、付诸实际、动手解决问题等。问题定向的应对方式既可以解决外在问题,改变压力环境;也可以解决内在的问题,改变自身。如一个大学生口才不好,不善于表达,因此遭遇求职压力的困扰,就需要通过演讲等方法,来锻炼自己的口才,提高自己的表达能力,以适应求职的要求。一般而言,克服自身的缺点、挖掘自身的潜能、学习一些新知识和新技能、提高和恢复自信心和自尊心、调整自己的期望水平、改变自己的生活方式等都属于解决内在的问题。研究表明,重问题定向应对方式的人比重情绪定向应对方式的人在压力环境中的沮丧反应水平要低,因为他们对压力的反应较易接受(Billing & Moos,1984;Nezu & Pervi,1989)。

(四)从稳定性看,有人格特质与过程的应对方式

人格特质的应对方式指个体在压力情境中所表现出来的一贯稳定的应对方式,是人格特征在压力情境中的体现。人格特质的应对与个体的性格特征、自我意识、性别、年龄等因素有关。有研究发现,当面对无法控制的应激时,A类型行为模式的人与B类型的人相比,其应对行为更多地显示出缺乏灵活性和适应不良(Glass等,1977)。如果自尊心受到威胁,A类型行为模式的人更多地利用压抑和否认等应对方式(Pittner & Houston,1980)。Parker(1984)运用自我结构中的控制点(Locus of control)研究人格与应对方式的联系,结果发现,内控者倾向于较多运用直接应对,较少运用压抑,而外控者则表现出相反的趋势[1]。Mccrae和Costal(1986)曾就神经过敏、外倾人格、开放经验与应对之间的关系加以研究,发现面对压力情境,神经过敏者较多地表现出敌意反应、逃避现实、自责、服镇静剂、幻想、忍耐和优柔寡断;外倾人格者更多表现出理性行动、积极思考、替代反应和抑制;而开放经验者在处理紧张情境时更多地运用幽默等应对方式[2]。还有的研究发现,两性在应对模式上具有共性,但女性较男性更多地使用回避、自慰、求助、发泄和忍耐等消极、被动的应对方式(Parker & Bovrown,1982;佘华、郑勇,2000)。随着个体年龄的增长,个体所采用的成熟的应对方式不断增多(Vaillant,1976;Ray & Lindop,1982)。这些对人格特质的应对方式的研究,能够帮助我们理解为什么人们在压力情境中所选择和偏爱的应对方式不同。

过程的应对方式指个体在压力情境中所表现出来的多变、灵活的应对方式。采取这种应对方式的个体认为,应对不是一种简单、静态、僵化的反应,必须根据压力源的特点、个体与环境的关系、自身的条件等采取相应的措施。比如,幽默通常被认为是一种积极或有益的应对方式,但是不合适宜的幽默会引起他人的反感,甚至愤怒,增加其痛苦。于是有的研究者认为,哪一种应对方式具有适应性,依赖于三个因素:(1)作用的领域,某种应对方式在某一领域中起积极作用,在其他领域中可能会起消极作用;(2)时间的聚点,生理适应的测定表明,回避性质的应对方式在短期结果有更好的适应性,而警惕性质的应对方式对长期结果有更好的适应性;(3)情境,某种应对在某种情境中有适应性,在另外一种情境中就不一定具有适应性[3]。

[1] Parker,K.R.(1984).Locus of control,cognitive appraisal,and coping in stressful episodes. Journal of Personality and Social Psychology,46:655—668.

[2] McCrae,R.R.,& Costal , P.T . (1986) Personality , coping , and coping effectiveness in an adult sample .Journal of Personality.54:385—405.

[3] 教育大辞典编撰委员会.教育大辞典[M].上海:上海教育出版社,1990:411.

扩展阅读

A 型人格与压力

在压力研究领域，研究者一般都认为，压力是心理与身体相互影响的结果。A 型人格理论是最有影响的强调心理对身体影响的理论。该理论由弗里德曼和罗斯曼(Friedman & Rosenman)两位心脏病医生在 20 世纪 50 年代提出。他们根据自己的临床观察和长期的跟踪研究，发现了基本的人格特征与心脏病发病率之间的关系，从而提出了 A 型人格的理论。他们认为，A 型人格的人容易得冠心病。所谓 A 型人格，更多是一种心理学的描述。A 型人格的内容主要有：(1)过分的抱负与雄心壮志；(2)做事认真、努力，常对工作成就不满意；(3)情绪容易激动、急躁；(4)有敌意、好斗、敏捷、有进取心；(5)时间观念强，常有时间紧迫感与匆忙感；(6)习惯做艰苦、紧张的工作，即使休息也难以松弛下来；(7)常同时进行多种思维与动作；(8)言语和动作节奏快。

与 A 型人格相对的是 B 型人格。B 型人格的特征是性情温和、不慌不忙、言语与动作节奏慢、缺少竞争等。

A 型人格理论的提出，在心理学界、医学界等引起了很大的反响，也引起了大量的研究。例如，罗斯曼等人(Rosenman，1976)曾研究了 3 000 个成年人被试对待竞争、敌意、时间紧迫性等方面的态度，并记录和观察他们对这些问题的一系列回答，由此区别出这些被试中的 A 型人格者与 B 型人格者。然后，对他们进行了长达八年半的跟踪研究。最后发现 A 型人格者患冠心病的是 B 型人格者的两倍，这些结果即使排除患者的肥胖、年龄、吸烟及其他因素也是如此。A 型人格是如何导致冠心病的？可能的原因是他们的交感神经系统对压力反应的方式。他们可能有一个比较弱的交感神经系统，当他们具有敌意或生气时，其心率、血压等显示出较快的增长，肾上腺素分泌降低，而且不易恢复。

(五)从利用的资源看，有生理资源、心理资源和社会资源的应对

可分为三方面：一是社会问题解决能力；二是个体特质，包括 A 类行为、韧性(hardiness)、自我效能感(self-efficacy)、乐观主义与悲观主义、希望以及有建设性的思想研究(constructive thinking)等；三是控制感，即控制感与应对的效果以及调节、与应对后的康复关系；(3)社会资源应对，即社会经济地位、社会支持(social support)，包括情绪支持、物质支持和信息支持等对应对的影响。

上述对应对类型的划分是从科学研究的需要出发的。事实上，人们在具体压力情境中使用的是何种应对方式很难严格区分。比如，人们可以通过解决问题来调节情绪，也可以通过调节情绪来解决问题，因而常常难以确定这是问题定向还是情绪定向的应对方式。所以，我们在理解应对类型时，要注意它们之间有重叠交叉。

三、青年如何正确应对压力

压力在青年的生活中是普遍和连续不断的。面对压力，青年既可以采取积极的应对方式减少或解决它，也可以采取消极的应对方式加大或逃避它。在这里，着重阐述主要的有利于青年应对压力的方式。

（一）树立远大的理想，加强和善于学习

现代社会的发展日新月异，青年要适应现代社会的激烈竞争和变化，就必须树立远大的理想，加强和善于学习。法国微生物学家巴斯特在青年时代就正确地认识到了立志、工作、成功三者之间的关系。他说："立志是一件很重要的事情。工作随着志向走，成功随着工作来，这是一定的规律。立志、工作、成功是人类活动的三大要素。立志是事业的大门，工作是登堂入室的旅程，这旅程的尽头就有一个成功在等待着，来庆祝你的努力的结果。"澳大利亚未来委员会主席埃利雅德博士曾说："一个人要想在未来成功，必须具备三张通行证：一是学术性通行证。它体现教育的传统作用，强调读写算的能力，强调获得能使自己在社会上有意义的、满足自我作用的知识。二是职业通行证。指的是在一个技术快速变化的世界上从事劳动需要的教育。三是事业心和开拓技能的通行证。能够对于社会变化持积极的、灵活的和适当的态度，视变化为正常的机会而不是问题。"

加强和善于学习，是现代竞争社会的立身之本。在校的大学生要多读书，不仅要读专业书籍，而且要读非专业书籍。古人说："开卷有益"。只要是内容健康的书籍，读了之后总会有所收获。多读书不仅能扩大知识面，开阔视野，更重要的是能够养成良好的阅读习惯，培养学习兴趣。要多听学术报告，了解学术动态和本学科的最新研究成果，加深对所学知识的理解，激发求知欲和探索精神。遇到学习问题，要多向老师、同学请教，共同讨论，获得他们的帮助，减少学习压力。在职青年要通过继续教育加强学习，提高自己的知识与技能，提高自己的学历和工作能力。唯有加强和善于学习，才能使青年始终具有较强的竞争能力。

（二）正确认识社会的就业环境，提高自己的综合素质

我国长期应试教育的结果使得部分大学生不能正确认识社会的就业环境，理解知

识、能力和素质的关系，尤其不能正确认识它们之间的区别，认为知识、能力和素质是等同的，都可以通过考试分数来衡量。甚至认为较高的考试分数意味着较强的能力和优良的素质，理所当然地就应该找到理想的工作，从而对就业抱有过高的期望，一心向往到大城市、大企事业单位工作。殊不知，大城市的优秀单位，经过多年的连续补充，除少数专业外，对大学生已经不再急需。这一矛盾，已经成为制约大学生就业的主要因素之一。大学生要能够实事求是地看待我国当前的就业环境，根据就业环境的变化和自身情况调节对就业的期望值，到基层、到中小城市、到祖国最需要的地方去建功立业。

一些大学生之所以找不到工作，其中一个原因是综合素质不高。表现在：一是不能将所学知识与社会要求相结合，实际应用能力不足，尤其是动手能力、组织能力、创造性思维的能力比较弱，缺乏从事所需职业的必须能力；二是缺乏与他人合作与沟通的意识。不善于表达，人际沟通能力差，口才不好，在招聘会上不能很好地推荐自己；三是技能单一，不能适应社会对复合人才的需求。如师范专业的大学生既不会唱歌，也不会跳舞，不会做教具，技能单一。大学生要改变这种现状，必须在搞好专业学习的同时，培养自己的综合素质。要积极参加各种文体活动、社会实践活动，有意识地锻炼自己的能力与口才，学会推销自我。要了解我国的国情，把自己的发展需要与国家的发展需要结合起来，正确认识自我，依据自己的条件，制订合理的发展目标，力戒与他人盲目攀比，避免给自己增添不必要的心理压力。要扬长避短，避免好高骛远，选择适合自己的职业。

（三）采取正确的认知与行动化解压力，获得社会支持

如何看待压力，同个体的认知与行动有很大的关系。同样的压力事件、类似的压力情境，由于个体的认识与行动不同，就会产生不同的压力感，对压力的应对方式也不同。青年要缓解和减少各种压力，就必须正确认识压力带来的利弊得失以及它的两面性，并将压力视为人生的挑战和机遇，在压力中磨难自己、锻炼自己、发展自己。解决压力的最好方法是行动，通过行动来解决问题。比如，工作能力不强的青年，要么通过熟悉工作，向别人学习工作经验，学习工作的知识和技能，来提高自己的工作能力；要么通过寻求新的比较轻松的工作来减少工作压力。只有行动才能产生效能，才能真正解决压力问题。行动的力量对于改善自己的压力情境或不利的现状是非常重要的。

另外，要获得社会支持。社会支持是一个人通过社会联系所获得的能减轻心理压力反应、缓解精神紧张状态、提高社会适应能力的影响，其中社会联系是指来自家庭成

员、亲友、同事、团体、组织和社区的精神上和物质上的支持和帮助[1]。从社会互动关系来说,社会支持是个体感受到被关心、被接纳、被爱、有价值感的一种关系,是个人处理紧张事件问题的一种潜在资源。大量的研究表明,社会支持对缓解青年的压力能够起到良好的调节和促进作用。所以,青年遇到压力问题,不能一个人孤军奋战、独自面对,要多与亲人、朋友、教师、领导、同事交流,寻求他们的理解和帮助,要集思广益来解决压力问题。

(四)利用合理的心理防御机制

心理防御机制是应对压力的主要形式之一。心理防御机制(mental defense mechanism)指个体面对压力情境时,在心理活动中具有的自觉或不自觉地解脱焦虑、愤怒等情绪,以恢复心理平衡的适应性倾向或行为。心理防御机制的概念最早由精神分析派的心理学家弗洛伊德提出。他认为,人类的心理防御机制大部分起源于婴幼儿时期的早年经历。当孩子受到紧张和压力时,总会自发地产生应对。如孩子遇到可怕的事情可能会退却或逃避,遇到疼痛可能会出现攻击反应。这种与婴儿有关的自发应对,会变成人类潜意识的一部分。当人类面对压力,或者挫折和冲突、不利或痛苦情境时,会不知不觉地采用这种起源于婴儿期的自发防御手段。

一般认为,心理防御机制具有以下特征。第一,心理防御机制不是蓄意使用的,它们是无意识的或至少是部分无意识的。固然,人们会有意识地使用一些心理防御机制,但真正的心理防御机制是无意识的。第二,心理防御机制有积极与消极之分。尽管部分心理防御机制具有自我欺骗、美化自我、歪曲认知和事实的特点,但在有些情况下,它能有效减轻或缓冲自我免遭压力或挫折的心理损坏,保护心理健康。第三,每个人都会使用心理防御机制,或是单一使用,或是重叠使用。第四,由于生活环境及个人经历的影响,心理防御机制常常会渗透到一个人的人格中,以比较固定的态度及行为模式表现出来。

常见的心理防御机制主要有:

1.否认(denial),指对已发生的不愉快、不幸的事实加以否认。它是人们在心理上不能忍受眼前的事实将带来的心理痛苦,而宁愿相信一切都是误传、错觉。否认的作用既有积极的一面,也有消极的一面。比如,战士打仗,否认自己会死亡,打仗就会异常勇敢和坚强;但如果某个青年得了癌症,对医生的诊断加以否认,根本不相信,则会延误医治的时机。

2.压抑(repression),指把意识中不能接受的观念、情感或行为抑制到无意识中

[1] 李强.社会支持与个体心理健康[J].天津社会科学,1998(1):67-70.

去。虽然压抑使人意识不到自己有某种愿望、情感或冲动，但并不意味着它们就不存在，而是仍在不自觉中以各种间接的方式影响人的行为。每个人都会不同程度地利用压抑。比如，有的青年会主动遗忘一些事，以避免这些事带来的痛苦、烦恼，以保持内心的宁静。但是，一味依赖压抑来解决心理上的困扰会给人们带来伤害。有研究发现，压抑型的人显示出更高的发病率，免疫系统更容易出问题，更容易得冠心病和癌症(Bonnano & Singer，1990)。因为不断地把一些念头排除在意识之外，并控制这些念头重新活动，需要相当的生理能量和生理唤起，这必然会加重生理负担，影响身体健康。

3.投射(projection)。指自我将不能接受的欲望、冲动或行为推诿到别人身上。如有的青年经常指责别人自私自利，其实他本人个人主义思想就很严重。有的大学生考试作弊，认为其他同学也会作弊。由此可见，投射即是通过指责别人来安抚自己，以保护自己内心的安宁，不受到良心谴责。心理学家认为，投射心理的产生与儿童期的经验有关。人们很小就习惯于从外部寻找自身行为的原因，而不善于检查和分析自己的动机或行为。投射即是把自己的内在心理困惑或危机转换到外部。投射的过度发展会产生严重的后果，导致精神病的妄想。

4.合理化(rationalization)，又称文饰作用。指根据自己的需要，找出种种理由或借口为自己的动机、情感、行为等进行辩护。合理化有两种表现：一是酸葡萄心理。该术语来自伊索寓言中的《狐狸与葡萄》的故事。在伊索寓言中，狐狸由于跳起来不够高而摘不到葡萄吃，便形成一种心理压力。为了减轻或消除其心理压力，于是狐狸说："反正这葡萄是酸的。"这样就可以心安理得地走开。心理学用这个寓言说明，人往往会在追求某个事物而得不到时，找一个言之成理的"理由"，来冲淡自己内心的焦虑、失望。二是甜柠檬心理。其本意是，柠檬本来是酸的，由于自己拥有柠檬就偏说柠檬是甜的。因此，甜柠檬心理是指自己得不到想要的东西，就强调自己所有的东西都是好的。比如，有的青年收入不高，安慰自己是"比上不足，比下有余"。但若使用过度，会妨碍人们去追求真正需要的东西。

5.反向作用(reaction formation)，指对内心难以接受的冲动、观念、情感以相反的态度与行为表现出来。如有人内心凶残，外表却显得温和友善。有人到处表现自己，出尽风头，内心却十分自卑。由此可见，反向作用具有两个特点：一是夸张、外露和虚假；二是刻板、机械和强制性。需要指出的是，反向与逆反不同。逆反是"你要东而我偏要西"，对正确的方面盲目地持以反抗、抵制、排斥的态度。而反向是为了掩盖内心的真相，以相反的形式来对抗。

6.转移(displacement)，指把对某人或某物的态度、情绪转移到另一个对象或替代的象征物上。例如，工作上遇到不顺利的事，或是受了气，回家便不分青红皂白地大发脾气；或是反过来，在家受了气，在工作中发泄。我们平时所讲的“迁怒于人”“迁怒于物”就是转移。适当的转移，如事业上受挫时，听音乐、看电影，或是旅游，可以宣泄内心的紧张、苦闷和焦虑，使身心得到一些调整和平衡，但不适当的转移则是有害无益。

7.退行（regression），又称回归，是个体遇到压力或挫折时，放弃已经学会的成熟的态度和行为习惯，而以原始、幼稚的方法来应付。如有的大学生不想上课，便以头痛、腹泻为理由逃学；有的青年受到伤害，感到自己无力应付，常会回到自己的内心世界，与世隔绝，或是“生病”，以便能够得到他人的关心、照顾，而不必承担自己的责任。

8.升华（sublimation），指个体将社会不能接受的一些本能、欲望，转向更高级的、社会所能接受的目标或渠道，进行各种创造性的活动。如德国著名作家歌德失恋以后陷入感情危机，由此写了名著《少年维特之烦恼》，用文学创造的形式来表达他的挫折情感。由此可见，升华是化悲痛为力量，是奋发图强，是一种积极和富有建设性的防御机制。

9.补偿（compensation），个体在生理或心理上实际存在或想象存在某种缺陷时，采取种种方法弥补缺陷以减少焦虑。如考研的目标受到阻碍，暂时放弃，以参加工作来加以补偿。所谓“失之东隅，收之桑瑜”就是补偿。但有的补偿却是不恰当或得不偿失的。如有的青年本职工作做不好，却在社交方面花大量时间和精力，以求得到领导的重视而不被下岗，结果造成本职工作越来越糟糕。

10.抵消（undoing），指以象征性的言行，来抵消已经发生了的不愉快、不吉利的事件，以补救心理上的不安、焦虑或难受。如我国民间习俗，过年不要打碎碗碟，万一不小心打碎了，老人就会跟一句“（碎碎）岁岁平安”。

11.隔离（isolation），个体把容易引起自己痛苦回忆的人或事从意识中加以隔离，希望情感和观念分离开，不让自己感受到不愉快的情绪。比如，亲人逝世，说成“归天”或“到天堂去了”。换一种说法，似乎可以减轻自己的悲伤。

12.幻想（phantasy），个体遇到压力、挫折时用幻想的方式来满足自己的愿望或冲动。如有的大学生遇到学习上的困难不能解决，便幻想自己成为超人，什么问题都能解决。

13.转化（conversion），个体把心理上的焦虑、忧郁转化为躯体症状，从而逃避痛苦烦恼。如情绪抑郁的青年，对自己的头痛、失眠等躯体症状持冷漠态度，不以为然，认为这些躯体症状只是内心痛苦的转化形式而已。

14.幽默（humor），个体处境尴尬时，常以开玩笑、说笑话等方式使自己摆脱困境、以缓和、消除紧张情绪，避免产生心灵创伤。比如，在南北战争时期，美国总统林肯对麦克伦将军未能好好掌握军事时机而深感怨恨，于是他写了这样一封信给麦克伦：“亲爱的麦克伦：如果你不想用陆军的话，我想暂时借用一会儿。”林肯的幽默使他驱除了心头的紧张和怨愤，又保护了自己，免于和麦克伦敌对。

15.自居(identification)，又称认同作用。指个体在无意识中取他人之长归为己有，并作为自己行为的一部分去表达，借以排除烦恼、焦虑的一种防御机制。如有的人一生无所成就，便把自己亲朋中的成功者搬出来吹嘘，似乎自己的身价也得到了提高，可以减轻他人的轻视。

16.固执(obstinacy)，指个体不分析失败的原因、总结经验教训，而是盲目重复无效或不明智的行为。比如，有的大学生求职失败，感到十分痛苦，但仍旧不愿意尝试去改变自己的认知、情感和行为方式，而是以不变应万变。固执之所以发生，主要是因为不安全感、失败与惩罚的缘故，它会妨碍人的心理潜能的充分发挥。

17.理智化(intellectualization)指运用抽象理智的术语分析面临的问题以消除恐惧或降低焦虑的过程。例如，青年医生不可能对每个病人都动感情，因此一定的超脱态度对于他们胜任工作是必不可少的。实验表明，让被试观看唤起恐怖情绪的影片，同时伴以解说，若解说词强调场景的残忍、被试的皮肤电反应就升高；若给以超脱、理智的解说，被试的皮肤电反应就明显下降。由此可见，当理智战胜情感的时候，人们就可以从情感的经历中摆脱出来。

上述心理防御机制有的是积极或消极的，有的是理性或非理性的，还有的是妥协或折中的。作为青年，在压力面前，既要预见到可能出现的各种困难，振作精神、树立信心、磨炼意志、努力提高自己对压力的容忍力，又要善于思考，分析产生压力的原因，积极寻求各种社会支持，采取行动，排除各种压力所带来的困扰，以提高对压力的心理防御能力。

复习巩固

1.什么是应对？应对有哪些类型？

2.青年如何才能正确的应对压力问题？谈谈你的见解。

要点小结

1.压力是青年与环境相互作用，预期可能发生的不安，或对威胁有所察觉，导致内心产生的不平衡的感受或体验。压力的来源主要分为外部和内部两大类。压力对青年的生理与心理都会产生影响，这些影响既可能是积极的，也可能是消极的。

2.压力的理论有精神分析学派的理论、行为主义理论、认知的理论、需要和紧张的心理系统理论和社会文化的理论，这些理论分别从不同的视角对压力进行了阐述与解释。

3.青年的主要压力有：知识更新与学业压力、就业压力、工作压力和经济压力。学业压力是大学生面对学业要求时所产生的不安、担忧、紧张的反应。就业压力是在就业情境中，个体对感受到的影响就业的客观事件或刺激的感受和评估。经济压力是个体感受到经济的困难、窘迫而产生的焦虑、烦恼、忧愁的心理感受。工作压力是个体因工作时间过长、工作负担过重、工作责任过大或工作发生改变而产生的应激反应。这些压力给青年的身心带来了一系列的影响。

4.应对是个体遭受或处于压力环境时，为平衡自身心理状态而逐渐形成的一套适应机制，包括认知、情感和行为三种心理成分，从不同的角度可以把应对分为不同的类型。

5.青年面对压力的挑战，需要树立远大的理想，加强和善于学习；正确认识社会的就业环境，提高自己的综合素质；采取正确的认知与行动化解压力，获得社会支持；利用合理的心理防御机制。

关键术语

压力	stress
压力源	stressors
压力理论	theory of stress
应对方式	coping style
心理防御机制	mental defense mechanism

复习题

一、单项选择题

1.压力是青年与环境相互作用，预期可能发生的不安，或对威胁有所察觉，导致内心产生的（　　）。

A.焦虑、压抑的体验　　B.烦恼、抑郁的体验

C.不平衡的感受或体验　D.独特的内心体验

2.压力对青年的影响，一般都是（　　）。

A.单一的　　B.两面性的　　C.既有消极也有积极　　D.无所谓的

3.精神分析学派认为，心理压力产生的最普通的反应是（　　）。

A.超我　　B.本我　　C.自我　　D.焦虑

4.认知理论认为，对待压力的关键是个体的（　　）。

A.行动　　B.认知　　C.态度　　D.认同

5.对压力的心理测量影响最大的是下面那位心理学（　　）。

A.塞利和坎农　　B.弗洛伊德和勒温

C.巴甫洛夫和霍妮　　D.霍姆斯和雷赫

二、多项选择题

1.压力的来源主要有（　　）。

A.遭受挫折　　B.生活环境改变

C.工作性质　　D.矛盾与冲突

2、青年的压力主要有有（　　）。

A.知识更新与学业压力　　B.工作压力

C.经济压力　　D.就业压力

4.压力对青年的作用是多方面的，表现在（　　）。

A.生理影响　B.社会影响　　C.心理影响　　D.家庭影响

4.压力理论从多方面解释了压力产生的原因，这些理论主要有（　　）。

A.行为主义理论　　B.建构主义理论

C.认知的理论　　D.社会文化理论

5.青年正确应对压力应做到（　　）。

A.树立远大的理想，加强和善于学习

B.正确认识社会的就业环境，提高自己的综合素质

C.采取正确的认知与行动化解压力,获得社会支持

D.利用合理的心理防御机制

三、判断对错题

1.压力具有两面性,青年要正确看待压力的作用。( )

2.心理防御机制都是积极的,能从根本上解决青年的压力问题。( )

3.青年对压力的认知,影响到对压力的反应和应对方式。( )

4.需要得不到合理的满足,是造成青年压力的原因之一。( )

5.文化矛盾是造成人们压力或心理困顿的文化基础。( )

第十三章　青年的心理社会问题与预控

本章你要学习什么？

在当代社会，为什么一些青年会有不良的成瘾行为？为什么他们会走上违法犯罪的道路？导致一些青年自杀的原因是什么？青年的这些心理社会问题引起了社会的广泛关注。通过本章的学习，能够让人们认识青年心理与社会问题的类型、危害及成因，了解预防和控制青年心理社会问题的对策。希望通过本章的学习，能使你更好地认识社会，保护好自己，远离这些心理社会问题的侵害。

第一节 概 述

青年期是个体在发展过程中遇到的心理与社会问题比较多的时期。这些心理与社会问题如果不能妥善解决，不仅影响青年的学习或工作，以及影响青年的健康发展，而且还影响到社会的稳定。

一、心理社会问题的含义

心理社会问题(psychological social problems of youth)指的是个体在发展过程中所表现出来的不符合或违反社会准则与行为规范，或不能良好地适应社会生活，从而给社会、他人或自身造成不良影响甚至危害的问题[1]。这种心理社会问题具有聚类丛生性和蔓延性的特点，即一种类型的心理社会问题的出现会增加另一种类型的心理社会问题出现的可能性。一些研究表明，青年的各种心理社会问题之间密切相关，青年的成瘾行为、犯罪行为和自杀行为存在某种共同的心理原因和基础。因此，在分析青年心理社会问题时，不能孤立地看待某种心理社会问题。

二、心理社会问题的类型

不同的研究者往往对心理社会问题有不同的分类。美国的阿肯巴克和埃德尔布罗克(Achenbach & Edelbrock，1987)把心理社会问题分成有害物质滥用、内部障碍、外部障碍三大类。有害物质滥用指青年不恰当地使用药物，如兴奋剂、镇静剂、尼古丁等；内部障碍指青年自身的问题，如抑郁、焦虑、恐惧等；外部障碍指青年的问题以外界对象为目标，如犯罪、反社会性的攻击行为等。我国心理学教授张文新(2002)也把心理社会问题分为三类：(1)滥用药物，如胡乱服用酒精、尼古丁、大麻、古柯碱等药物；(2)外部失调，如反社会行为、犯罪行为等；(3)内部失调，如焦虑、抑郁和自杀等。

在本章中，我们主要探讨青年常见的三大心理社会问题：一是青年成瘾行为，如吸烟成瘾、酗酒成瘾、网络成瘾、吸毒成瘾等；二是青年犯罪行为；三是青年自杀行为。

三、心理社会问题的理论

(一)埃里克森的心理社会发展理论

美国发展心理学家爱利克·埃里克森(Erik H Erikson)将人的一生分为八个阶

[1] 张文新.青少年发展心理学[M].济南：山东人民出版社，2002：468.

段，每个阶段都有其独特的发展任务，即面临相应的发展危机。他指出，青年期的主要任务是解决自我同一性问题。自我同一性，指个体在特定环境中自我整合与适应之感，是个体寻求内在一致性和连续性的能力，是对“我是谁”“我将来的发展方向”以及“我如何适应社会”等问题的主观感受和认识。青年如果能够在青年期获得正确的自我同一性，就能够按照社会规范生活。反之，就会造成青年自我同一性的混乱，做出一些伤害自己以及违反社会规范的行为。

（二）班杜拉的社会学习理论

美国心理学家阿尔伯特·班杜拉（Albert Bandura，1997）提出了社会学习理论。他认为，人类的行为是由个体的认知、行为与环境因素三者及其交互作用形成的。个体通过观察或模仿他人能够学会很多东西。他着眼于观察学习和自我调节在引发人的行为中的作用，重视人的行为和环境的相互作用。

根据社会学习理论，青年的心理社会问题的形成不是与生俱来的，而是后天通过观察或模仿他人的不良行为，从而产生替代性学习造成的。社会环境中他人的吸烟、酗酒、吸毒等违法犯罪行为，以及影视剧中的暴力等都可能成为青年模仿学习的对象。

（三）迪尔凯姆的社会失范理论

法国社会学家迪尔凯姆认为，社会失范指社会本身失去了行为规范而出现的不正常状态，社会的多重急剧变化导致现有社会规范不能为社会成员提供必要的指导，社会整体处于一种混乱无序的状态。美国社会学家默顿继承和发展了迪尔凯姆的失范理论，他把社会结构引入了社会失范的研究领域，指出个人的具体行为与社会结构有紧密的联系，若社会结构失范则必然导致个体的越轨行为。

我国当前处于社会转型时期，价值观念多元化导致社会失范现象时常发生。社会失范将直接对青年的行为产生影响，使青年丧失正确的行为参照，感到困惑、迷惘、无所适从，从而引发青年的心理社会问题，如吸烟、酗酒、吸毒成瘾以及犯罪和自杀等。

四、青年心理社会问题的危害

青年心理社会问题的危害是多方面的，它不仅影响青年的身心健康，危害整个家庭的和谐与幸福，甚至扰乱社会公共秩序、危害公共安全。

（一）破坏社会安全稳定

由青年心理社会问题引发的打架、斗殴、盗窃、违法犯罪等一系列问题，不仅扰乱社会公共秩序，影响他人的生命安全，而且威胁社会的安全与稳定，使社会不得不花费大量的人力、财力和精力来预防和控制青年的心理社会问题。

(二)给家庭造成负面影响

青年的心理社会问题会导致青年道德感和责任心的下降、家庭成员之间的关系紧张恶化，造成家庭的诸多矛盾，影响家庭成员的正常工作和生活，增加家庭的经济负担，造成家庭经济困难。

(三)影响青年的健康发展

青年的心理社会问题不仅直接影响青年的身体健康，甚至危及生命；还会使青年产生认知、情绪、行为、人格等多方面的心理问题及心理障碍，失去对学习和工作的兴趣，导致辍学、失业，直接影响到青年的健康发展。

复习巩固

1.什么是心理社会问题？心理社会问题有哪些分类？
2.心理社会问题的理论有哪些？其主要观点是什么？
3.青年的心理社会问题有哪些危害？

第二节　青年不良成瘾行为与预控

青年的不良成瘾行为是一种额外的、超乎寻常的嗜好和习惯。青年不良的成瘾行为，不仅严重影响青年的身体健康，而且会产生心理障碍，带来严重的社会问题。

一、青年吸烟成瘾

(一)吸烟成瘾的含义

吸烟成瘾(smoking addiction)又叫烟草依赖，是指个体因长期吸烟而对烟草中所含主要物质尼古丁产生上瘾的症状。我国精神科专家师建国(2002)认为，烟草依赖主要有两方面：一是心理依赖或精神依赖，主要是对吸烟的渴求，表现为情绪不稳、注意力不集中、坐立不安、好发脾气等；二是躯体依赖，包括心率减慢、食欲增加、体重增加、皮肤温度降低等[1]。医学上把吸烟成瘾看成是一种慢性疾病，世界卫生组织已将烟草依赖纳入国际疾病的分类。

目前国际上尚无专门针对烟草依赖的诊断标准，一般采用药物依赖诊断标准。国际疾病分类(International Classcification of Diseases，ICD-10)中根据药物依赖诊断标准制定的烟草依赖临床诊断标准为下列6项中的至少3项：(1)强烈渴求吸烟；(2)难以控制吸烟行为；(3)当停止吸烟或减少吸烟量后有时会出现戒断症状；(4)出现烟草耐受表现，即需要增加吸烟量才能获得过去较少吸烟量即可获得的吸烟感受；(5)为吸烟而放弃或减少其他活动及喜好；(6)不顾吸烟的危害而坚持吸烟[2]。

(二)青年吸烟成瘾的特点

美国的研究发现，在有烟瘾的青少年中，10%的人在首次吸烟后两天内就上瘾，25%的人在一个月内上瘾，一半的人在吸烟数量达到每个月7支时上瘾。我国青年吸烟成瘾的现状同样不容乐观，据世界卫生组织估计，全球每三根香烟就有一根是在中国消费[3]。

1.青年吸烟成瘾呈低龄化趋势

我国卫生部公布的吸烟控制报告指出，2005年我国15岁以上吸烟者达到3.5亿，吸烟率达28.1%。杨焱(2006)的研究发现，与1996年相比，我国15～24岁的青年吸

[1] 师建国.成瘾医学[M].北京：科学出版社，2002：115.

[2] 肖丹，王辰.吸烟成瘾是一种慢性疾病[J].江苏卫生保健，2012(6)：41.

[3] WHO. (2002).Building blocks for tobacco control: a handbook. Geneva：WHO，3－6.

烟率呈上升趋势，且女性青年开始吸烟的平均年龄从28岁提前到25岁，青少年开始吸烟年龄从22岁降到19岁[1]。搜狐网健康频道在2013年做了一项关于我国公民吸烟情况的网络调查，参与调查的共有19 696名网友，来自全国33个省、自治区以及直辖市。通过对调查数据的分析发现，16～22岁开始吸烟的青年占62.8%，23～30岁开始吸烟的青年占15.6%。

2.吸烟成瘾以男青年为主，女青年有上升趋势

我国刘峥(2007)等对3 509名北京大学生吸烟情况的调查发现，男大学生吸烟率为53.4%，女大学生为22.1%，男生显著高于女生[2]。黄晶晶的(2008)研究发现，在1 196名吸烟者中，总的成瘾人数为268，总成瘾率为22.4%，其中男性成瘾率为22.7%，女性成瘾率为19.6%[3]。还有研究发现，在经济全球化以后，我国女性吸烟率在短期内从3%～5%上升到15%以上，大城市中女性吸烟率上升更为明显。

(三)青年吸烟成瘾的危害

1.造成青年的身心疾病

吸烟是慢性支气管炎、肺气肿和慢性气道阻塞的主要诱因之一。有研究指出，肺癌病例中，85%是吸烟造成的。吸烟量越大，患肺癌的可能性越大，若每天吸烟40支以上，则患肺癌的可能性高出60倍[4]。最新的研究发现，青年吸烟成瘾会造成大脑结构与功能异常，使其患有某种程度的心理障碍和精神疾病，思维变得迟钝，记忆力减退，降低学习和工作的效率。吸烟成瘾还会影响到寿命。我国卫生部2012年发布的《中国吸烟危害健康报告》指出，吸烟者与不吸烟者相比，平均寿命约减少10年。不仅如此，青年吸烟成瘾还会使家人被动吸二手烟，导致家人患上哮喘、肺炎、肺癌、高血压等疾病。

2.给社会造成经济负担

李闯(2006)的研究指出，我国每年因吸烟导致的患病人数近900万，用于治疗疾病的直接医疗费用近70亿元[5]。美国癌症协会和世界肺健基金会联合发布的《烟草图册》公布的数据显示，每年全球因吸烟造成的经济损失达5 000亿美元。

---

[1] 杨焱.烟草的危害、流行特点及控制策略[J].中国健康教育，2006(5)：388.

[2] 刘峥，曹若湘.3509名北京在校大学生吸烟现况分析[C].第13届全国吸烟与健康学术研讨会暨第三届烟草控制框架公约论坛，2007：76.

[3] 黄晶晶.城市居民吸烟行为的成瘾性研究[D].杭州：浙江大学，2008：3.

[4] 曾丽芬.青少年吸烟的原因、危害和解决对策[C].浙江省推广发展健康促进学校项目论文集，2005：168.

[5] 李闯.吸烟对他人和社会的危害[J].保健医苑，2006(5)：14.

3.危害公共安全和秩序

张蕊(2000)的研究发现,男生吸烟成瘾行为与酒后骑车、打架、制订自杀计划以及过量饮酒行为呈高度关联[1]。李闯(2006)的研究指出,吸烟是青年违法犯罪的诱因。在抢劫、盗窃等违法犯罪的青年中,74%是由吸烟、饮酒引起。

扩展阅读

世界无烟日

世界无烟日(World No Tobacco Day)由世界卫生组织创立。世界卫生组织决定从1989年起将每年的5月31日定为世界无烟日,中国也将该日作为中国的无烟日。世界无烟日的意义是宣扬不吸烟的理念,每年都会有一个中心主题,表示该年在关于烟草和不吸烟方面特别值得关注的话题。世界各地都会为响应而在当日举办不同类型的宣传活动。

例如,1990年世界无烟日的主题是"青少年不要吸烟",呼吁控制吸烟应从青少年抓起,教育部门要充分利用教育阵地,加强对学生的管理,禁止青少年吸烟。2008年世界无烟日的主题是"无烟青少年",旨在让尚未接触烟草的青少年免受烟草危害。2010年世界无烟日的主题是"性别与烟草",呼吁全社会都来关注女性吸烟和被动吸烟的问题。2013年世界无烟日的主题是"全面禁止烟草广告、促销和赞助",旨在呼吁全面禁烟,让更多的人,尤其是青少年远离烟草的危害。

二、青年酗酒成瘾

(一)酗酒成瘾的含义

酗酒成瘾(Addiction to alcohol)又叫酒依赖,是指个体长期过量饮酒引起的中枢神经系统严重中毒,表现为强迫性的、连续或定期饮酒,为的是要体验饮酒后的心理效应,或是为了避免由于断酒所引起的不适感[2]。酗酒成瘾包括精神依赖和躯体依赖,精神依赖表现为对酒的渴求或称为"心瘾",躯体依赖表现为停止饮酒或减少饮酒后出现心慌、出汗、失眠和易激怒等戒断症状。

我国精神病诊断标准(Chinese Classification of Mental Disorders—3)指出,酗酒成瘾要符合以下标准:(1)符合酒精所致精神障碍的诊断标准;(2)有长期或反复的饮

[1] 张蕊,张洪波.大学生吸烟成瘾行为的影响因素研究[J].中国校医,2000(2):100.

[2] 朱孔锡,孟繁立等.饮酒与健康[M].济南:山东科学技术出版社,2007:59.

酒历史;(3)对酒有强烈的渴求;(4)至少有下述情况之一:停止饮酒后有肢体震颤、静坐不能、恶心、呕吐、大汗或易激惹等戒断症状;继续饮酒可避免戒断症状出现,经常在清晨饮酒,或随身带酒频繁饮用;多次试图戒酒失败;对酒产生耐受性,饮酒量增大;为了饮酒而放弃其他娱乐活动或爱好[1]。

(二)青年酗酒成瘾的特点

青年酗酒成瘾是一种比较常见的现象。美国国家卫生研究院(2002)对美国大学生饮酒情况的调查报告表明,美国大学生中的酗酒现象十分严重,每年有 1 400 名美国大学生死于因饮酒过量而导致的各种事故。我国青年酗酒成瘾的形势也不容乐观,青年群体内过量饮酒行为普遍流行。

1.青年酗酒成瘾率较高,呈低龄化的趋势

吴双胜、徐锐(2009)的研究发现,北京市大学生饮酒率、重度饮酒率分别是 42.9%和 13.0%[2]。刘志浩、卫平民(2013)等的研究发现,南京市大学生饮酒率为 51.3%,过量饮酒率为 30.5%[3]。在青年酗酒成瘾率不断上升的同时,青年酗酒成瘾低龄化的趋势也令人担忧。马冠生、朱丹红(2005)的研究发现,我国居民中 18 岁开始饮酒的比例是 8.8%,其中男性为 9%,女性为 7.6%[4]。季成叶(2010)等的研究发现,我国大学生 13 岁前开始饮酒的比例达到 25%以上[5]。

2.男青年酗酒成瘾率普遍高于女青年

张洪波(2000)等的研究发现,13.0%的大学生报告显示有酗酒成瘾的行为倾向,其中男生为 17.5%,女生为 1.6%、男生显著高于女生[6]。季成叶(2010)的研究发现,我国男女大学生饮酒率分别为 66.1%和 34.2%。另外发现,女青年酗酒成瘾的报告率也在上升。2006 年《中国居民营养与健康状况调查系列报告:行为和生活方式》指出,我国女性饮酒率增长了 73.1%。

(三)青年酗酒成瘾的危害

1.影响青年的身心健康

众所周知,酒精中的乙醇对肝脏的伤害最大、最直接,它能使肝细胞发生变性和坏死。长期饮酒,容易导致酒精性脂肪肝、酒精性肝炎,甚至酒精性肝硬化。酗酒成瘾会

[1] 师建国.成瘾医学[M].北京:科学出版社,2002:98.

[2] 吴双胜,徐锐.北京市在校大学生吸烟饮酒现状调查[J].中国学校卫生,2009(1):19.

[3] 刘志浩,卫平民等.南京市大学生饮酒与过量饮酒现状及影响因素分析[J].中国学校卫生,2008(8):983.

[4] 马冠生,朱丹红等.中国居民饮酒行为现况[J].营养学报,2005(5):363.

[5] 季成叶.我国大学生过量饮酒行为流行现状[J].中国学校卫生,2010(10):1157.

[6] 张洪波,张蕊等.大学生酒依赖行为倾向及相关因素研究[J].中国学校卫生,2000(2):88 页.

使青年的脑部逐渐萎缩，骨质疏松、血压升高，心脑血管疾病的发病率升高。澳大利亚的赫曼斯(Daniel Hermens)博士指出，青年正处于生理及心理快速发育的阶段，酗酒会延缓发育速度，令其大脑的结构及神经受损，从而影响他们的长期记忆力及决策能力。同时，青年酗酒成瘾还会造成心理障碍，患上精神疾病，如妄想症、抑郁症以及暴躁症等。

2.破坏家庭和睦

酗酒成瘾者往往情绪易激动、控制力减弱，道德感、责任感下降，情感冷漠，容易造成家庭不和、家庭暴力甚至导致家庭破裂。在美国，50％的家庭纠纷是由酗酒引起的，65％的虐待儿童事件与饮酒有关，嗜酒家庭离婚率高达40％。

3.破坏社会治安，影响公共秩序

我国每年因酗酒肇事的立案高达400万起，而三分之一以上交通事故的发生与酗酒后驾车有关。酗酒还引发犯罪行为。胡利人(2004)等的研究发现，青年酗酒与酒后骑车、打架、带刀具、性行为、赌博等不良行为密切相关[1]。

三、青年网络成瘾

(一)网络成瘾的含义

网络成瘾(Internet Addiction，IA)又叫网络成瘾障碍(Intemet Addiction Disorder，IAD)或互联网依赖(Internet Dependence)。美国精神病专家伊凡·戈德堡(Ivan Goldberg)提出，网络成瘾障碍是指在无成瘾物质条件下的上网行为冲动失控现象，它主要表现为由于过度和不当地使用网络而导致个体明显的社会、心理功能损害，并伴随有和上网有关的耐受性、戒断反应以及强迫行为等[2]。

我国心理学教授雷雳(2003)等人认为，网络成瘾是用户上网达到一定的时间后反复使用互联网，其认知功能、情绪情感功能以及行为活动，甚至生理活动，偏离现实生活，受到严重伤害，但仍然不能减少或停止使用互联网[3]。

美国伊万·戈德堡(Ivan Goldberg)认为网络成瘾的诊断标准包括下列特征：(1)突显性，互联网使用占据了用户的思维与行为活动的中心；(2)耐受性，互联网用户为了获得满足感不断地增加上网时间与投入程度；(3)戒断症状，停止使用互联网会产生不良的生理反应与负性情绪；(4)冲突性，互联网使用与日常的活动或人际交往发生冲

[1] 胡利人，丁元林等.医学生饮酒行为与危害健康行为的相关研究[J].中国学校卫生，2004(3)：257.

[2] 李欢欢.大学生网络成瘾评估与干预[M].北京：华夏出版社，2011：4.

[3] 雷雳，李宏利.病理性使用互联网的界定与测量[J].心理科学进展，2003(1)：74.

突;(5)复发性,尽管对互联网成瘾进行控制与治疗,但成瘾行为还是反复发作;(6)心境改变,使用互联网来改变消极的心境。

我国北京军区总医院制订的网络成瘾临床诊断标准为:(1)对网络的使用有强烈的渴求或冲动感;(2)减少或停止上网时会出现周身不适、烦躁、易激怒、注意力不集中、睡眠障碍等戒断反应。上述戒断中通过使用其他类似电子媒介,如电视、掌上游戏机等来缓解;(3)至少有下述情况之一:为达到满足感而不断增加使用网络的时间和投入程度;使用网络的开始、结束及持续时间难以控制,经多次努力后均未成功;固执地使用网络而不顾其明显的危害性后果,即使知道网络使用的危害仍难以停止;因使用网络而减少或放弃了其他兴趣、娱乐或社交活动;将使用网络作为一种逃避问题或缓解不良情绪的途径。

(二)青年网络成瘾的特点

1.青年网络成瘾人数不断上升,男青年网络成瘾率高于女青年

根据中国互联网信息中心最新的互联网发展报告,截至 2013 年 12 月,我国网民规模达 6.18 亿,其中 20~29 岁年龄段的网民占到 31.2%,在网民中比例最大。张志松(2011)等的研究发现,大学生网络成瘾率为 14.08%,存在一定的性别差异,男生网络成瘾的比率显著高于女生[1]。梁雯雯(2013)的研究表明,大学生网络成瘾率为 5.1% ,其中男生占 67.4%,女生占 32.6%[2]。

2.青年网络成瘾的表现多样化

青年网络成瘾通常会专注于某种具体的网络行为或倾向于多方面的网络内容。张志松等(2011)的研究指出,网络游戏成瘾、网络色情成瘾、网络交际成瘾是大学生网络成瘾的主要表现形式。李超民(2012)的研究发现,大学生网络成瘾可分为五种类型,即大学生网络娱乐成瘾、网络信息成瘾、网络色情成瘾、网络关系成瘾、网络交易成瘾[3]。

(三)青年网络成瘾的危害

1.危害青年的身心健康

网络成瘾打破了青年正常的生活规律,加上长时间熬夜上网使睡眠减少、头昏眼花、情绪低落、食欲不振、体重下降;大脑中枢神经系统处于高度兴奋状态、功能异化、免疫力下降,严重的甚至猝死。网络成瘾还会导致青年的心理障碍。美国金伯利·杨

[1] 张志松,李福华.大学生网络成瘾现状调查[J].教师教育研究,2011(2):45.

[2] 梁雯雯.大学生网络成瘾与家庭功能的关系研究[D].大连:大连医科大学,2013:1.

[3] 李超民.大学生网瘾成因及防治方法体系研究[D].长沙:中南大学,2012:63.

(1998)的研究表明,有54%的网络成瘾者有抑郁倾向,34%的人感到焦虑[1]。罗江洪等(2007)的研究发现,网络游戏成瘾者的孤独、抑郁和社交焦虑感均高于非成瘾者[2]。朱克京等(2004)的研究发现,大学生网络成瘾不仅损害学业,还带来人际关系、社会交往等方面的障碍。

2.导致青年学业荒废

网络成瘾会使青年把网络定位为唯一的精神寄托,长时间沉迷于网络,致使正常的学习受到影响。王滨等(2007)的研究指出,网络游戏成瘾的大学生在学习过程中更容易表现出倦怠、沮丧、情绪低落,出现逃课、迟到、不听课等厌学行为;在学习过程中体验到的成就感更低[3]。陈华(2005)的研究发现,有近86%的大学生因过度迷恋网络而导致学习成绩下降,有1/3的大学生因无节制上网导致课程不及格而重修,有3.6%的大学生因网络成瘾导致学业荒废而被退学[4]。

3.诱发青年违法犯罪

青年长时间处于暴力、血腥的网络游戏中,会使价值观扭曲,甚至分不清虚拟的网络世界和现实生活,性格变得粗暴,遇事容易失去理智而走上用暴力解决问题的不良途径。网络的开放性和匿名性,使得一些不法分子利用网络传播色情内容。青年沉迷于浏览黄色网站容易产生色情心理,如果未得到及时制止就会引发青年性犯罪。网络成瘾往往会导致青年失业,为了满足上网费用甚至挺而走险,通过盗窃、抢劫的方式来满足网络成瘾的需要,使青年违法犯罪。

四、青年吸毒成瘾

(一)吸毒成瘾的含义

我国公安部2011年颁布的《吸毒成瘾认定办法》中指出,吸毒成瘾(Drug-addiction)是指个体因反复使用毒品而导致的慢性复发性脑病,表现为不顾后果、强迫性寻求及使用毒品的行为,同时伴有不同程度的个人健康及社会功能损害。

吸毒成瘾包括下列特征:(1)经人体生物样本检测证明其体内含有毒品成分;(2)有证据证明其有使用毒品行为;(3)有戒断症状或者有证据证明吸毒史,包括曾经因使用毒品被公安机关查处或者曾经进行自愿戒毒等情形。

---

[1] 李欢欢.大学生网络成瘾评估与干预[M].北京:华夏出版社,2011:14.

[2] 罗江洪,吴汉荣.中学生网络游戏成瘾影响因素分析[J].中国社会医学杂志,2007(3):171.

[3] 王滨,于海滨.大学生网络游戏成瘾与学习倦怠的关系[J].中国心理卫生杂志,2007(12):844.

[4] 陈华.大学生沉迷网络的心理原因与对策[J].西南交通大学学报:社会科学版,2005(2):12.

扩展阅读

吸毒成瘾的学说

病理性记忆学说：认为吸毒者对毒品引起的奖赏和惩罚效应形成了难以忘记的异常记忆，他们在这种病理性记忆的驱动下不断地强迫性觅药和用药。

强迫学说：认为吸毒者与患强迫症的病人相似，明知道某一情况并不存在，但还是无法控制，要一遍遍地去检查某一情况是否存在。吸毒者的毒品成瘾也同样表现出难以控制自我、强迫觅药和用药。

大脑奖赏学说：认为人在吸毒后可以获得如同吃饱饭（酒足饭饱）、饥渴时饮水的欣快感以及哺育时的满足感一样的感觉。目前学术界大多认同奖赏学说，并结合其他学说来解释吸毒成瘾。

（二）青年吸毒成瘾的特点

据2014年中国禁毒报告显示，截至2013年底，全国累计登记吸毒人员247.5万人，新发现登记吸毒人员36.5万人。在吸毒人口猛增的同时，吸毒人群结构也在发生变化，青年吸毒者比例明显上升。2009年，我国登记吸毒人群中，35岁以下青年占58.1%。到2014年这一比例猛增至75%。北京市禁毒委发布的数据显示，截至2014年5月底，北京市登记在册的2.6万余名吸毒人员中，35岁以下青年达到2.2万余人，比例已高达88%。

1.青年吸毒成瘾呈低龄化的趋势

据我国公安部统计，2013年全国新发现吸毒人员中35岁以下青少年占75%，最小的年仅8岁。我国邱奥杰（2006）的调查发现，湖南吸毒人员中90%以上是在17～20岁之间接触到毒品，查获的吸食新型毒品违法年龄在16～35岁之间，18岁以下的约占43%[1]。2014年福建省公安厅禁毒工作新闻发布会透露，福建省累计发现登记的吸毒人员已超过7万名，35岁以下吸毒人员为69%。

2.新型毒品、混合型毒品在青年中蔓延

新型毒品是相对鸦片、海洛因等传统毒品而言，主要指人工化学合成的致幻剂、兴奋剂类毒品。与传统的毒品相比，包装时髦的新型毒品迷惑性极强，如“跳跳糖”“奶茶”等容易在青年中蔓延。湖北省公安厅2012年的调查数据显示，湖北共有约9.7万吸毒人员，其中约5.8万人吸食K粉、麻果等新型毒品，绝大多数使用者都是青年。

[1] 邱奥杰.湖南省青少年吸毒现状、原因及对策分析[J].湖南公安高等专科学校学报，2006(2)：58.

《2012年中国禁毒报告》指出，在滥用合成毒品的人员中，35岁以下青少年占67.8%。

3.女性青年吸毒者增多

据黑龙江省公安厅报道，2014年全省吸毒人员5万余名，其中女性吸毒人员占26.98%，女性吸毒人员增多。2014年西藏新闻网报道，拉萨吸毒人员总共有1 700多人，其中女性占到了30%左右。2014年，北京市高级人民法院对外公布了全市法院审理毒品犯罪案件情况，2013年审理的毒品犯罪案件中，25岁以下青少年被告达到318人，占毒品犯罪案件被告总人数的20%左右，女性被告人数达到290人，同比上升26%。

（三）青年吸毒成瘾的危害

1.危害青年的身心健康

青年吸毒成瘾损害大脑中枢神经系统功能，影响心脏循环及呼吸系统功能，导致中毒性心肌炎、心律失常等。同时，青年吸毒成瘾损坏消化系统，造成食欲下降、营养不良，致使免疫功能下降。在吸食海洛因的吸毒者中普遍存在共用未经消毒的注射针头，致使艾滋病在吸毒者中流行。吸毒成瘾还会造成青年的心理疾病。已有的研究证明，吸毒者易患上轻躁狂、妄想、精神分裂症、神经衰弱等精神疾病，导致青年缺乏责任感、冲动、多疑、紧张、焦虑、抑郁等，影响青年的思维能力，导致其智力下降、记忆力减退、判断能力下降等。

2.给家庭带来灾难，引发青年犯罪行为

“锡纸半张，不见烟火冲天，烧尽田地房屋；烟枪一枝，未闻炮声展响，打得妻离子散。”这首诗生动描述了吸毒给家庭带来的危害。吸毒需要大量的资金，青年吸毒成瘾会极快地消耗家中积蓄。为了满足毒瘾，吸毒者会变卖家产，四处举债，甚至为了满足毒瘾不惜牺牲亲情，六亲不认，导致家破人亡、妻离子散。青年吸毒成瘾是一种持续性的高消费行为，一旦耗尽了家产，为了获得毒资极易走上以贩养吸、以盗养吸或是以娼养吸的犯罪道路。

扩展阅读

世界禁毒日

国际禁毒日（International Day Against Drug Abuse and Illicit Trafficking），全称是禁止药物滥用和非法贩运国际日。1987年6月12日至26日，联合国在维也纳召开有138个国家的3 000多名代表参加的麻醉品滥用和非法贩运问题部长级会议，提出了“爱生命，不吸毒”的口号，规定每年的6月26日是国际禁毒日。

从 1992 年起，国际禁毒日每年都有一个活动主题，以达到国际社会关注和共同参与的效果，同时号召全球人民共同来解决毒品问题。

2016 年第 30 个国际禁毒日的主题是："青少年与合成毒品"，是鉴于青少年吸食毒品不断增多，尤其是在合成毒品中青少年所占比例较大，呼吁全社会关注青少年吸食合成毒品的问题。

五、青年不良成瘾行为的成因

青年不良成瘾行为是一种复杂的行为模式，受心理、社会、生物等多种因素的影响。主要有下列因素：

(一)青年的心理缺陷

一些研究发现，青年的不良成瘾行为与其人格缺陷密切相关。有人格缺陷的青年心理承受能力较差，缺乏自我控制能力，容易通过成瘾物质的滥用来摆脱心理危机。杨波(2005)的研究发现，具有愤怒、冲动、社交异常等人格特征的个体易于成瘾[1]。梅松丽等(2006)的研究指出，性格是成瘾的基础，有变态人格、孤独人格和依赖性人格等人格缺陷者易产生物质依赖[2]。

还有的研究者从认知心理学的角度做了解释。梅松丽等(2006)认为成瘾者存在过分偏见和过分专注等注意缺陷，如酗酒者一心一意想的是下一次饮酒，病理性赌博者总想着下一次能够把钱赢回来。这种错误的信息加工过程是导致不良成瘾行为的原因。

(二)遗传及药物因素

遗传基因对成瘾有影响，即成瘾具有家族的延续性。国外研究者运用孪生子法开展了遗传与成瘾的相关研究，结果表明遗传影响了个体对药物的敏感性、耐受性及相关反应。无论孪生子是在亲生父母家还是在寄养父母家长大，单卵双生酗酒的同病率几乎是双卵双生的两倍[3][4]。

另外，成瘾物质能够激活大脑边缘中脑多巴胺系统及其他的相关脑区，刺激多巴胺释放、抑制多巴胺摄取而使多巴胺含量增加，功能增强，产生奖赏效应从而强化成瘾

[1] 杨波，秦启文.成瘾的生物心理社会模型[J].心理科学，2005(1)：34.

[2] 梅松丽，张明，刘莉.成瘾行为的心理学分析[J].医学与社会，2006(10)：40.

[3] Rice，P. L.(1998). Health psychology. Brooks/ColePublishing Company，165－174.

[4] McAuliffe，W. E.，& Gordon，R. A.(1974).A test of eupyoria among long－term addicts，American Journal of sociology，(79)，795－840.

物质的使用行为。我国杨波(2006)的研究指出,成瘾是慢性反复给药后,脑内多种核团,特别是多巴胺的相关核团和神经元为对抗药物急性强化作用而发生适应性变化的过程。这个过程叫成瘾的神经适应性变化,神经系统产生适应性后进一步使用药物,成瘾行为就会复发。

(三)青年成长的家庭环境

家庭是青年成长的第一环境,是影响青年行为的重要因素。家庭对青年成瘾行为的影响主要体现在:家庭成员中有成瘾行为,青年出现成瘾行为的危险性更高;家庭不良的教养方式,如专制型、放任型及溺爱型的教养方式容易导致青年不良行为模式的形成;由家庭结构缺损,如父母离婚带来的家庭关爱和家庭监护的缺失,容易使青年产生心理问题,形成孤僻、冷漠和封闭的性格特征,从而使他们借助成瘾的物质来摆脱心理痛苦。

(四)同伴和社会环境的不良影响

同伴的压力和示范作用是青年不良成瘾行为的一种外界因素。青年期是成瘾行为的易感期,也是青年最需要同伴交往的时期。他们特别看重同伴群体的认同和接纳,同伴中的吸烟、酗酒、吸毒等不良成瘾行为,会给一些青年带来压力和示范作用,并通过同伴间的相互交往不断地被一些青年所仿效、传播和扩散。

不良的社会环境对青年成瘾行为的形成也具有不可忽视的影响。当今社会,对网络和成瘾物质的监管不力,成瘾物品在某种程度上的泛滥程度,使成瘾物质能够比较轻松地获得,而且社会对成瘾物质的包容性等是诱发青年不良成瘾行为的社会因素。一些公众人物尤其是偶像明星的吸毒行为容易被青年模仿,影视剧中的吸烟、酗酒的镜头也在潜移默化地影响青年的不良成瘾行为。

六、预控青年不良成瘾行为的对策

青年不良成瘾行为的发生,是多种因素导致的结果,需要家庭、学校、社会等多方面通力合作才能达到良好的预防和控制效果。

(一)父母要为青年的成长创造良好的家庭环境

家庭是青年成长的第一环境,在预防和控制青年不良成瘾行为中具有关键的作用。父母要远离成瘾物质,养成健康积极的生活习惯,为子女树立良好的榜样。要为青年创造良好的家庭环境,包括良好的教育经济条件、民主的教养方式、和谐的家庭成员关系等。父母的理解、支持和鼓励有利于青年形成坚强的毅力和高度的信任感、安全感。只有建立了良好的亲子关系,青年在面对心理危机时才会乐意寻求父母的帮助或是采取积极的应对措施，而不是沉迷于网络或是通过吸烟、酗酒、吸毒等方式来逃避问题。

（二）大力开展对青年学生的禁烟、禁酒和禁毒教育，重视其心理健康

学校是青年社会化的重要场所，要承担更多的预防和控制青年不良成瘾行为的责任。要在学校开展对青年学生的禁烟、禁酒和禁毒教育，使他们认识到成瘾物质的危害，处罚青年学生的不良行为，阻断青年学生接触成瘾物质的渠道。要净化校园周边环境，防范周边网吧、酒吧以及KTV的不良风气入侵校园，腐蚀青年学生。要加强对青年学生的心理健康教育，教师不仅要教授知识，还要重视培养青年学生的抗挫折能力、明辨是非的能力以及抵制外界诱惑的能力等。同时要建立良好的师生关系，关注青年学生的心理健康状况，帮助他们及时解决心理问题。

扩展阅读

青年不良成瘾行为的预防与控制的三级模式

一级预防：该预防的对象是正常青年，防患于未然，避免他们成瘾行为的发生。预防的主要方法是通过大众传媒的宣传、教学，传播普及烟草、网络游戏、毒品等物质滥用的危害，提高青年的认识，使其能够自觉抵御外界压力和成瘾药物的诱惑，同时应堵住成瘾物质的供应渠道，改善整体的社会环境。

二级预防：该预防的核心是得到家庭和社会多方面的密切协作，并制订具体的预防干预计划。预防的对象一是重点高危人群，加强宣传教育，使之了解成瘾的危害；二是对成瘾者做到早发现、早处理，缩短成瘾时间，减少对他们的危害。

三级预防：该预防的对象是成瘾者，主要是通过各种康复机构或自助组织的专业训练，帮助成瘾者回归正常的社会生活，建立社会支持网络。

（三）政府职能部门应加强对网络以及成瘾物质的监管力度

对青年不良成瘾行为的预防与控制，政府行政职能部门的作用不可忽视，尤其是政府职能部门对成瘾物品的监管具有重要责任。政府行政职能部门要加强对网络的监督与管理，严厉打击利用网络传播不良信息的行为，为青年创造绿色的上网空间。同时，对烟草、酒精的销售要进行严格的控制和管理，禁止以促销、诱惑等形式向青年销售。要大力加强禁烟、禁酒和禁毒的宣传，全面普及烟草、酒精以及毒品的危害与预防和抵制成瘾物质的方法，帮助青年远离成瘾物质。另外，要加强对影视作品的监管，严厉禁止影视剧中的吸烟、酗酒以及吸毒的镜头，减少这些镜头对青年的负面影响。

复习巩固

1.谈谈青年各种不良成瘾行为的特点及危害。

2.青年不良成瘾行为的原因有哪些?

3.如何对青年不良成瘾行为进行预控?

第三节　青年犯罪与预控

青年犯罪与环境污染、贩毒吸毒并称为世界三大公害。青年犯罪不仅葬送了自己美好的前程，给家庭带来灾难性的后果，甚至危害到社会的安全与稳定。

一、犯罪的含义

犯罪(youth crime)是个体实施了危害社会、危害他人、应受法律处罚的行为。在学术界，研究者关注的重点并非是对青年犯罪的制裁而是青年犯罪这一社会现象，即青年犯罪产生的原因、青年犯罪的特点、青年犯罪者的成长过程以及青年犯罪的预防与控制。

二、青年犯罪的类型

我国研究者探讨了青年犯罪的类型，主要分为以下几种。

(一)侵犯财产型犯罪

侵犯财产型犯罪是指非法占有或故意毁坏公私财物的行为，如盗窃、诈骗、敲诈勒索等。刘忠忱(2005)早期的研究发现，我国吉林长春地区 1996 年到 2005 年大学生财产型违法犯罪占全部违法犯罪案件中的 62.4%，居于首位[1]。李向健(2012)近来的研究发现，男女青年侵犯财产犯罪率分别为 66.94%和 41.7%，男青年侵犯财产犯罪率高于女青年[2]。张明雪(2013)的研究发现，侵犯财产罪在大学生犯罪案件中居首位，盗窃罪又是大学生犯罪最普遍、数量最多的一种[3]。

(二)暴力型犯罪

暴力犯罪是指使用暴力手段或以暴力相威胁，蓄意危害他人人身安全、财产安全和社会安全的犯罪行为。我国青年的暴力犯罪问题较为突出，主要以故意杀人、抢劫、强奸等刑事案件为典型代表，其中最为严重的有“大学生马加爵杀人案”“大学生药家鑫杀人案”等。莫洪宪(2005)的研究指出，1991 年大学生杀人案占青年杀人案的 0.67 %，1992 年达到 0.69% ，1993 年上升到 0.81%[4]。有学者统计我国暴力犯罪的平均年

[1] 刘忠忱.当代大学生犯罪的原因及预防对策[D].长春：吉林大学，2005：8.

[2] 李向健.当前我国青少年犯罪规律研究—基于 A 省未成年犯管教所的调查[D].芜湖：安徽师范大学，2013：13.

[3] 张明雪.高校德育视野下的大学生犯罪防控研究[D].哈尔滨：东北农业大学，2013：15.

[4] 莫洪宪中国青少年犯罪问题及研究[M].长沙：湖南人民出版社，2005：17.

龄为 24.5 岁，青年暴力犯罪具有手段残忍、类型多样以及方法智能化的特点，其危害范围较大，引起了社会的广泛关注。

(三)性犯罪

性犯罪指为满足性欲而对他人采取性侵犯，或产生破坏社会秩序的性行为。如强奸、卖淫嫖娼、猥亵、侮辱妇女等。青年的自我调节和控制能力较低，容易导致生理需要与现实条件制约的矛盾，当矛盾得不到适当处理时，就会在性本能的驱使下不择手段。颜小冬(2004)的研究指出，转型时期我国大学生性犯罪明显增多，女青年性犯罪猛增，已取代盗窃罪上升为女性犯罪类型中的第一位[1]。我国青年的性犯罪从传统的暴力形式的强奸向淫乱型的卖淫嫖娼、猥亵转变。淫乱型犯罪具有隐蔽性、团伙性的特点，影响范围更大。

(四)网络犯罪

网络犯罪是指运用计算机技术或利用网络进行犯罪。网络犯罪是一种新型的犯罪类型。公安部公共信息网络安全监察局的数据表明，2008 年我国立案侦查利用计算机网络犯罪案已超过 10 万件，其中青年网络犯罪占 70%以上，大学生网络犯罪占 17%[2]。据《人民公安报》报道，2010 年公安机关全年共破获网络淫秽色情案件 3 970起，其中八成以上为大学在校生或高校毕业生。网络犯罪具有高学历、智能化、专业化以及隐蔽性等特点，影响的范围更大，破案的难度也更大。

三、青年犯罪的成因

青年犯罪是极其复杂的社会现象，而引发青年犯罪的原因也是多方面的，主要有：

(一)青年的心理问题

我国法学教授康树华认为青年心理发展的矛盾性容易引发青年犯罪。青年心理发展的矛盾性体现在：独立自主与依附关系的矛盾；性生活要求与道德法律之间的矛盾；不断增长的物质要求与未独立的经济地位的矛盾；精力旺盛与认识水平低的矛盾；现实与未来的矛盾。青年的这些矛盾得不到合理的解决时会造成青年心理障碍，产生犯罪行为。

青年的人格缺陷是导致犯罪的内部因素。孙宏伟等(1999)的研究发现，青年犯罪者具有高忧虑、高紧张、高敏感以及低稳定性、低自律性等人格特点[3]。何胜兴

---

[1] 颜小冬.当代大学生犯罪原因及预防对策研究[D].武汉：华中师范大学，2004：5.

[2] 周优文.当代大学生网络犯罪及对策研究[D].重庆：西南大学，2011：6.

[3] 孙宏伟，李新仁等.546 例劳教人员的人格特征研究[J].中国行为医学科学，1999(1)：39.

(2002)的研究发现，男性戒毒劳改人员具有高兴奋性、高敢为性、高乐群性、高幻想性、低有恒性、低独立性等人格特征[1]。黄晶晶(2011)认为大学生的强迫型人格、偏执型人格、分裂型人格、攻击型人格等对其犯罪行为具有较大的负面影响。

(二)不良的家庭环境

我国的一些研究发现，家庭结构残缺、家庭成员关系紧张、家庭教育不良等是导致青年犯罪的重要原因。欧阳艳文(2005)的研究指出，家庭暴力会使青年产生认知偏差、情感障碍和人格障碍，从而走上犯罪的道路[2]。于志涛、冯维(2006)的研究发现，犯罪青年的家庭功能整体发挥显著不良，犯罪青年父母的教养方式主要是溺爱型、矛盾型、忽视型、拒绝型四种类型，并且父母对子女表现出过少的情感温暖与理解，过多的拒绝、惩罚、干涉，存在极端化倾向和双亲教育有严重分歧的缺陷[3]。

(三)学校教育的缺陷

学校是青年社会化的主要场所，学校管理方式、教育内容以及教育方法上的缺陷都会对青年犯罪行为产生影响。当前我国的一些学校存在重智轻德的倾向，过分关注学生的智力开发，以及对学生的知识和技能的传授，忽视对学生的品德教育、法制教育和心理健康教育，使得青年法制观念淡薄，心理问题和压力无法得到妥善解决，造成了学生的人格缺陷。当这些问题积累到一定时候，学生就会以抽烟喝酒、打架斗殴、违法犯罪等形式表现出来。

(四)社会不良风气的影响

青年的犯罪行为是特定社会环境的产物。刘忠忱(2005)的调查发现，90.2%的大学生认为"社会环境的负面影响"是大学生犯罪的主要原因[4]。目前我国个人主义、享乐主义、拜金主义之风蔓延，直接影响到青年价值观的形成。青年的错误价值观一旦与外界不良因素相结合，就会诱发青年犯罪。由于我国对网络、大众传媒中的暴力、色情等不良内容还缺乏完善的监控能力，不能有效阻止这些东西对青年的影响，也为青年提供了犯罪的行为模式。

四、预控青年犯罪的对策

青年犯罪有它的复杂性，但也有其发展的规律。我们通过分析青年犯罪产生的原因，可以找到预防与控制的方法。主要有：

---

[1] 何胜兴.121例男性戒毒劳教人员的人格因素分析[J].中国厂矿医学，2002(3)：259.

[2] 欧阳艳文.家庭暴力与青少年犯罪的因果关系研究[J].北京青年政治学院学报，2005(4)：18.

[3] 于志涛，冯维.犯罪青少年父母教养方式及其影响因素的研究[J].中小学心理健康教育，2006(1)：17.

[4] 刘忠忱.当代大学生犯罪的原因及预防对策[D].长春：吉林大学，2004：27.

(一)青年要加强法律知识学习，做到知法、懂法和守法

我国一些青年走上违法犯罪的道路是因为法律素质低下、是非不分、黑白颠倒，对于什么是违法、什么是犯罪搞不清楚，法律意识淡薄，甚至漠视法律的权威。因此，青年要积极主动地大力加强对法律知识的学习与了解，增强法制观念，提高法律意识，知道该做什么、不该做什么，在用法律保护自己权益的同时不损害他人和社会的利益。

(二)提高家庭教育的质量，采取民主的教养方式

良好的家庭环境是子女健康成长的必要条件。父母要为子女创造温馨、和睦、充满欢乐和爱心的家庭环境，建立平等、民主、相互尊重的家庭氛围。在注重对子女文化教育的同时，要加强对子女正确的道德观、人生观、价值观的教育。大量的研究发现，溺爱型的父母教养方式容易纵容子女的不良行为，忽视型的父母教养方式对子女的不良行为不闻不问，这两种教养方式都容易导致子女犯罪。因此父母要采取民主的教养方式，充分发挥家庭的沟通功能、角色功能、行为控制功能、问题解决及情感介入功能，注意经常与子女沟通，及时了解子女的学习、工作情况，解决子女的心理问题，使子女能够健康成长。

(三)学校要重视对青年的法制教育和心理健康教育

学校要把法制教育纳入课程体系，专门开设法制教育课程，通过讲座、案例分析等多种青年喜闻乐见的形式对其进行法制教育，要把法制教育与道德教育紧密结合起来。要进一步加强对青年的心理健康教育，使青年了解心理卫生知识，掌握心理调适的方法。定期监测青年的心理状况，为有心理困惑和心理障碍的青年提供倾诉和寻求帮助的渠道，增强他们抗挫折的承受能力，使他们能够学会控制自己的不良情绪与冲动，冷静理智地处理遇到的问题，提高他们的社会适应能力。

(四)充分发挥社区的预防作用

我国自 2002 年制订“青少年违法犯罪社区预防计划”以来，社区在预防青年犯罪过程中扮演着重要的角色。社区预防是一种综合的预防模式，这种模式首先在我国上海市试点并取得初步成效。社区预防的主要任务是促进家庭教育、学校教育、社会教育在社区的整合与衔接；建立社区青少年管理档案；加强社区青少年教育培训；推动社区文化建设，丰富青少年业余文化生活；开展心理健康教育；净化社区青少年成长环境，消除青少年违法犯罪的诱因；建立青少年成长环境的预警机制。因此，建立并完善社区预防体系对预防青年犯罪具有重要意义。

复习巩固

1.青年犯罪的类型有哪些？

2.青年犯罪的成因有哪些？

3.如何对青年犯罪进行预防与控制？

第四节 青年自杀与预控

青年期是心理困扰或心理危机比较多的时期,如果对这些问题不能及时疏导与解决,就可能导致青年自杀。有研究发现,自杀成为15～34岁青年死亡的首因,表明青年已成为自杀的高危人群。因此,预防和干预青年自杀已迫在眉睫。

一、自杀的含义

现代社会学的奠基人埃米尔·迪尔凯姆(Emile Durkheim)最先提出了自杀(suicide)的概念,他把任何由死者自己完成并知道会产生这种结果的某种积极或消极行动直接或间接引起的死亡称之为自杀[1]。美国心理学家施奈德曼(Schneidman,1975)把自杀定义为:自己引起、根据自己的意愿使自己生命终结的行为。我国精神病学家刘协和认为自杀是有意采取结束自己生命的行动而导致的死亡。

二、自杀的类型

自杀是很复杂的社会现象,为了更好地研究自杀问题,不同的学者做出了不同的分类。美国国立精神卫生研究院将自杀分为:(1)自杀意念,指有寻死的愿望,但没有采取任何实际行动;(2)自杀未遂,指以死亡为目的的有意毁灭自我的行动,但并未导致死亡;(3)自杀已遂,指采取有意毁灭自我的行为并导致的各种死亡。法国社会学家迪尔凯姆把自杀划分为:(1)利己型自杀,是由于个人与社会的联系脱节,缺乏集体支持和温暖,以致产生孤独感、空虚感和生存不幸感而产生的自杀;(2)利他型自杀,是为某种主义的实现或为一定团体竭尽忠诚而舍身的自杀;(3)动乱型自杀,指发生于社会大动荡时期,个人感到失去改造社会、适应新环境的能力,失去与社会的联系,继而产生极大的惊慌和困惑,从而导致的自杀。在本章,我们着重探讨的是青年不应有的自杀。

三、青年自杀的成因

大量的研究认为,青年的自杀是由多种原因造成的,主要有:

(一)青年的人格缺陷与精神疾病

张海国(2005)的研究发现,自杀者往往具有内向、孤僻、脆弱、多疑、自卑、过敏、偏

[1] [法]埃米尔·迪尔凯姆.自杀论[M].冯韵文,译.北京:北京商务印书馆,2001:11.

执、悲观、虚荣、消极、神经质、自我中心，缺乏自信、勇气和意志力等人格特征，这些个性弱点会削弱他们的抵抗力或放大刺激的负面影响，使之成为导致自杀的内因[1]。

精神疾病作为自杀的高危因素，已得到研究者证实。引发青年自杀行为的精神疾病主要为抑郁症、精神分裂症。抑郁症最典型的症状是有自杀企图和行为，是自杀者中最常见的精神障碍。美国学者巴鲁芬(1974)的研究发现，在100名自杀者中，发现有93%的人患有心理疾病，其中抑郁症占64%，精神分裂症占10%。季建林(2006)的研究指出，50%～90%的自杀死亡者可以诊断为精神疾病，自杀未遂者患有精神障碍的比例为50%[2]。李子尧(2012)的研究发现，在188例患精神疾病的农村青年自杀者中，重症抑郁障碍占24.0%，精神分裂症占10.2%[3]。

(二)家庭的不良因素

姚月红(2000)对影响大学生的自杀因素进行了研究，发现大学生在成长中经历父母早亡或离异、父母关系紧张、受父母关注太少，甚至受父母或他人虐待等都容易对大学生造成心理创伤。这些创伤性记忆在他们遇到挫折时容易被唤起甚至被放大，促使其产生偏激行为走上自杀的绝路[4]一些研究还指出，自杀具有家族聚集性。美国医学家墨菲(Murphy,1982)等的研究发现，6%～8%的自杀未遂者有自杀家族史[5]。胡霞(2013)等的研究也发现，自杀家族史是自杀的重要危险因素。自杀组一级亲属，如父母、兄弟姐妹、孩子等的自杀行为的发生率高于对照组一级亲属自杀行为的发生率[6]。

(三)青年的心理压力

据南京危机干预中心的调查显示，恋爱和学习压力分别占大学生自杀原因的44.2%和29.8%。王静(2012)认为，学习压力、人际交往受挫、情感受挫以及就业压力是导致青年自杀的直接原因[7]。随着我国高校的不断扩招，大学生就业竞争日益激烈，就业的压力越来越大。据我国教育部的统计数据显示，2014年我国高校毕业生总数达到727万人，比2013年增加28万人，被称为“史上最难就业季”。为了更好地实现就业，大学生除了学习专业课外还要选修一些实用的课程，增加了学习的负担。当自己的学业成就未达到预期结果或是在求职中屡次失败时就会产生挫败感和悲观、消极的心

[1] 张海国.大学生自杀原因及对策研究[D].武汉：武汉大学，2005:25.

[2] 郑崇芬，李建勋等.抑郁症自杀未遂患者的临床特征[J].精神医学杂志，2004(5):290.

[3] 李子尧.我国农村青年自杀者精神疾病行为特征和自杀危险性因素分析[D].济南：山东大学，2012:28.

[4] 姚月红，马建青.影响大学生自杀心理行为的三因素探析[J].当代青年研究，2000(10):34.

[5] Murphy, G., & Wetzel, R. (1982). Family history of suicide behavior among suicide attempters. Journal of Nervous Mental Disorder, 170, 86－90.

[6] 胡霞，贾存显等.农村地区自杀死亡与遗传因素的关系[J].中国心理卫生杂志，2013(1):26.

[7] 王静.思想政治教育视域下的大学生自杀现象及其对策研究[D].南京：南京林业大学，2012:10.

态，可能导致自杀。

（四）生命教育的缺乏

长期以来，我国家庭教育与学校教育都是以青年学生的知识教育为中心，生命教育却一直被忽视和边缘化。这样的教育模式导致青年学生对生命价值、生命意义的无知，淡漠了对自己生命与他人生命的尊重和珍惜。许多学校虽然开设了心理健康教育的课程，建立了心理咨询中心，但一些心理健康课程流于形式，教学水平不高，对青年学生的心理异常问题没能及时发现，加之青年学生的抗挫折能力差，当面对剧烈的竞争和环境的改变时不能调节自己适应社会，因而酿成悲剧。

扩展阅读

常见的青年自杀预警信号

自杀的预警信号对预防青年自杀具有重要的意义。很多青年自杀者在自杀之前会有明显的预警信号，只要留心观察，许多青年的自杀行为是可以预见并通过心理辅导、危机干预等形式避免的。

这些预警信号是：(1)情绪变得低落或是性格变得孤僻内向；(2)将事务整理得井井有条并赠送分发贵重的财产；(3)在行为、态度或外表上出现显著变化；(4)滥用毒品或酒；(5)受到性侵犯或身体受到伤害；(6)家庭有自杀史或暴力史；(7)离婚或是分居，关系结束；(8)考试迫近，考试成绩即将公布或是考试不合格；(9)失业，工作中遇上麻烦；(10)写一些有关死亡和自杀的东西；(12)睡眠无规律，睡得很多或是很少。

四、预控青年自杀的对策

青年自杀具有突发性、复杂性的特点，预防青年自杀要充分发挥社会、学校、家庭的教育作用，建立社会—学校—家庭三位一体的全面预防和控制机制。

（一）政府应制定青年自杀防治方案

青年自杀预防是一项艰难而复杂的系统工程，需要国家的支持和重视才能取得成效。日本是世界上制定第一部专门预防自杀的法律的国家，明确规定了国家和地方自治体在实施自杀对策上的职责。美国在2004年颁布了青年自杀防治法案，从国家层面重视青年自杀预防工作。韩国和英国、美国、澳大利亚等国家也都针对媒体宣传、社会道德和政府行为对自杀存在潜在影响的行为提出指导规范。预防青年自杀首先必须解决的问题是国家计划和政策保障。因此，我国应制定预防青少年自杀的相关法律，为专项资金投入、开展学校生命教育以及建立危机干预中心提供法律保障。

（二）家庭和学校要重视对青年的生命教育

家庭生命教育就是要遵循生命的发展规律，以血缘亲情为纽带，以日常生活为载体，以子女健全的物质生命为保障，唤醒子女的生命意识，使其认识生命、珍爱生命、尊重生命；打开生命的精神世界，塑造子女美好的心灵和丰盈的精神人格；点燃生命的意义之薪，关注子女的价值需要，培养有责任意识的和谐发展的人[1]。父母要为子女创造一个温馨、和睦的成长空间，要给予女充分的理解关心，尽量为子女提供良好的社会支持，要善于了解子女的内心活动，加强与子女的沟通，及时予以开导，避免过高的期望给子女带来的压力。父母对生命的态度决定子女的生命态度。我国孙莹研究了家庭生命价值观教育对大学生生命价值观的影响，发现家庭对大学生采取积极、珍爱生命、自我控制的生命价值观教育，会使大学生产生积极进取、珍爱生命的生命价值观，反之，家庭对大学生采取悲观的生命价值观教育，会使大学生产生悲观困惑、狭隘的生命价值观[2]。

同时，学校也要大力开展对青年学生的生命教育。在美国的耶鲁大学、我国香港中文大学以及国内的一些大学已经开设与生命有关的哲学、医学、宗教、生物学等课程。这些课程的开设，对于青年理解、尊重生命的价值与意义，成为一个对家庭、社会有用的人具有很大的作用。教师不仅要有专业知识还要具备深厚的人文素养和将生命教育融入学科教学的技能，在课堂上自觉地对青年学生进行生命教育。学校的生命教育重在与实践相结合。要通过生命教育讲座、主题班会或是社会实践活动等多种形式加强对青年学生的生命教育，帮助青年学生认识生命、欣赏生命、尊重生命和爱惜生命。

（三）完善自杀危机干预机制

自杀危机干预是指对有自杀企图者或其他处于严重危机状态的人提供及时、方便、有效的干预。危机干预的目的是尽可能在短时间内帮助自杀患者或有自杀企图者恢复到平衡的心理状态。一般采用电话服务、面对面帮助、网络咨询以及家庭和社会干预等多种形式。通过缓解自杀冲动、消除潜在的自杀因素、采取针对性的治疗来减少自杀的发生。自杀危机干预在预防和控制青年自杀中具有重要作用。因此，学校和社区应建立和完善自杀危机干预机制，通过自杀预防和危机干预的相互配合，才可能有效地降低青年的自杀率。

---

[1] 吉喆.论家庭生命教育[D].开封：河南大学，2006：13.

[2] 孙莹.家庭生命价值观教育与大学生生命价值观的相关研究[D].重庆：西南大学，2007：1－3.

复习巩固

1.青年自杀的原因有哪些?
2.如何对青年自杀进行预防与控制?

要点小结

1.青年的心理社会问题,指的是处于青年的个体在发展过程中所表现出来的不符合或违反社会准则与行为规范,或不能良好地适应社会生活,从而给社会、他人或自身造成不良影响甚至危害的问题。

2.青年成瘾行为包括吸烟成瘾、酗酒成瘾、网络成瘾和吸毒成瘾,其成因主要是青年的心理缺陷、遗传及药物因素、青年成长的家庭环境、社会不良风气的影响。

3.预控青年不良成瘾行为应做到:父母要为青年的成长创造良好的家庭环境;学校大力开展对青年学生的禁烟、禁酒和禁毒教育,重视其心理健康;政府职能部门应加强对网络以及成瘾物质的监管力度。

4.青年主要的犯罪包括侵犯财产型犯罪、暴力犯罪、性犯罪和网络犯罪,其犯罪的成因主要是青年的心理问题、不良的家庭环境、学校教育的缺陷、社会不良风气的影响。

5.预控青年犯罪应做到:青年要加强学习法律知识,做到知法、懂法和守法;父母要提高家庭教育的质量,采取民主的教养方式;学校要重视对青年的法制教育和心理健康教育;充分发挥社区的预防作用。

6.导致青年自杀的成因主要是:人格缺陷与精神疾病、家庭的不良因素、青年的心理压力、生命教育的缺乏。

7.预控青年自杀行为应做到:政府应制定青年自杀防治方案,家庭和学校要重视对青年的生命教育,完善危机干预机制。

关键术语

青年的心理社会问题	psychological social problems of youth
吸烟成瘾	smoking addiction

酗酒	addiction to alcohol
吸毒成瘾	drug abuse
网络成瘾	Internet addiction
青年犯罪	youth crime
自杀	suicide

复习题

一、单项选择题

1.社会学习理论的提出者是(　　)。

A.埃里克森　B.班杜拉　C.马斯洛　D.皮亚杰

2.被称为世界三大公害的是犯罪、环境污染与(　　)。

A.自杀　B.吸烟　C.酗酒　D.青少年吸毒

3.埃里克森认为青年期的主要发展任务是(　　)。

A.获得基本的信任　B.自主性

C.自我同一性　D.建立亲密感

4.自杀学的第一研究者是哪位社会学家(　　)。

A.涂尔干　B.迪尔凯姆　C.埃里克森　D.班杜拉

5.具有高学历、智能性、专业化和隐蔽性特点的青年犯罪类型是(　　)。

A.侵犯财产型犯罪　B.暴力犯罪

C.性犯罪　D.网络犯罪

二、多项选择题

1.常见的青年成瘾行为包括(　　)。

A.吸烟成瘾　B.吸毒成瘾　C.酗酒成瘾　D.网络成瘾

2.属于青年网络成瘾的危害的是(　　)。

A.危害身心健康　B.导致学业荒废

C.诱发违法犯罪　D.破坏家庭和睦

3.下列哪几项是关于吸毒成瘾的学说(　　)。

A.病态学说　B.行为学说

C.病理性记忆说　D.强迫学说　E.大脑奖赏说

4.预防青年犯罪应做到(　　)。

A.青年要加强学习法律知识,做到知法、懂法和守法

B.父母提高家庭教育的质量,采取民主的教养方式

C.学校要重视对青年的法制教育和心理健康教育

D.充分发挥社区的预防作用

5.对青年生命教育的目的在于帮助青年(　　)。

A.认识生命　　B.珍惜生命

C.尊重生命　　D.热爱生命

三、判断对错题

1.提高青年抗挫折能力能够减少青年自杀行为。(　　)

2.青年的吸烟、酗酒成瘾行为只是一种不良的行为习惯而不是疾病。(　　)

3.人格缺陷是引发青年产生心理社会问题的主要因素之一。(　　)

4.父母的教养方式对青年心理社会问题具有重要影响。(　　)

5.青年心理社会问题的预防控制需要多方面共同努力。(　　)

附　录

思考题与复习题答案

第一章　绪论

第一节

1 题：不同的研究者从不同的学科角度对青年和青年期进行解释。从生物学角度，认为青年是身体和智力继续发育达到完全成熟的人，青年期是从性成熟和接受中等教育不久开始到生理发育完全成熟的一个时期。从社会学的角度，认为青年是从生物的人逐渐转变为社会的人，青年期是从依附的、受监护的按照成人制订的特殊规则而生活的童年、少年向独立的负有一定责任的成人活动的过渡时期。从心理学角度，认为青年是个体的思维、记忆、情感、意志、兴趣、能力、性格等迅速发展，处在心理成熟过程中的人，青年期是处于知识与技能积累，世界观、人生观逐渐形成的时期。从多学科综合角度，认为青年是身心逐渐走向成熟，走向独立生活，获得有效参与社会所必须的态度和信念，开始承担家庭、社会责任的人。青年期以生理成熟为基础，同时受社会、文化因素的强烈制约。

2 题：青年心理学不仅系统探讨青年的心理特征与规律，如青年的认知能力、创业意愿、自我意识等，还必须系统探讨青年的心理问题及解决对策，如婚恋问题、压力问题、职业选择、犯罪问题等。所有这些共同构成了青年心理学研究的主要内容。

3 题：从理论意义上看，青年心理学的形成和发展对心理科学和其他相关学科的发展起着重要的促进作用，为这些学科的研究提供了一定的理论与实证依据。从实践意义上看，青年心理学为学校更好地教育青年学生提供了依据。青年通过学习青年心理学，也可以更好地认识自我、加强修养，自觉进行自我教育。

第二节

1 题：青年的心理发展是指青年初期到青年末期的心理变化过程。青年心理发展的特点包括过渡性、不平衡性、矛盾性、可塑性、探索性、创造性。

2 题：影响青年心理发展的因素主要有：遗传因素、家庭因素、学校因素、社会环境因素。

第三节

1题:青年心理学的诞生以1904年美国心理学家霍尔撰写的《青年期》一书的出版为标志。继霍尔之后,青年心理学的研究在世界各国逐渐开展起来。青年心理学在西方的第一个兴盛期开始于第一次世界大战后的德国。20世纪30年代的美国,经济危机与社会混乱,青年问题十分突出,研究者把青年心理学的研究视角从理解青年转而着重于教育与指导青年,关心青年在智力、社会、情绪等方面的适应是否异常。瑞士著名心理学家皮亚杰、法国心理学家瓦隆、前苏联心理学家彼得罗夫斯基则从发展心理学、认知心理学的角度,探讨了青少年的心理发展问题。日本对青年心理学的研究则主要受到美国影响,着重对青年心理问题的研究。

2题:我国青年心理学的研究走过了一条从简单介绍国外的青年心理学到移植模仿国外青年心理学的研究,再到注重青年心理学研究的本地化、创新化的发展道路,在专著、论文以及课题等方面均取得了丰硕成果。但也存在不足,如研究缺乏理论性、系统性和深刻性,动态和追踪研究比较少,采用严格实验方法的研究少,研究比较被动,预测研究不够;研究者对青年的了解、互动不够,研究容易出现以偏概全,研究领域比较狭窄,多元研究、交叉研究、跨学科、跨文化研究不够等,这些问题都为今后青年心理学的研究提供了方向。

第四节

1题:青年心理学研究的原则:客观性原则、系统性原则、理论联系实际的原则、差异性原则。

2题:青年心理学研究的方法学路径:现象揭示研究、关系解释研究、因果联系的实证研究。

3题:青年心理学的研究方法主要有:观察法、调查法(包括访谈法、问卷法、测量法)、实验法(包括实验室研究、自然实验法)

单项选择题答案

1.C	2.B	3.B	4.B	5.A

多项选择题答案

1.ABC	2.ABC	3.ABCD	4.ABD	5.ABCD

判断对错题答案

1.对	2.错	3.对	4.对	5.对

第二章　青年的认知发展与提高

第一节

1题：青年的认知发展是指青年获得知识和解决问题的能力随时间的推移而发生变化的过程和现象。

认知发展的结构包括：感知觉的发生与发展，记忆的发生与发展，言语的发展，表征和概念的发展，推理和问题解决的发展，元认知的发展，社会认知的发生与发展。

2题：青年认知发展的趋势是：个体认知能力的发展需要20年左右的时间才能成熟和完善。个体从出生至十七八岁是认知能力随年龄增长而不断增长提高的阶段，从十七八岁到40岁是认知能力发展的高峰期。以后随年龄增长，一些认知能力会出现不同程度的下降。总体而言，青年认知的速度和敏捷性，以及应用短时记忆的认知能力一般在20～30岁达到高峰；而常识、理解、概括、推理能力等往往随年龄而不断增长，下降时间不明显，个体之间差异较大。

第二节

1题：青年注意发展的特点是：在学习和生活的要求下，青年的有意注意占据了注意的主导地位，各项注意品质在不断提高。青年较能控制自己的注意，使自己的注意更能适应任务的要求，并更有计划地获取有关信息，提高活动效率。

2题：青年注意力提高的主要措施是：第一，明确活动的目的和任务，培养正确的动机和态度；第二，培养广阔而稳定的兴趣；第三，养成良好的注意习惯；第四，加强意志锻炼，提高抗干扰的能力。

第三节

1题：青年记忆发展特点：青年的记忆趋于成熟，处于记忆力最佳的时期；短时记忆容量达到最佳水平；有意识记与意义识记占主导地位。

2题：提高青年的记忆能力的主要措施：第一，明确目的，有效使用意义识记和有意识记；第二，及时组织复习，提高记忆的持久性；第三，动手动脑，积极实践，提高记忆的精确性；第四，掌握良好的记忆策略，提高记忆效率。

第四节

1题：根据基亭的观点，青年的思维能力具有以下五大特征：可能性的思维、超越成规的思维、前瞻性的思维、对思维的思维、假设性的思维。

2题：可从五个方面提升青年思维力：思维深刻性的提高，思维灵活性的提高，思维敏捷性的提高，思维独创性的提高，思维批判性的提高。

第五节

1 题：青年元认知发展特点：青年元认知的自觉性提高，逐步达到自动化；青年元认知调控能力形成，对认知活动进行监控；青年元认知的敏感性增强，迁移性提高。

2 题：适合于提高青年元认知能力的方法主要有下面两类：通用型元认知训练方法和结合一般学科的元认知训练方法。通用型元认知训练方法主要有费厄斯坦的“工具丰富教程”和斯滕伯格的“应用智力培养方案”等。结合一般学科的元认知训练方法主要有启发式自我提问法和问题解决中的元认知训练法。

单项选择题答案

1.B　2.C　3.A　4.B　5.D

多项选择题答案

1.ABD　2.ABCD　3.ACD　4.BCD　5.ABCD

判断对错题答案

1.对　2.错　3.对　4.错　5.对

第三章　青年的创造力与开发

第一节

1 题：创造力主要是指在学习及工作过程中运用已掌握的知识与技能，提出新观点、新见解，产生新方法、新产品的能力。创造力的要素主要包括创造性人格、创造性思维、创造性想象、创造性自我效能感。

2 题：创造力开发不仅是我国建立创新型国家的需要，也有利于推动我国经济发展，同时是青年发展的内在需要。

第二节

1 题：青年学习创造力主要有创新性、自主性、质疑性三个特征。学习的创新性指青年能认识和发现新问题、新方法、新结论。自主性是青年在学习动机激发下，自行确定学习目标，选择内容，制定计划，对学习策略进行监控和调节，对学习结果进行自我总结和评价。学习的质疑性是青年大胆用怀疑的眼光看问题，不迷信权威，善于发现问题并提出问题。

2 题：青年创造力的培养途径主要包括教育者要培养青年学习创造的意识；高校要改进课程设置，教给大学生创造的方法同时在大学生中开展丰富的学术活动。

第三节

1 题：影响青年创业意愿的主要因素包括：个人特质、个人背景、创业态度以及创业环境。

2 题：激发青年的创业意愿可以通过积极构筑创业的文化氛围；营造青年良好的创业环境以及开展对青年的创业教育。

第四节

1 题：青年的创业实践主要有参与社团活动、参加创业竞赛、自主创业等形式。

2 题：促进青年创业实践的主要途径有：加强创业实践教学；建立创业实践基地；加强创业实践指导的师资队伍建设等。

单项选择题答案

1.B　　2.A　　3.C　　4.B　　5.D

多项选择题答案

1.ABCD　　2.ABC　　3.ABC　　4.ABC　　5.ABC

判断对错题答案

1.对　　2.错　　3.对　　4.对　　5.错

第四章　青年的情绪与管理

第一节

1 题：情绪是与人的生物和社会需要相联系，具有特定主观体验、外显表情和生理变化的心理活动的整体过程。情绪的理论包括情绪的生理理论、情绪的行为理论、情绪的认知理论、情绪的智力理论。不同的理论从不同的视角解读了情绪的发生、发展。

2 题：情绪对青年的影响主要表现在对青年认知、青年人际关系以及青年的心理健康方面等。

第二节

1 题：青年的情绪特征主要表现在情绪体验细腻而丰富、情绪表现的冲动性与不稳定性、情绪的两极性与波动性、情绪的开放性与掩饰性并存。

2 题：青年应全面了解自己的情绪特征，一方面利用自己情感细腻丰富的情绪特征，多留心周围事物，多体验多思考，获得对生活的领悟；另一方面青年的情绪爆发猛烈，在日常生活中应尽力克制不必要的冲突发生，寻求积极的发泄途径来缓解急风骤雨的多变情绪。

第三节

1 题：青年的积极情绪是与青年某种需要的满足相联系而产生的愉悦体验。积极的情绪体验是伴随着青年成长发展的重要因素，给青年的成长发展带来了动力与能量。

2 题:青年的积极情绪包括青年的快乐、青年的兴趣、青年的渴望、青年的幸福感。其中,青年的快乐是简单而短暂的;青年的兴趣具有广泛性和不稳定性;青年的渴望是广泛和迫切的;青年的幸福感具有多方面的差异,总体上与青年的心理健康水平保有一致性。

第四节

1 题:青年的消极情绪指由于内外因素的影响而产生的不利于青年学习、工作、生活的主观感受。青年过度的焦虑可能会引发青年的紧张,使其心慌意乱、胆怯、恐惧,影响在行为中正常能力的发挥;青年的抑郁会严重影响青年的心理健康,也是导致青年自杀的主要因素之一;青年的愤怒可能会导致青年的生理机能失调、甚至导致暴力和犯罪;青年的嫉妒可能会导致青年心理的失衡,做出极端行为。

2 题:青年的焦虑具有多方面的差异性,与其实际生活息息相关;抑郁情绪是青年最容易发生的消息情绪之一,诱发因素较多,扩散性较强;青年的愤怒情绪较普遍,与生理状况紧密相连,可能会导致暴力行为发生;青年的嫉妒心理较为普遍,具有公开性和内隐性,能激发青年的斗志,也会诱发青年的消极行为。

第五节

1 题:情绪管理是青年遇到消极或不良情绪时,积极寻找有效的途径或方法解决情绪不适,更好地适应社会生活的能力。情绪管理的途径包括正确对待挫折、保持积极的心态、改变非理性认知、克服认知缺陷、克服性格缺陷、塑造良好的性格。

2 题:青年情绪管理的方法包括转移法、宣泄法、读书法、音乐调节法、颜色调节法。

单项选择题答案

1.D　　2.B　　3.A　　4.B　　5.D

多项选择题答案

1.ABC　　2.BC　　3.ACD　　4.ACD　　5.ABCD

判断对错题答案

1.错　　2.错　　3.对　　4.错　　5.对

第五章　青年的自我意识与完善

第一节

1 题:自我意识是个体对自我、周围世界,以及自我与周围世界关系的意识反映。

自我意识是青年正确认识自我和周围世界的基础,对青年的心理发展具有推动作用。

2题:弗洛伊德认为本我、自我、超我共同构成个体的自我意识。本我和超我是相互对立的,前者源自个体的欲望,想要获得绝对的快乐和自由,而后者则源自社会的需求,体现绝对的道德规范。自我反映了个体对周围世界的主动性与适应性,是对两者的协调。

3题:从知、情、意三个层次来看,可以将自我意识划分为自我认识、自我体验和自我调控。自我认识是个体通过对自己的观察,进行分析综合,认识到自己的本质特点,形成对自己各个方面的价值判断。自我认识包括自我观察、自我分析、自我评价等方面。自我体验是自我意识中的情感成分,是个体根据主我与客我之间的关系,对自己持有的情感体验。个体的自我体验是以自我认识为基础的。自我调控是个体自我意识中的意志成分,体现为主我对客我的调控。

第二节

1题:(1)自我认识有较大提高。青年的生活空间和视野得到了较大的拓展,更加积极主动地进行自我认识,广度和深度都得到了很大提高。具有广泛性、独立性、稳定性、适当性、矛盾性、深刻性等特点。(2)自我体验矛盾而丰富。青年自我体验比较敏感,呈现出波动性、极端化的特点,丰富多样,甚至是矛盾、分化的。(3)自我调控能力增强。青年不再以自我为中心,开始将自己置于社会大环境中,并且认识到冲动并不能解决问题,自我调控能力逐渐增强,盲目性和冲动性逐渐减少。(4)自我意识有待成熟与完善。青年的生理发育成熟,但心理成熟和社会成熟却相对滞后。

2题:青年自我意识形成的来源有三个:(1)内省。把自己作为观察对象,进行观察和分析,从而调整自我认识。(2)社会比较。青年在人际交往中,会通过社会比较,确认自己在群体或社会中的位置,对自己做出较为正确的评价。(3)他人的信息反馈。青年可以得到他人对自己的评价、态度,以此为基础,了解和认识自己,形成相应的自我意识。

3题:(1)埃里克森提出了个体同一性发展的四种状态:同一性获得、同一性混乱、同一性排斥、同一性延缓。(2)詹姆斯·E·马西亚提出了四种自我同一性状态,或者说是个体自我同一性发展可能要经历的不同阶段:自我同一性扩散期、自我同一性闭锁期、自我同一性中止期、自我同一性达成期。(3)自我同一性扩散症候群。同一性扩散的青少年常常无法发现自我,一直使自己处于一种散漫的无所依附的状态,出现同一性意识过剩、与他人的距离失调、时间前景的扩散、勤奋感崩溃、否定的同一性选择等。

第三节

1 题:青年自我意识的矛盾表现在许多方面,主要有:(1)自我认识的矛盾。青年对自我往往有较高的估计和评价,但社会并没有给予青年特别的关照和优待,这使得青年感觉到一种失落和巨大的反差。(2)自我体验的矛盾。主要体现在自负与自卑两方面。青年还不能完全独立地应对复杂的社会环境,由此产生犹疑和恐惧,进而自我否定,产生自卑感。(3)自我调控的矛盾。主要体现在理性与感性两方面。青年随着知识与生活阅历的增加,遇到问题会考虑社会的现实性以及客观条件的限制、自身的素质及条件等因素,但有时候对事物的变化表现出急促的反应,看问题偏激和表面化。

2 题:(1)心理失衡。青年面对很多新的发展任务时,心理优势受到挑战,容易产生心理冲突,出现不良心理与情绪,导致心理失衡。(2)环境应激。进入青年期的个体比较敏感和紧张,内心动荡不安,情绪体验更强烈。(3)经济依赖。青年渴望人格独立,但因为经济上的非独立状态,使他们强烈地感受到理想的我和现实的我之间的距离,使得自我意识出现矛盾。(4)就业压力。青年对就业抱有较高的期待,但没有现实基础,往往感到无能为力,体会到严重的心理冲突。

第四节

1 题:青年健康的自我意识包括自我认知准确;自我评价客观;自我体验积极、适度;自我调控有效。

2 题:青年要与自己地位、条件相似的同学、同事进行比较,以便找到自己的发展坐标,对自我有恰当的认识与定位。选择参照他人时,应切合自己的实际情况,比较自己与他人身上可以变化的因素,而不能比较家世出身等不可变化的因素。其次,青年要与历史上和当今社会的贤人、英雄、学者、先进人物进行比较。比较的应该是他们立身的准则、处世的态度、认真治学及治事的精神,不屈于困难或逆境的勇气等优秀个性品质,而不是他们的丰功伟业。若是将两者的轻重颠倒过来,将会失去比较的意义。

3 题:青年应学会每日三省己身,对自我进行客观的反思。可以采用反思日志的形式,对自己定期进行积极主动的检查、审视,注意收集和虚心接受他人的意见,对自我再认识、再思考。青年要通过内省法,对客观的我、他人心目中的我、理想的自我有全面的认识,要理解理想的我与现实我的差距,立足社会现实,设定理想自我,并在实践活动中对自我进行不断地检验和修正。青年要用发展和辩证的眼光看待自己的成长和不足,对自我进行综合性的全面分析。

单项选择题答案

1.B　　2.B　　3.A　　4.C　　5. C

多项选择题答案

1.ABD　　2.BCD　　3.ABCD　　4.ABCD　　5.ABC

判断对错题答案

1.对　　2.对　　3.错　　4.对　　5.对

第六章　青年的道德价值观与教育

第一节

1题：价值观是个体对于事物的重要性程度、偏好程度的评断与看法，是一种独特、持久的信念。良好的道德价值观对青年的身心发展起到调节和促进作用。首先，有助于青年遵循社会主义道德规范，掌握道德准则，消除陈规陋习，培养良好的道德品质，符合社会主义精神文明的要求。其次，可以使青年正确认识自我、改造自我、促进自我意识均衡发展，达到积极统一。第三，有利于青年端正认知和行为动机，培养高尚、健康的兴趣，形成积极的性格。

2题：道德价值观的测量包括重要性排序法、道德两难情境法和李克特量表法。

第二节

1题：班杜拉认为观察学习由四个阶段构成：注意阶段、保持阶段、动作复现阶段和动机阶段。启示：道德教育应重视提供良好的榜样，善于利用榜样来教育观察者，尽量使榜样的示范作用发挥最大效力，适时提供外在强化、替代性强化以及自我强化，重视引导个体发展自我评价和自我反省能力。

2题：科尔伯格道德发展阶段理论包括三级水平六个阶段。第一级是前习俗水平，依次包括：服从和惩罚定向，朴素利己主义定向；第二级是习俗水平，依次包括：好孩子定向，维护权威和社会秩序的定向；第三级是后习俗水平，依次包括：社会契约定向，普遍的伦理原则定向。

第三节

1题：青年道德价值观的一般特点是：道德观念已有较大的发展变化，但仍然不完备；道德判断具有深刻性和矛盾性；社会期望促使了青年良心，特别是愉悦感、罪疚感和羞耻感的发展。

2题：青年早期道德价值观的特点是，道德概念的掌握仍停留在对现象的认识上，容易产生偏激，道德判断常带有一定的简单盲目性；道德情感易受具体情境的影响，理智性还不太强；道德行为常受情绪影响，道德认识与道德行为常出现脱节的情况。这一时期的青年道德价值观还未成体系。青年中期道德价值观的特点是，道德概念的把握更加广泛深刻,道德信念初步形成,能对一些复杂的道德现象做出正确的判断;道德情感开始与重大的社会问题、人生问题和理论问题相联系,表现出了明显的原则性和理智性;道德行为的自控能力和平衡性大为增强。青年道德价值观的体系结构已具雏形,但还不够成熟和完善。青年晚期道德价值观的特点是,对许多复杂的道德现象和道德关系有着独立的深刻认识,形成了稳定的道德观念,道德情感具有稳定性,道德行为表现出理智性和平衡性。多数青年的道德价值观在这一阶段日臻成熟和完善。

第四节

1题:影响因素包括:(1)个人因素:年龄,性别,智力;(2)家庭因素:家庭氛围,父母教养方式;(3)学校因素:教学目标、内容和方法,师德,同伴群体,校园文化;(4)社会因素:社会转型变化,道德舆论。

2题:通过报刊、书籍、广播、电影、电视、互联网、会议等营造正确的道德舆论,向青年大力倡导社会主义核心价值观,以此来促进青年形成正确的道德价值观。

第五节

1题:培养途径包括:(1)坚持集体主义的道德价值导向;(2)构建学校、家庭和社会相结合的道德价值教育体系;(3)重视文化对青年的浸染作用;(4)教师要发挥榜样的示范教育作用;(5)限制和消除大众传媒的负面效应;(6)加强青年的社会道德实践。

2题:教育策略包括:(1)榜样教育策略;(2)课程训练策略;(3)行为矫正策略;(4)价值澄清策略;(5)公正团体策略;(6)关怀伦理教育策略。

单项选择题答案

1.C	2.B	3.B	4.C	5.A

多项选择题答案

1.ABCD	2.BCD	3.CE	4.ABC	5.ABCD

判断对错题答案

1.错	2.错	3.对	4 错	5 对

第七章　青年的成就与培养

第一节

1题:从广义上看,成就指的是同接受评估情境中的表现有关的动机、能力、兴趣以及行为方面的发展;狭义上指人们在学习和工作上的表现,以及对于将来学业和职业生涯的期望和规划。本章中,青年的成就主要是指青年在学习和工作中的表现,以及与之有关的动机、学习和工作能力等各方面的发展。关于成就的理论包括:成就需要理论、成就动机理论、成就目标理论、成就归因理论。

2题:青年成就的研究意义有:现代社会的发展要求对青年的成就进行研究;青年的众多选择促使对青年的成就进行研究;青年的成就差异,需要对青年成就进行研究。

第二节

1题:青年的成就动机影响青年奋斗目标的确立、影响青年价值观的形成、影响青年对困难的态度和潜能的发挥、影响青年健康人格的发展。青年的成就动机在不同性别、不同专业、不同学校上存在不同的特点。

2题:激发青年成就动机的途径有:青年要树立远大的理想,明确恰当的奋斗目标;培养青年的好奇心与求知欲;正确使用奖惩手段,提高青年的成就动机;鼓励青年参与适当的竞争活动。

第三节

1题:青年学业成就的特点包括:准备性、差异性、决定性、累积性。

2题:影响青年学业成就的因素包括:社会环境因素、学校环境因素、家庭环境因素和个人因素。

3题:青年学业成就的促进要做到:加强对青年的立志教育,激发青年的成就动机;父母要采取正确的教养方式,创造良好的家庭氛围;教师要关心爱护学生,营造良好的校园文化。

第四节

1题:青年职业成就的特点包括:青年所获得的客观职业成就不同;青年所获得的主观职业成就不同。

2题:青年职业成就的影响因素包括:青年的人力资本、组织对青年的支持、青年的性别、婚姻状况 、青年的个性特征等。

3题:青年职业成就的提高要做到:组织要加强对青年的关心与支持;培养青年的工作责任心;提升青年的工作执行力,加强对青年的教育培训。

单项选择题答案

1.B　　2. A　　3. D　　4. A　　5 C

多项选择题答案

1.ACD　　2.ABC　　3.ABCD　　4.ABCD　　5.ABCD

判断对错题答案

1.对　　2.对　　3.错　　4.对　　5.错　　6.对

第八章　青年的人际关系与改善

第一节

1 题：青年的人际关系是为了满足某种需要，通过交往而形成的彼此间比较稳定的心理关系。根据不同的标准，可以将人际关系划分为多种类型，主要有按人际关系的媒介、性质以及个体与他人关系的表现形式分类。

2 题：人际关系理论相同的地方在于：都认为人际关系是人类的一种需要。它们的差异在于：本能论认为，需要人际关系是人类的一种本能，是人类生物进化的自然选择；人际需要三维理论认为，包容需要、支配需要和情感需要是三种基本的人际需要，这三种基本的人际需要决定个体与社会情境之间的联系，如果这些需要得不到满足就可能会出现心理障碍，影响心理健康；社会交换理论认为，人际交往活动具有社会性，人们通过付出交往的成本而得到报酬，社会交往过程也可以说是一个交换过程；人际交往分析理论认为，每个人都有三种意识形成的三种人格角色，即父母意识支配下的"父母角色 P"，成人意识支配下的"成人角色 A"，孩童意识支配下的"孩童角色 C"。

3 题：满足青年归属与爱的需求、促进青年深化自我认识、促进青年的社会化、有利于青年的心理健康。

第二节

1 题：父母教育观念、父母教养方式、父母人格特征。

2 题：青年与父母的冲突有隐性冲突和显性冲突，形成从青年心理发展特点、家庭环境及父母方面原因、两代人之间差异以及亲子之间缺乏有效沟通几个方面回答，观点正确即可。

第三节

1 题：根据青年同伴交往的情况分为：互动的同伴关系、二元的同伴关系、同伴群体；根据青年同伴关系的相互吸引或排斥分为：友好型、冲突型以及疏离型同伴关系；根据青年同伴交往的亲密度分为：一般型、拒斥型以及密切型同伴关系。

2 题：影响青年人际关系的因素有：外表与特长、时空的邻近性、个性品质、相似与互补、社会交往能力。

第四节

1 题：教师对青年的影响表现在青年的学习、个性发展和心理健康三个方面。

2 题：师生之间产生冲突的原因主要有师生缺乏有效地沟通、师生之间的差异、师生双方的个性缺陷。

第五节

1 题：发现自己需要改进的人际交往的问题在哪些方面；将选定的改善目标与实际生活相联系，并转变为具体的操作；对计划的执行监督；对人际关系的改善情况进行自我强化。

2 题：从要善于设身处地、推己及人，具有宽容的心态；要打破心理封闭，适当的自我表露，克服自我中心；要加强自我修养，完善自己的人格品质；要评估自己的人际状况，提高人际交往技能四个方面回答，言之有理即可。

单项选择题答案

1.C　2.D　3.B　4.D　5.B

多项选择题答案

1.ABCD　2.ABCD　3.ABCD　4.ABD　5.ABCD

判断对错题答案

1.对　2.对　3.错　4.对　5.对

第九章　青年的婚恋与调适

第一节

1 题：爱情是性爱基础上高度升华的人类崇高的社会性情感，是两性的一种特殊的社会关系。青年的爱情是一对男女基于一定的客观物质基础和共同的人生理想，在各自内心形成的对对方的真挚仰慕，并渴望对方成为自己终身伴侣的强烈、稳定的感情。恋爱的类型有：可以从加拿大社会学家约翰·李、美国心理学家伊莱恩·哈特菲尔德、美国心理学家萨克斯通等研究视角分析。

2 题：青年的婚姻是男女两性在爱情基础上的合法自由结合而形成的一种特殊社会关系。婚姻的类型有：爱情型、功利型、平等合作型、分工型、一方依赖型、建设型、惰性型、失望型。

3 题：婚恋对青年的意义有满足青年的多种需要，有利于青年的身心健康；使青年获得亲密关系的支持，有利于学业与事业发展；增强青年的包容能力，促进青年的人际协调能力；减少青年的不良情绪，提高青年的生活满意度。

第二节

1 题：青年恋爱的动机有对恋爱的好奇与向往；解除寂寞或无聊；满足功利心或虚荣心；从众心理。

2 题：青年恋爱的特点有自主性、公开浪漫性、强烈性、盲目性、开放性、不稳定性。

第三节

1题:择偶意向是指青年内心中所持有的选择婚恋对象的相对固定的标准在择偶行为上的反映。青年择偶意向的特点有:物质化取向、重情感倾向、重人品和性格、重能力才干和外貌。

2题:青年的择偶方式的特点有:择偶的自主程度明显提高;择偶的途径更加开放广泛;择偶的空间距离更加扩大。

第四节

1题:婚恋焦虑是指青年遇到婚恋中的问题、矛盾、而产生的担忧、害怕、烦恼等情绪体验。婚恋焦虑表现:一是为婚恋的经济成本感到焦虑;二是为大龄未婚感到焦虑;三是对婚姻缺乏安全感。

2题:青年未婚同居的原因有:有的青年是出于试婚目的为结婚做准备;有的青年是基于生理和情感的双重需要,弥补亲情关怀的不足。加之我国法律没有明确禁止未婚同居,大众对青年未婚同居的包容与不干涉态度,削弱了道德的舆论监督功能,使青年未婚同居的现象越来越普遍。青年未婚同居的危害有:部分青年同居者动机不纯,打着婚姻的幌子同居以满足自身的欲望,骗取对方的感情和金钱。青年未婚同居还面临避孕失败的问题,为婚姻埋下了不幸福的隐患,给女性的身心带来巨大的伤害。

第五节

1题:失恋是个体在恋爱状态下,因各种因素的影响导致双方出现情感困境,进而导致恋爱中断、爱的交往停止,并给恋爱的一方或双方造成不同程度心理挫折感的一种负性生活事件。失恋青年要以积极的心态面对失恋事实,调整因失恋所带来的不合理认知;青年要对失恋进行正确的归因,汲取经验并反省完善自我;要通过体育锻炼和文化娱乐等活动转移失恋带来的负性情绪,拓展新的人际交往圈子,化失恋的痛苦为发展的动力,力争在学业或工作上有所作为。失恋不是失德,青年应遵守恋爱道德,把握为人处事准则,不能因失恋而做出有违道德与法律的事情。

2题:青年要端正婚恋动机,摒弃一些盲目的、不道德的婚恋动机,应以追求爱情为出发点,努力达到爱情的最高层次,把婚恋建立在和谐爱情基础上,才能获得婚恋的幸福。青年要对婚恋有恰当的期望值,过高或过低的婚恋期望都是不合理的。

3题:婚姻冲突是指夫妻间公开的或隐藏的对立和意见分歧。青年可以采用达成共识、建立机构、约定规则的制度化调节机制来解决婚姻的冲突。

单项选择题答案

1.A　　2.C　　3.B　　4.A　　5.D

多项选择题答案

1.ACD　　2.ABCD　　3. ABCD　　4.BCD　　5.ABCD

判断对错题答案

1.对　　2.错　　3.错　　4.对　　5.错

第十章　青年职业心理与辅导

第一节

1 题:职业心理是青年在职业活动中表现出的认识、情感、意志等相对稳定的心理倾向或个性特征。职业心理主要由职业价值观、职业兴趣、职业自我效能感和职业能力等要素构成。

2 题:青年职业理论包括胜任力模型理论、生涯发展理论和职业适应理论。胜任力模型理论主张职业胜任力是优秀职业者所体现的职业个性特征,其包括外显胜任力和内隐胜任力。生涯发展理论将职业心理融入整个生涯全程来探讨,它把个体一生的职业发展分为职业成长期、职业探索期、职业建立期、维持期、衰退期等五个时期。职业适应力是个体应对职业发展任务、职业转换、个人危机的准备程度以及所拥有的可以利用的心理资源,其包括职业关注、职业自主、职业好奇、职业自信等四个维度,简称为 4C。

3 题:职业除了具有创造社会财富的社会意义外,对青年具有重要的个人意义:可以影响他们的生活质量;体现他们的社会地位和价值,并推动其心理发展。

第二节

1 题:青年职业心理的时代性主要体现在:职业目标务实化和生活化、职业手段多样化和职业心态更加开放

2 题:青年职业心理的矛盾性主要体现在:自我实现与社会需要的矛盾、外在功利取向与内在精神追求的矛盾以及职业理想与职业现实的矛盾。

3 题:青年期是职业心理发展完善的重要时期,青年总是经过多次的反复和调整才能发展起他们比较稳定的职业心理,其体现出探索和建立的过程性和动态性,同时也存在差异性。

第三节

1 题:主要有人一职匹配理论、职业锚理论和决策过程理论。人一职匹配理论主张职业选择的焦点在寻找与自己特性相一致的职业,实现人与职业的相匹配。职业锚理论主张职业锚是人们选择和发展自己职业时所围绕的中心,是个体无论如何都不会

放弃的至关重要的东西或价值观。决策过程理论主张职业选择是一个决策过程,是一个认识问题、搜索问题、处理问题和解决问题的程序化过程。

2 题:青年职业选择的心理困惑主要表现在认知、情绪和行为方面。认知方面主要体现在决策困难;情绪方面表现为焦虑浮躁、厌倦情绪、虚荣攀比和自卑心理;行为方面表现在诚信问题、从众行为等。

3 题:影响青年职业选择的因素有主观和客观因素。主观因素包括年龄和成熟因素、性别和生理因素、教育和文化程度因素、个性特征和心理资本因素、就业准备及生活经历因素;客观因素包括社会支持、教育机构、社会文化、职业信息和地域和机遇。

第四节

1 题:职业辅导可以有广义和狭义两种理解。广义上是指提供给个体有关职业的资料,便于个体更好地认识自我,进行职业选择,提高对职业的适应性,通过综合性地激发个体发展而达到帮助其选择职业、准备职业技术技能,进入职业领域,以及在具体职业上谋求发展,以满足个体的需要,同时造福社会的过程;狭义上是指促进个体就业,重点强调人—职匹配,以提供职业资讯为主的过程。青年职业辅导的原则是发展性原则、整体性原则、沟通性原则和针对性原则。

2 题:职业辅导涉及职业测验和鉴定、职业信息服务、职业咨询和就业推荐等内容。

3 题:青年职业辅导常用方法有开设系统的职业指导课程、集中式的职业辅导活动、职业辅导自助系统、职业咨询服务和职业模拟与实践活动。

单项选择题答案

1.C　2.D　3.A　4.B　5.D

多项选择题答案

1.BCD　2.ABCD　3.ABCD　4.ABCD　5.ABCD

判断对错题答案

1.对　2.错　3.对　4.对　5.对

第十一章　青年的休闲与引导

第一节

1 题:休闲是指青年在完成必要的工作或学习任务后,在自由支配的时间中根据自身喜好、兴趣爱好选择从事的活动。美国心理学家约翰·纽林格说休闲是为了达到自己的目的而进行的,可以从中得到幸福和满足,与个人的内心世界的情况密切相关。

2题:青年休闲的意义在于有助于推动经济的发展,文化的传承与创造;调节青年的身心平衡,提高青年的心理健康水平;促进青年的发展,使青年获得幸福感。

第二节

1题:青年休闲的特点是休闲的多样化;休闲的时代特征;休闲偏向网络化;休闲空间不断拓展。

2题:青年休闲存在的问题主要有休闲处于较低层次;休闲结构不尽合理;休闲缺乏计划性和教育性;休闲方式西化。

第三节

1题:影响青年休闲的主观因素有:青年的经济状况;青年的性别差异;青年的文化程度;青年的休闲时间利用。影响青年休闲的客观因素有:社会经济发展水平;新媒介的影响;交往群体的影响。

2题:其他影响青年休闲的因素有家庭环境的影响、青年自身对待休闲的态度等。

第四节

1题:引导青年休闲的途径与方法有加强对青年的休闲教育,建立健全相关制度法规作为保障;发展完善休闲产业,为青年休闲提供更好的条件;强化媒介监管者的社会责任,向青年传播健康的休闲方式;丰富校园文化建设,提高青年学生的休闲品味;青年要树立健康的休闲观,充实自己的生活。

2题:青年要胸怀远大理想,陶冶自己的高尚情操,树立健康的休闲观念,选择健康的休闲方式。青年要根据自身的能力、兴趣、特长、家庭经济状况等特点,选择适合自己的健康休闲方式,要考虑休闲的意义所在,要积极参与各种有利于身心发展的高品位的休闲活动等。

单项选择题答案

1.A　2.B　3.C　4.D　5.B

多项选择题答案

1.ABCD　2.ABCD　3.ABCD　4.ABCD　5.ABCD

判断对错题答案

1.对　2.错　3.对　4.对　5.对

第十二章　青年的压力与应对

第一节

1题:压力是青年与环境相互作用,预期可能发生的不安,或对威胁有所察觉,导致内心产生的不平衡的感受或体验。压力的来源主要分为外部和内部两大类。外部压力来自学习或工作环境、生活条件的突然变化,人际关系交往中的矛盾冲突和各种意外打击与挫折等;内部压力来自过高的自我期待、过强的心理冲突和不够健康的心理状态等。

2 题:压力导致青年的生理发生变化,使其神经系统与腺体进行一系列活动,身体各器官处于“备战状态”,产生充分的能力对抗或躲避压力。压力对青年的心理影响具有两面性:适度压力是推动青年进步和创造的原动力,能激发青年的潜能,使青年更加勤奋学习或工作。但压力太大,会使青年处于消极的情绪状态中,导致思维迟钝混乱,行为反常,出现悲观失望和无所作为的心理。

第二节

1 题:行为主义通过条件反射的学习原理来解释压力的形成,认为人之所以感到压力,是因为起源于过去失败的经验形成的条件反射。认知理论认为,压力是通过个体与环境之间存在的特定关系而产生的,人们对同样生活事件的不同认知、评价、经验以及对其原因的解释往往是压力形成的因素。

2 题:需要和紧张的心理系统理论认为,个体在需要的压力下,会产生一种紧张的心理状态,激发起满足需要的动机,以求心理上的平衡。当需要得到满足,心理紧张随之消除;如果需要得不到满足,紧张、焦虑等心理状态就会持续,从而使心理失去平衡,产生失败的情绪体验,即挫折感。因此,若能满足个体的需要就能够避免挫折。

3 题:社会文化的理论认为,现代文化在经济上建立了个人的竞争原则,独立的个体不得不花很多时间把别人挤开,这样的文化困境建构了冲突的心理。人们在经济和社会生活中的不安全感是造成个体不安全感的首要根源。社会文化理论站在文化与社会影响的高层次来分析压力的产生及防止,这对于青年深入地认识和了解压力,采取相应的措施减轻压力,无疑具有积极的意义。

第三节

1 题:青年的主要压力有知识更新与学业压力、就业压力、经济压力、工作压力等,这些压力给青年的身心发展会带来积极与消极两方面的影响。

2 题:青年产生压力的主要原因是多方面的,既有社会发展对青年要求的不断提高,也有激烈的社会竞争、资源有限所引起的,还与青年自身的素质有关系。

第四节

1 题:应对是个体遭受或处于压力环境时,为平衡自身心理状态而逐渐形成的一套适应机制,包括认知、情感和行为三种心理成分。应对的类型可以从不同的角度进行划分:从自觉性看,有自发和自觉的应对方式;从效果看,有积极和消极的应对方式;从针对性看,有情绪定向与问题定向的应对方式;从稳定性看,有人格特质与过程的应对方式。

2题:青年面对压力的挑战,需要树立远大的理想,加强和善于学习;正确认识社会的就业环境,提高自己的综合素质;采取正确的认知与行动化解压力,获得社会支持;利用合理的心理防御机制。

单项选择题答案

1.C　　2.C　　3.D　　4.B　　5.D

多项选择题答案

1.ABCD　　2.ABCD　　3.AC　　4.ACD　　5.ABCD

判断对错题答案

1.对　　2.错　　3.对　　4.对　　5.对

第十三章　青年的心理社会问题与预防矫正

第一节

1题:心理社会问题指的是个体在发展过程中所表现出来的不符合或违反社会准则与行为规范,或不能很好地适应社会生活,从而给社会、他人或自身造成不良影响甚至危害的问题。主要分为成瘾行为、犯罪行为和自杀行为三类。

2题:心理社会发展理论将人的一生分为八个阶段,每个阶段都面临相应的发展危机。社会学习理论认为,个体通过观察或模仿他人能够学会很多东西。青年的心理社会问题的形成是后天通过观察或模仿他人的不良行为,从而产生替代性学习造成的。社会失范指社会本身失去了行为规范而出现的不正常状态,社会的多重急剧变化导致现有社会规范不能为社会成员提供必要的指导,社会整体处于一种混乱无序的状态。

3题:青年的心理社会问题破坏社会安全稳定,危害家庭的和谐与幸福,直接影响到青年的健康发展。

第二节

1题:青年吸烟成瘾的特点主要有:呈低龄化趋势;以男青年为主,女青年有上升趋势等。吸烟成瘾不仅导致青年的各种身心疾病,还会给社会造成经济负担,危害公共安全和秩序。青年酗酒成瘾的主要特点有:成瘾率较高,低龄化趋势;男青年酗酒成瘾率普遍高于女青年等。酗酒成瘾不仅影响青年的身心健康,还会破坏家庭和睦,破坏社会治安，影响公共秩序。青年网络成瘾有人数不断上升，男青年网络成瘾率高于女青年，青年网络成瘾的表现多样化等特点。网络成瘾危害青年的身心健康，导致青年学业荒废，甚至会诱发青年违法犯罪。青年吸毒成瘾的主要特点有：呈低龄化的趋势；新型毒品、混合型毒品在青年中蔓延；女性青年吸毒者增多等。吸毒成瘾危害青年的身心健康给家庭带来灾难，引发青年犯罪行为。

2题：青年不良成瘾行为的成因主要是心理缺陷、遗传及药物因素、不良的家庭环境以及同伴和社会环境的不良影响。

3题：预防青年不良成瘾行为应做到：父母要为青年的成长创造良好的家庭环境；学校大力开展对青年学生的禁烟、禁酒和禁毒教育，重视其心理健康；政府职能部门应加强对网络以及成瘾物质的监管力度。

第三节

1题：青年犯罪主要有侵犯财产型犯罪、暴力型犯罪、性犯罪和网络犯罪四种。

2题：青年犯罪的成因主要是青年自身的心理问题、不良的家庭环境、学校教育的缺陷以及社会不良风气的影响。

3题：预防青年犯罪，首先要加强对学习法律知识，做到知法、懂法和守法；其次，要提高家庭教育的质量，采取民主的教养方式；再次学校要重视对青年的法制教育和心理健康教育；最后，充分发挥社区的预防作用。

第四节

1题：青年自杀主要的原因有：人格缺陷与精神疾病、家庭的不良因素自身的心理压力以及生命教育的缺乏。

2题：预防青年自杀行为应做到：政府应制定青年自杀防治方案，家庭和学校要重视对青年的生命教育，完善危机干预机制。

单项选择题答案

1.B　　2.D　　3.C　　4.B　　5.D

多项选择题答案

1.ABCD　　2.ABC　　3.ACDE　　4.ABCD　　5、ABCD

判断对错题答案

1.对　　2.错　　3.对　　4.对　　5.对

参考文献

[1][美]马特林.女性心理学[M].赵蕾、吴文安等，译.北京：中国人民大学出版社，2010.

[2][美]巴特尔.犯罪心理学[M].杨波、李林等，译.北京：中国轻工业出版社，2009.

[3][美]芭芭拉·弗雷德里克森.积极情绪的力量[M].王珺，译.北京：中国人民大学出版社，2010.

[4]边婷婷.大学生自我意识的矛盾冲突与解决[J].太原理工大学学报：社会科学版，2001(4).

[5]才立群.当代青年休闲生活的哲学审思[J].青年研究，2009(5).

[6]蔡风月.社会变迁中青少年的道德价值观——彰化地区高职学生道德价值观的调查研究[D].台北：台湾师范大学，2002.

[7]曾文星，徐静，吕秋云.心理治疗：婚姻与辅导[M].北京：北京大学医学出版社，2011.

[8]陈卿.影响高校青年教师心理健康的社会因素分析[J].中国青年研究，2015(2).

[9]陈英和.认知发展心理学[M].北京：北京师范大学出版社，2013.

[10][英]戴维·丰塔纳.驾驭压力[M].邵蜀望，译.上海：生活·读书·新知三联书店，1996.

[11]邓匡林.论青年期及其概念的发展[J].青年研究，1993(2).

[12]杜坤林.冲突与重建当代大学生道德价值观研究[M].上海：上海交通大学出版社，2013.

[13]段鑫星，赵玲.大学生心理健康教育[M].北京：科技出版社，2008.

[14]樊浩.中国伦理道德报告[M].北京：中国社会科学出版社，2012.

[15]樊琪.职业心理咨询.上海：上海教育出版社，2013.

[16]范巍，王重鸣.创业倾向影响因素研究[J].心理科学，2004(5).

[17]范巍，杨冠英.大学生自我意识冲突与矫正[J].临床心身疾病杂志，2003(3).

[18]方伟.大学生职业生涯规划咨询案例教程[M].北京：北京大学出版社，2008.

[19]风笑天.城市在职青年的婚姻期望与婚姻实践[J].中国青年研究，2006(2).

[20]冯江平，安莉娟.青年心理学导论[M].北京：高等教育出版社，2004.

[21]冯维.高等教育心理学[M].重庆:重庆出版社,2012.

[22]冯维.现代教育心理学[M].重庆:西南师范大学出版社,2013.

[23]冯秀军,朱小蔓.社会变革时期中国大学生道德价值观调查[M].北京:教育科学出版社,2013.

[24][美]弗拉维尔.认知发展[M].邓赐平、刘明,译.上海:华东师范大学出版社,2002.

[25]高原.大学生人际关系、自我价值感与生命意义感的关系研究[D].沈阳:沈阳师范大学,2012.

[26]顾琴轩.大学生批判性思维倾向调查与培养建议[J].上海教育评估研究,2013(4).

[27]顾远东,彭纪生.组织创新氛围对员工创新行为的影响:创新自我效能感的中介作用[J].南开管理评论,2010(1).

[28]郭德俊,刘海燕,王振宏.情绪心理学[M].北京:开明出版社,2012.

[29]韩进之,杨丽珠,魏华忠.我国大学生自我意识发展特点研究[J].心理发展与教育,1987(4).

[30]韩延明.大学生心理健康教育[M].上海:华东师范大学出版社,2007.

[31]韩艳.当代大学生健康休闲路径选择[J].新乡学院学报:社会科学版,2013(1).

[32]何先友.青少年发展与教育心理学[M].北京:高等教育出版社,2009.

[33]胡德辉.论青年的自我意识[J].湖北大学学报:哲学社会科学版,1985(3).

[34]胡玉坤,郑晓瑛等.厘清"青少年"和"青年"概念的分野[J].青年研究,2011(4).

[35]黄春艳.硕士研究生创造性动机、创造性自我效能与创造性表现的关系[D].武汉:华中师范大学,2009.

[36]简丹丹,段锦云,朱月龙.创业意向的构思测量、影响因素及理论模型[J].心理科学进展,2010(8).

[37]蒋国河,闫广芬.家庭资本与城乡学业成就差异——基于实证调查基础上的相关分析[J].青年研究,2006(6).

[38]金盛华.社会心理学[M].北京:高等教育出版社,2010.

[39]金树人.生涯咨询与辅导[M].北京:高等教育出版社,2007.

[40]景怀斌.自我心理保健[M].广州:暨南大学出版社,2005.

[41]孔海燕.青少年亲子冲突的研究现状[J].心理科学,2004(3).

[42]赖文龙.大学生自我意识研究[J].心理科学,2009(2).

[43][美]劳拉·E.伯克.伯克毕生发展心理学:从青年到老年[M].陈会昌等,译.

北京：中国人民大学出版社，2014.

[44]李虹.压力应对与大学生心理健康[M].北京：北京师范大学出版社，2004.

[45]李欢欢.大学生网络成瘾评估与干预[M].北京：华夏出版社，2011.

[46]李娇，金一波，劳晓燕，严玉凤.大学生害羞与自我意识情况的调查及其相关研究[J].中国健康心理学杂志，2013(8).

[47]李梅.大学生心理健康十二讲[M].北京：北京师范大学出版社，2012.

[48]李宁.城市高中生同伴关系发展特点研究[D].大连：辽宁师范大学，2007.

[49]李晓侠.师范院校大学生心理地位对其师生关系和同伴关系的影响[D].北京：首都师范大学，2009.

[50]李仲广，卢昌崇.休闲学[M].北京：社会科学文献出版社，2004.

[51]梁津安，蒋冬双.青年心理学大学生读本[M].西安：西安电子科技大学出版社，2008.

[52]梁宁建.当代认知心理学[M].上海：上海教育出版社，2014.

[53]林崇德.培养和造就高素质的创造性人才[J].北京师范大学学报：社科版，1999(1).

[54]林崇德.发展心理学[M].北京：人民教育出版社，2009.

[55]刘彩谊.男性网络成瘾患者人格特点及其与家庭因素的关系[J].中国药物依赖性杂志，2011(4).

[56]刘登攀.大学生亲子关系及其人格特征的研究[D].西安：陕西师范大学，2006.

[57]刘军.影响大学生创造力培养的管理因素分析[D].南京：东南大学，2005.

[58]楼静波.当代青年的职业价值观[J].青年研究，2011(2).

[59]卢勤，周宏，邵昌玉.大学生心理健康理论与实践[M].成都：四川大学出版社，2010.

[60]陆建华.论青年的本质[J].青年学，1993(3).

[61]罗大华，杨为民.犯罪心理学[M].北京：中国政法大学出版社，1997.

[62]罗金梅.广西大学生创业意愿差异研究[D].南宁：广西大学，2013.

[63]马存芳.大学生自我意识研究述评[J].青海师专学报：教育科学，2006(1).

[64][美]马可·L.萨维科斯.生涯咨询[M].郑世彦，马明伟，郭本禹，译.重庆：重庆大学出版社，2015.

[65]马忠茹.当代大学生闲暇生活及闲暇教育[D].石家庄：河北师范大学，2010.

[66][美]玛格丽特·米德.萨摩亚人的成年——为西方文明所作的原始人类的青

年心理研究[M].周晓红，李姚军，译.杭州：浙江人民出版社，1988.

[67]梅松丽等.成瘾行为的心理学分析[J].医学与社会，2006(10).

[68]孟雁鹏.大学生积极人格特质与成就动机的关系研究[D].重庆：重庆师范大学，2012.

[69]孟昭兰.情绪心理学[M].北京：北京大学出版社，2005.

[70]彭静.当前我国青年心理学研究中的问题探析[J].哲学研究，2012(3).

[71]彭贤.人际关系心理学[M].北京：清华大学出版社，2008.

[72]彭正敏，林绚晖，张继明，车宏生.情绪智力的能力模型[J].心理科学进展，2004(6).

[73]乔建中.情绪研究：理论与方法[M].南京：南京师范大学出版社，2003.

[74]秦琛，傅新禾.青年婚恋观现状透析[J].当代青年研究，2012(2).

[75]冉晓丽.大学生创业态度和创业意向的关系研究[D].开封：河南大学，2010.

[76]桑伟林.大学生人际交往能力培养研究[D].济南：山东大学，2010.

[77]沙莲香.社会心理学[M].北京：中国人民大学出版社，1987.

[78]师建国.成瘾医学[M].北京：科学出版社，2002.

[79]石晓勇.大学生性别角色与成就动机的关系研究[D].苏州：苏州大学，2006.

[80]孙世民，陈选华.大学生自我意识及其培养[J].安徽师范大学学报：人文社会科学版，2000(2).

[81]滕徽.重庆市大学生创业意向、创造性人格和社会支持的关系研究[D].重庆：西南大学，2014.

[82]田圣会.大学生就业压力实在研究——基于对湖南省十所高校在校本科生的调查[D].武汉：武汉大学，2010.

[83]田万生，张文玉.青年心理学[M].北京：开明出版社，2012.

[84]王东.当代大学生的婚恋价值观研究[J].中国青年研究，2011(5).

[85]王军.人际交往心理学[M].合肥：合肥工业大学出版社，2011.

[86]王丽霞.用埃里克森自我同一性理论透视大学生自我意识的形成过程[J].高教发展与评估，2010(1).

[87]王丽霞."情绪管理"内涵的探讨[J].社会心理科学，2010(6).

[88]王秀阁.(2010).大学生人际交往理论与方法[M].北京：人民出版社.

[89]吴广丽.城市在职青年休闲生活状况研究——以广西南宁市为例[D].桂林：广西师范大学，2009.

[90]吴文新，张雅静.休闲学导论[M].北京：北京大学出版社，2013.

[91]夏小林，李晓军，李光.大学生心理健康[M].杭州：浙江大学出版社，2011.

[92]肖晓鸿.当代大学生恋爱特点及发展趋势研究[D].武汉：华中师范大学，2007.

[93]闫志英，周述刚.浅谈大学生自我意识的矛盾冲突、偏差及其调试[J].社会心理科学，2002(4).

[94]颜小冬.当代大学生犯罪问题研究[M].北京：中国检察出版社，2004.

[95]杨梅，牟红.休闲活动策划与服务[M].北京：北京大学出版社，2013.

[96]杨新辉.西方心理学名著提要[M].南昌：江西人民出版社，2001.

[97]叶琳琳.大学生心理健康教育与心理素质训练[M].北京：北京师范大学出版社，2012.

[98]于志涛，冯维.当代青年婚恋观的变迁及其分析[J].中国研究生，2004(6).

[99]俞国良.创造力心理学[M].杭州：浙江人民出版社，1996.

[100]俞文钊，吕建国，孟慧.职业心理学[M].大连：东北财经大学出版社，2007.

[101][美]约翰·桑特洛克.青少年心理学[M].寇彧，译.北京：人民邮电出版社，2013.

[102]臧平，张金明.大学生心理健康教育[M].北京：高等教育出版社，2012.

[103]翟福芳.青年公务员工作价值观、工作满意度及其关系研究[D].济南：山东大学，2012.

[104]张大均.创新教育与青少年创造心理素质的培养[J].西南师范大学学报：人文社会科学版，2002(2).

[105]张华.当代青年恋爱婚姻家庭发展的问题与对策[J].中国青年研究，2015(1).

[106]张进辅，冯维.心理学[M].台北：台湾新文京开发出版有限公司，2002.

[107]张进辅.青年心理学概论[M].北京：高等教育出版社，2004.

[108]张进辅.现代青年心理学[M].重庆：重庆出版社，2005.

[109]张进辅.论青年价值观的形成与引导[J].西南大学学报：社会科学版，2007(3).

[110]张进辅.青年职业心理发展与测评[M].重庆：重庆大学出版社，2009.

[111]张利利.青岛市新生代农民工回乡创业意愿和影响因素实证研究[D].青岛：中国海洋大学，2012.

[112]张玲玲.大学生休闲教育研究[D].武汉：中国地质大学，2012.

[113]张庆林，曹贵康.创造性心理学[M].北京：高等教育出版社，2004.

[114]张日昇.青年心理学—中日青年心理的比较研究[M].北京：北京师范大学出版社，1993.

[115]张沙沙.大学师生关系研究—以芜湖高校为例[D].芜湖:安徽工程大学,2012.

[116]张文新.青少年发展心理学[M].济南:山东人民出版社,2002.

[117]张增杰.青年自我意识的发展规律[J].青年研究,1983(4).

[118]张增杰.论大学生心理[M].重庆:西南师范大学出版社,1986.

[119]赵春梅.大学生创造力特点及其与家庭环境关系的研究[J].社会心理科学,2010(4).

[120]郑晖,马新胜,徐春桥,王顺旭.大学身心理健康教育[M].长沙:湖南师范大学出版社,2011.

[121]郑全全,俞国良.人际关系心理学[M].北京:人民教育出版社,2003.

[122]钟谷兰,杨开.大学生职业生涯发展与规划[M].上海:华东师范大学出版社,2008.

[123]周昌忠.创造心理学[M].北京:中国青年出版社,1983.

[124]周华发.大学生注意稳定性与学习自控、情绪稳定性的关系研究[D].漳州:漳州师范学院,2010.

[125]朱智贤,林崇德.思维发展心理学[M].北京:北京师范大学出版社,1986.

[126]邹先云.重庆市城镇居民休闲方式与生活满意度的相关研究[D].重庆:西南大学,2008.